0~3岁宝宝喂养启智全解

0~3 SUI BAOBAO WEIYANG QIZHI QUANJIE

刘 婷⊙编著

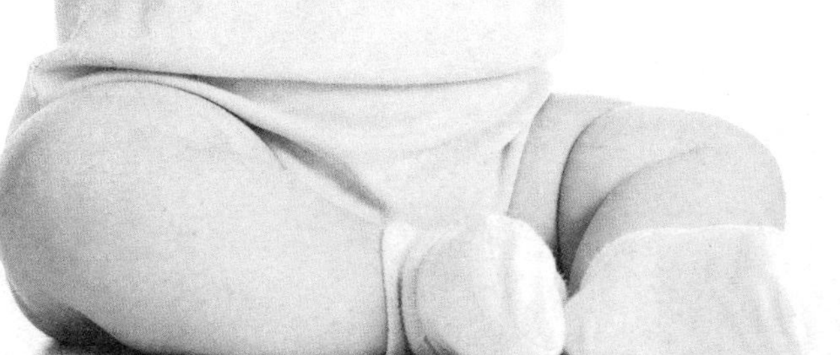

给宝宝的祝愿

Preface

前言

宝宝的到来，是爸爸妈妈无法用语言表达的幸福，小家伙的一举一动都牵动着爸爸妈妈的心，宝宝能健康快乐地成长，是爸爸妈妈最大的心愿。然而，照顾好一个从刚出生到3岁的宝宝到底需要多少知识，这其中又会遇到多少麻烦，没有人能够预知。

幸运的是，爸爸妈妈可以预先“充电”，对于那些可能到来或已经接踵而至的问题做到充分了解，“知己知彼，方能百战百胜”，这样就能从容地应对宝宝的各种问题。

养育一个宝宝需要涉及宝宝的成长、喂养、日常护理、疾病防护、早教启智等许多问题，爸爸妈妈都可以通过事先了解来一一化解。本书按照宝宝的生长发育过程，把宝宝各个阶段的生理心理变化、重点喂养、护理问题都做了详细的叙述，尽量做到想父母之所想，答父母之想知，并且针对宝宝最可能出现的喂养护理方面的问题进行了同步指导，让爸爸妈妈能快捷有效地解决问题，让宝宝健健康康地成长。

真诚地希望本书在以后的日子里，能帮助新手爸爸妈妈分担那些疑惑、焦急、劳累，分享快乐、幸福的生活，让宝宝成长的每一天都能轻松和愉快！

编　者

目录 Contents

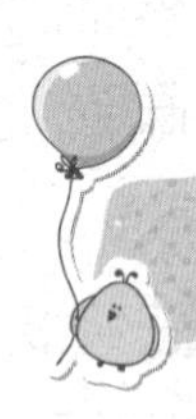

新生儿期，再多的呵护也不够

2～3个月，宝宝的哭声妈妈要明白

4～6个月，宝宝躺着也能学本领

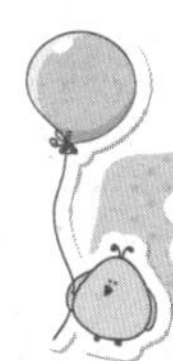

7～9个月，宝宝眼里的世界很精彩

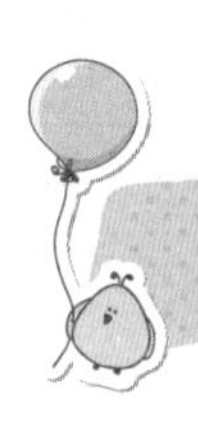

10～12个月，可爱宝宝模仿秀

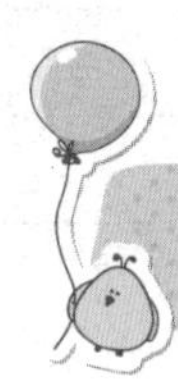

13～15个月，宝宝开始迈出人生第一步

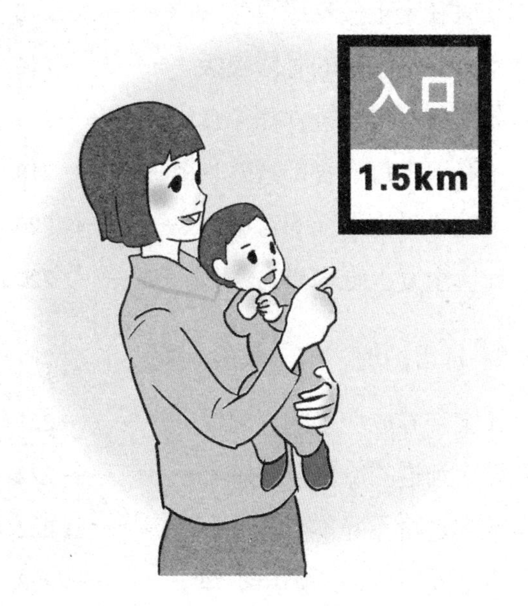

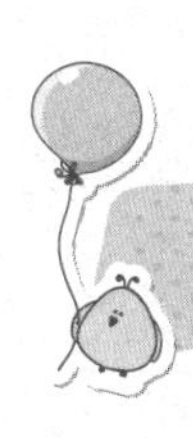

16～18个月，宝宝开始有自己的小主见

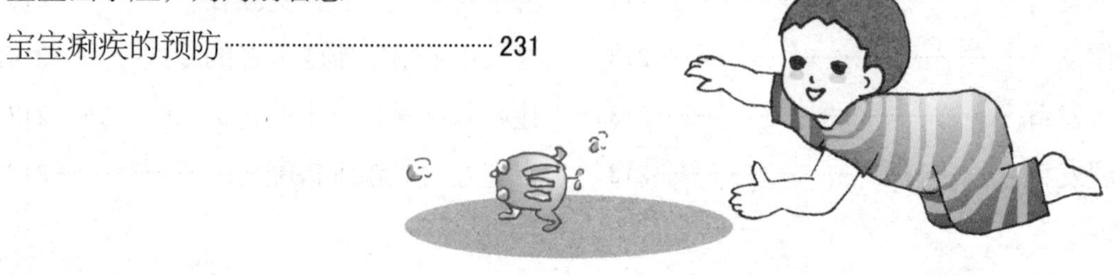

19～21个月，宝宝忙忙碌碌闲不住

22～24个月，宝宝的独立意识越来越强

25～30个月，宝宝进入“第一反抗期”

31～36个月，宝宝的记忆力超级棒

新生儿期，再多的呵护也不够

新生儿的降生，既给家庭带来了欢乐，也给生活带来了巨变。宝宝是父母爱情的结晶，也是家庭幸福的源泉。宝宝刚刚来到这个世界上，是如此的娇小脆弱，对外界环境的适应能力较差，因而需要父母及家庭成员更多的关爱与呵护。所以，新手父母应迅速进入角色，为宝宝的成长发育创造一个良好的环境。

发育特点，宝宝成长脚印

身体发育指标

胎龄为37~42周、体重大于2500克、无畸形和疾病的活产婴儿称为足月儿。

发育指标	男婴	女婴
体重（千克）	3.52～5.67	3.33～5.35
身长（厘米）	50.7～59.0	49.8～57.8
头围（厘米）	34.5～39.4	33.8～38.6
胸围（厘米）	36.9	36.2

注：本书数据参考卫生部妇幼保健与社区卫生司2009年《中国7岁以下儿童生长发育标准》

新生儿大便

新生儿一般在出生后24小时开始排胎便。胎便呈墨绿色黏稠糊状，这是胎儿在母体子宫内吞入羊水中胎毛、胎脂、肠道分泌物而形成的大便。3～4天后胎便可排尽。新生儿开始吃奶之后，大便逐渐转成黄色。

一般情况下，喂牛奶的新生儿大便呈淡黄色或土灰色，且多为成形便，常常有便秘现象。而母乳喂养儿多是金黄色的糊状便，次数多少不一，每天1～4次或5～6次甚至更多些。有的新生儿则相反，经常2～3天甚至一周才排便一次，但粪便并不干结，仍呈软便或糊状便。有时，宝宝排便时要用力屏气，脸涨得红红的，好似排便困难，这也是母乳喂养儿常见的现象，俗称“攒肚”。

新生儿一日尿量

新生儿第一天的尿量很少，有10～30毫升。新生儿在出生后36小时之内，排尿很少都属正常现象。随着哺乳摄入水分，新生儿的尿量逐渐增加，每天排尿可达10次以上，每日总尿量可达300毫升；满月前后，每日尿量为250～450毫升。

宝宝尿的次数多，这是正常现象，不要因为怕麻烦，就减少给宝宝的饮水量。尤其是夏季，如果给宝宝喂水少，室温又高，宝宝会出现脱水热。

新生儿的正常体温

新生儿的正常体温（腋下测温）为36～37℃，新生儿的体温中枢功能尚不完善，体温不稳定，受外界温度、环境的影响，体温变化较大。新生儿的皮下脂肪较薄，体表面积相对较大，容易散热。因此，新生儿要注意保暖。尤其在冬季，室内温度要保持在18～22℃，如果室温过低容易引起新生儿硬肿症。

新生儿的听觉

新生儿的听觉是很敏锐的。如果用一个小塑料盒装一些黄豆，在宝宝睡醒状态下，距宝宝耳边约10厘米处轻轻摇动，宝宝的头会转向小盒的方向，有的宝宝还能用眼睛寻找声源，直到看见盒子为止。如果用温柔的呼唤作为刺激，在宝宝的耳边轻轻地说一些话，那么，宝宝的脸会转向说话的一侧。

新生儿喜欢听妈妈的声音，妈妈的声音会使宝宝感到亲切。新生儿不喜欢听过响的声音和噪声，如果宝宝听到过响的声音或噪声，宝宝的头会转到相反的方向甚至用哭声来抗议这种干扰。

为了使新生儿听觉系统健康地发育，在喂奶或护理时，只要宝宝醒着，就要随时和他说话。用亲切的语言和宝宝交谈，也可以给宝宝播放动听的音乐、摇动有柔和响声的玩具，给新生儿听觉刺激。

新生儿的视觉

新生儿一出生就有视觉能力，父母的目光和宝宝相对视是表达爱的重要方式。通过眼睛看东西的过程能刺激大脑的发育，人类学习新的知识，有85％是通过视觉获得的。

新生儿70％的时间在睡觉，每睡2～3小时会醒来一会儿。当宝宝睁开眼时，妈妈可以试着让宝宝看自己的脸，因为宝宝对晶体的调节能力差，视焦距离在15~20厘米处最清晰。可以在距宝宝眼睛20厘米处放一红色圆形玩具，以引起宝宝的注意，然后上、下、左、右移动玩具，宝宝会慢慢移动头和眼睛追随玩具。健康的宝宝在睡醒时，一般都有注视和不同程度转动眼、头追随移动物体的能力。

新生儿的触觉

新生儿从生命的一开始就已有触觉。习惯了被包裹在子宫内的胎儿，出生后自然喜欢紧贴着妈妈身体的温暖环境。当新生儿被抱起时，他们喜欢紧贴着妈妈的身体，依偎着妈妈。当宝宝哭闹时，父母抱起他，并且轻轻拍拍，这一过程充分体现了满足新生儿触觉安慰的需要。新生儿对不同的温度、湿度、物体的质地和疼痛都有触觉感受能力。就是说他们有冷热和疼痛的感觉，喜欢接触质地柔软的物体。嘴唇和手是触觉最灵敏的部位，触觉是新生儿安慰自己、认识世界和与外界交流的主要方式。

新生儿的味觉和嗅觉

新生儿有良好的味觉，从出生后就能辨别食物的滋味。有研究发现，给出生1天的新生儿喝不同浓度的糖水，他们对比较甜的糖水吸吮力强，吸吮速度快，喝得多；而比较淡的糖水就喝得少。对咸的、酸的或苦的液体有不愉快的表情，如喝酸橘子水时会皱起眉头。

新生儿还能区别不同的气味。当他开始闻到一种气味时，有心率加快、活动量改变的反应，并能转过头朝向气味发出的方向，这是新生儿对这种气味有兴趣的表现。

新生儿的睡眠

新生儿期是人一生中睡眠时间最多的时期，每天要睡20～22个小时。其睡眠周期约为45分钟。

新生儿深睡眠时很少活动，其情绪平静、眼球不转动、呼吸规则。而浅睡眠时有吸吮动作，面部有很多表情，有时似乎在做鬼脸，有时微笑，有时撅嘴，眼睛虽然闭合，但眼球在眼睑下转动；四肢有时有舞蹈样动作，有时伸伸懒腰或突然活动一下。

新生儿出生后，睡眠规律未养成，夜间尽量少打扰他，喂养间隔时间可由2～3个小时逐渐延长至4～5个小时，使他们晚上多睡白天少睡，尽快和成人生活规律同步。这样，父母精神好了，就能更好地抚育自己的宝宝。

新生儿的运动能力

宝宝一出生就已具备了相当的运动能力。当父母温柔地和宝宝说话时，他会随着声音有节律地运动。开始头会转动，手上举，腿伸直。当继续谈话时，新生儿可表演一些舞蹈样动作，还会出现举手、伸足、举臂等动作，同时有面部表情，如凝视、微笑、挤眼等。

新生儿与大人的沟通

新生儿是用哭声和大人们沟通的。哭是一种生命的呼唤，提醒别人不要忽视他的存在。

大多数新生儿哭时，如果把他抱起竖靠在肩上，他不仅会停止哭闹，而且还会睁开眼睛。如果父母在后面逗引他，他会注视父母，用眼神和父母交流。一般情况下，通过和新生儿面对面地说话，或把手放在他的腹部，或按握住他的双臂，约70％的新生儿可以停止哭闹。

科学喂养，均衡宝宝的营养

初乳是妈妈给宝宝最好的见面礼

初乳是指妈妈生产后2～3天所分泌的乳汁，初乳浓稠，量较少，呈淡黄色，对新生儿来说，初乳是非常珍贵的。

初乳中含有丰富的蛋白质及微量元素，可以促进宝宝的生长发育；还含有丰富的免疫球蛋白、乳铁蛋白、溶菌酶和其他免疫活性物质，有助于胎便的排出；并且可以防止新生儿发生严重的下痢，增强新生儿抗感染能力。

一般宝宝出生10～15分钟后，就会自发地吸吮乳头，宝宝会凭借先天的本能找到乳头并开始吸吮，这时宝宝吸吮的就是妈妈的初乳。所以，宝宝出生后30分钟内，妈妈就要立即给宝宝喂奶。

母乳是宝宝的最佳食物

母乳是宝宝的最佳食物，其合理、全面、均衡的营养成分很适合新生宝宝的需求，其他任何食物也不可能等同于母乳。

- 母乳中含有400多种营养元素，这是奶粉喂养无法达到的。
- 母乳非常容易被消化吸收，能使宝宝的大便通畅无阻。
- 母乳能为宝宝提供丰富的活性免疫因子，当婴儿受到细菌或病毒侵袭时，妈妈能通过乳汁将免疫细胞和球蛋白传递给宝宝，保护宝宝不受感染。
- 宝宝永远不会对母乳过敏，而且母乳还能保护宝宝不对其他食物过敏，减少新生儿食物过敏的概率。
- 越来越多的研究显示，在智能表现与视力敏感度上，母乳喂养的宝宝始终优于配方奶喂养的宝宝，这也是配方奶粉始终以成分接近母乳为标准的原因。

· 母乳喂养过程中，妈妈与宝宝有十分珍贵的情感交流，对宝宝的心理发育非常有利。

开奶前不要给宝宝喂糖水或牛奶

传统的育儿观念认为，新生儿出生后十分疲劳，需要养精蓄锐，出生12小时后要预先试喂糖水或牛奶，宝宝能吃下糖水或牛奶再开始喂哺母乳。其实这对新生儿不利。因为给新生儿喂食糖水或牛奶后，消除了其饥饿感，新生儿对吸吮妈妈乳头的渴望感就减少了，这样就失去了对妈妈乳头的刺激作用，会使母乳分泌延迟，乳汁量减少，影响母乳喂养。

特别提示

如果用奶瓶、橡胶奶嘴来喂糖水或牛奶，易使宝宝形成乳头错觉，不愿再吸吮妈妈的乳头，势必造成母乳喂养困难。因此，开奶之前不宜给新生儿喂糖水或牛奶。

正确的开奶方法

一般来说，新妈妈在产后1小时内就可以开奶，最迟也不要超过6小时。一旦错过了最佳开奶时机，就会给以后的母乳喂养带来种种麻烦。

由于新生儿在出生后20～50分钟正处于兴奋期，这时的吸吮反射最为强烈。因此，在宝宝出生后的30分钟内，处理好脐带并擦干净身上的血迹后，就应该立即将他放在妈妈怀中，背部要覆盖干毛巾以防受寒。然后在助产士或护士的帮助下让宝宝与妈妈进行皮肤与皮肤的紧密接触，并让宝宝吸吮妈妈的乳头。

这样的接触最好能持续30分钟以上。这会给宝宝留下很强的记忆，过一两个小时再让他吸吮时，他就能很好地进行吸吮。

在随后的几天里，妈妈应有规律地把宝宝抱在胸前，一是喂哺初乳，二是使宝宝习惯伏在妈妈胸前。

选择正确的哺乳姿势

母乳喂养时采用正确的姿势是非常重要的，否则，不但宝宝不能顺利地吸到妈妈的奶水，妈妈也会被累得腰酸背痛，甚至造成乳头受伤。不同情况下，喂奶的姿势也应有所不同。

摇篮式喂哺法

① 妈妈靠坐在床上或椅子上。

② 让宝宝的头靠在妈妈搂抱一侧的肘窝内，用手搂住宝宝的腰臀或大腿上部，使宝宝的身体夹在妈妈臂下（大约和腰部相平）。

③ 让宝宝的肚子紧靠妈妈的胸部，这样就可以使宝宝轻松地吸到妈妈的奶水了。

此姿势适合足月顺产宝宝的喂奶。

橄榄球式喂哺法

① 一只手托住宝宝的头部，就像夹着橄榄球一样把宝宝夹在与哺乳乳房同一侧的胳膊下面。

② 另一手则托住宝宝的颈部和背部，使宝宝的鼻子达到妈妈的乳头一样的高度，将宝宝双脚伸在妈妈的背后。

③ 用手呈“C”形托住乳房，引导宝宝找到乳头。

此姿势适合较小的宝宝，也适合做过剖宫产手术，或乳房较大、乳头扁平的妈妈。

侧卧抱法

① 妈妈侧卧在床上，让宝宝也侧卧，脸朝向妈妈。

② 将宝宝的头枕在妈妈的臂弯上，使他的嘴和妈妈的乳头保持水平。用枕头支撑住宝宝的后背。

此姿势适合会阴切开、撕裂、疼痛或痔疮疼痛的妈妈。

让宝宝正确含衔乳头

每次把宝宝放近乳房时，应尽量将乳头正确地放入他的口内。宝宝只有将大部分乳晕含在口内，才能顺利地从乳房吸吮出乳汁。

宝宝有很强的吸吮能力，如果他没有含着乳晕而只含乳头在口内，他能挤压乳腺导管而导致几乎没有乳汁流出，这样不但会让乳头变得酸痛异常，而且乳汁被吸出的量也会减少。

两侧乳房要轮流值班

喂奶时，妈妈一定要双侧乳房轮换着喂，尽量让宝宝将一侧乳房吸空后再换另一侧。一般来说，单侧乳房一半以上的奶液在开始喂奶的5分钟就被吸完了，宝宝8～10分钟能吸空一侧乳房。待下次哺乳时，将两侧乳房的先后顺序调换，这样可以使双侧乳房轮流被吸空，可刺激产生更多的奶水。

此外，乳汁的成分先后也有所不同，最先被吸出的乳汁脂肪含量低而蛋白质含量高；随后，乳汁中脂肪含量逐渐增多而蛋白含量逐渐减少；最后一段乳汁的脂肪含量比初段高2～3倍。让两侧乳房轮流被吸空，可保证宝宝最大限度地吃到最后一段含脂肪较多的乳汁。

怎样预防宝宝吐奶

吐奶是婴儿期一个常见的现象。有时，吐奶是因为宝宝吃奶的量超过了胃可以承受的量；有时，他会在嗳气和流口水时吐奶。怎样才能防止宝宝吐奶呢？

· 喂奶期间要避免宝宝被打扰而中断喂奶，如突然的大声、强光或其他让宝宝走神的现象。

· 一般3～4小时喂一次奶比较合适。

· 用奶瓶喂养的宝宝，在喂奶期间至少每3～5分钟拍嗝一次，还应让奶液完全充满奶嘴。

· 母乳喂养时，要让宝宝的嘴裹住整个奶头和乳晕，不要留有空隙，以防宝宝吃奶时吸入空气。

· 喂完奶后，不要急于把宝宝放到床上，而是要让宝宝趴在妈妈的肩头，帮宝宝排出胃里的空气。

· 将宝宝放下的时候，应让其先侧卧再仰卧。

喂奶后帮宝宝排气的方法

无论是母乳喂养还是人工喂养，当宝宝吃完奶后，应给宝宝留出打嗝儿的时间，这样宝宝可以排出吃奶时吸到胃里的气体。怎样帮助宝宝排气呢？

· 采用竖抱姿势，在肩上放一块尿布或围兜，让宝宝趴在肩上，轻轻拍打或抚摸宝宝的后背。

· 将宝宝抱在大腿上，使其稍向前倾，妈妈用手托住他的下巴，用另一只手拍打他的后背。

· 让宝宝横趴在妈妈的腿上或手臂上，脸朝下，用一只手从上向下轻轻地、有节奏地拍打或搓他的背部。

掌握方法，轻松应对晚上喂奶

夜晚妈妈睡觉时，若宝宝要吃奶，这时妈妈的半梦半醒状态很容易发生意外。妈妈晚上给宝宝喂奶时，掌握以下方法可以帮助妈妈顺利喂奶。

· 坐起来喂奶。建议妈妈尽量像白天一样，坐起来喂奶，不要躺着喂奶，以免发生意外。

· 开一盏光线较为柔和的灯。喂奶时，光线不要太暗，要能够清晰地看到宝宝皮肤的颜色，以免惊吓到宝宝。

· 保持安静。在安静的环境中喂奶，不要在宝宝吃奶时与之戏闹，以防止宝宝发生呛咳。

· 喂完奶后不要立即入睡。喂完奶后不要立即睡觉，仍要将宝宝竖立抱起一会儿，并轻轻拍其背部，待打完嗝后再放下。观察一会儿，如宝宝已安稳入睡即可休息。此外，宝宝睡觉的房间应保留暗一点的光线，以便能及时发现溢乳。

宝宝吃饱了的七种信号

由于宝宝无法直接用言语和妈妈沟通，爸爸妈妈就要通过观察来判断宝宝是否已经吃饱。在给宝宝喂完奶后，如果有以下表现中的任何一条，就表明宝宝已经吃饱了：

- 喂奶前乳房丰满，喂完奶后乳房较柔软。
- 喂奶时可听见宝宝的吞咽声（连续几次到十几次）。
- 妈妈有下乳的感觉。
- 宝宝的尿布24小时湿6次及6次以上。
- 宝宝大便质软，呈金黄色、糊状，每天2～4次。
- 在两次喂奶之间，宝宝很满足、安静。
- 宝宝体重平均每天增长10～30克或每周增加70～210克。

一般来说，宝宝在出生后的头两天只吸2分钟左右的乳汁就会吃饱。3～4天后，可慢慢增加到20分钟左右，约每侧乳房吸10分钟。

若实在不放心宝宝吃饱了没有，还可以用手指点宝宝的下巴，如果他很快将手指含住吸吮则说明没吃饱，应稍增加喂奶量。

早产的宝宝营养不能落

早产的宝宝生理功能发育不完善，要尽早开奶（母乳），并尽可能用母乳喂养，让宝宝能吃上初乳。万不得已的情况下再考虑用婴儿配方奶粉，因它的成分较接近母乳。母乳不够或无母乳的情况下，可用稀释后的牛奶来喂宝宝，一般体重1500～2000克的早产宝宝一天喂奶12次，平均每2小时喂一次；体重2000～2500克的宝宝一天喂奶8次，平均每3小时喂一

特别提示

早产的宝宝吸吮能力和胃容量均有限，需根据宝宝的体重给予适当的喂奶量。少量多餐的方法比较适合喂养早产的宝宝，注意喂奶后要让宝宝侧卧，防止呛奶。

次。不同宝宝每日的喂奶量差别较大。无力吸奶的宝宝，可用滴管将奶慢慢滴入其口中，可以先喂5毫升，以后根据宝宝情况逐渐增多每次喂奶量，一般每2～3小时喂养一次。天热时，可在两次喂奶中间再喂一次糖水，喂水量约为每次喂奶量的一半。

此外，早产儿体内各种维生素贮量少，可有针对性补充维生素。宝宝出生后每日可给3毫克维生素K_1和100毫克维生素C，共2～3天；出生3天后，可给复合维生素和维生素C各半片，每日两次；10天后可喂浓缩鱼肝油滴剂，由每日一滴逐渐增加到每日3～4滴；出生1个月后，可补充铁剂。

这些情况下不宜喂养母乳

大部分情况下，母乳都是宝宝最佳的营养来源，但是有些特殊情况不适合进行母乳喂养，新妈妈要注意了。

妈妈不宜喂养母乳的特殊情况

- 患急性乳腺炎、传染性疾病（如乙型肝炎）期间不宜母乳哺乳。
- 妈妈患严重心脏病、慢性肾炎时不宜哺乳。
- 妈妈患尚未稳定的糖尿病时不宜哺乳。
- 妈妈患有癫痫时不宜哺乳。
- 妈妈服的药会通过乳汁影响宝宝时不宜哺乳。
- 妈妈感冒发热时不宜哺乳。
- 不宜穿工作服喂奶，特别是从事医护、实验室工作的妈妈应注意。此外，穿化纤内衣时也不宜喂奶。

宝宝不宜吃母乳的特殊情况

- 宝宝如患有代谢系统的疾病，如半乳糖血症（症状：喂奶后出现严重呕吐、腹泻、黄疸、肝大、脾大等）不宜母乳喂养。明确诊断确定为先天性半乳糖血症的宝宝，应立即停止母乳及奶制品喂养，应给予特殊不含乳糖的代乳品喂养。
- 患严重唇腭裂有吮吸困难的宝宝不宜母乳喂养。

日常护理，与宝宝的亲昵

正确包裹宝宝

新生儿身体柔软，不能自己抬头，不易抱起，尤其是在喂奶时，很不方便。因此，用襁褓将新生儿包起来，既可使新生儿有足够的温暖和安全感，又方便妈妈抱起来喂奶。因此，正确使用襁褓非常重要。

传统习俗中，要给新生儿打“蜡烛包”。打“蜡烛包”不仅影响新生儿肺脏发育，同时也会压迫腹部，影响胃和肠道的蠕动，使消化功能降低。此外，打“蜡烛包”使新生儿四肢活动被限制，还会影响新生儿的动作发育。

目前市场上的婴儿睡袋就是由传统的“蜡烛包”改进而成，不仅款式漂亮，而且保暖方便。睡袋上方有开口，方便妈妈喂奶、喂水；睡袋前方有拉链，方便换尿布。在白天给新生儿穿上内衣、薄棉袄或毛衣，再盖上棉被或套上睡袋就可以了。对于容易惊醒的新生儿，父母可使用襁褓将新生儿包裹起来，但千万不可包得过紧，一定要宽松适度。

要注意抱宝宝的姿势

刚出生不久的婴儿四肢软绵绵的，颈部无力，头抬不起来，抱起他们时如果不得要领，大人会显得十分笨拙，而且还有可能会伤到宝宝。其实，只要掌握了正确的方法，抱新生的宝宝会是很好的享受。

将宝宝横抱于臂弯中

宝宝仰卧时，妈妈可以用左手轻轻插到他的腰部和臀部下面，把右手轻轻放到他的头颈下方，慢慢地抱起他。这样，宝宝的身体有依托，头就不会往后垂。

将宝宝面向下抱着

让宝宝的一侧小脸颊靠在妈妈的前臂上，用双手托住他的躯体，让他趴在妈妈的双臂上。

让宝宝面向前

当宝宝稍大一些，可以较好地控制自己的头部时，让宝宝背靠着妈妈的胸部，用一只手托住他的臀部，另一只手围住他的胸部。

如何放下睡着的宝宝

宝宝很容易就在妈妈的怀抱里睡着了，这时就要轻轻把他放到婴儿床上去。那么，怎么放下怀抱里的宝宝而不惊醒他呢？

· 当妈妈准备把睡着的宝宝放到床上时，先让宝宝躺在自己的臂弯里，将宝宝的头靠着妈妈的肘部，然后再放到床上去，轻轻地将宝宝从妈妈的胸口挪开。

· 先把宝宝的屁股放在床上，同时要牢牢托着宝宝的头和脖子，依次将宝宝的屁股、背部、头部放到床上，动作一定要轻。把宝宝放到床上后，轻轻地抽出置于宝宝臀部下的手臂。

怎样给宝宝穿脱衣服

初为父母总是令人喜悦的。然而，从此生活中就多了一份操不完的心。这不，连给宝宝穿、脱衣服这样一件看似平常的小事，都要细致入微地做好。

换衣前的准备

小宝宝不喜欢换衣服，他害怕裸露自己的身体、害怕把正穿得舒服的衣服脱掉。在开始换衣服时他会哭闹，可以在换衣服的同时，用一些玩具吸引他的注意力，或者是不断地和宝宝聊天。最好在一个比较宽大的床上为宝宝穿脱衣服。在换衣服前，应先把干净的衣服准备好。如果里外几件衣服要一起换，先把这些衣服的袖子或裤腿套在一起，这样穿衣服的时间会减少，宝宝也就不会过分哭闹。

穿衣服

把干净的套好的衣裤展开平放在一起，然后把袖子撑成圆形，把手从袖口处伸进去抓住宝宝的拳头，把他的手臂带过来，再拉直衣袖。用同样的方法把宝宝的腿引进裤腿，拉直裤子，最后系好衣服，理好衣裤的外形。

脱衣服

给宝宝脱衣服时，让宝宝平躺在铺好的浴巾上，从上向下解开衣服所有的扣子。先脱袖子，让宝宝的胳膊肘略微弯一点，然后拉住袖口，轻轻地把袖子从宝宝胳膊上脱下来；脱裤子时，先把宝宝的双腿提起一点，把裤腰拉下来，然后轻轻地往下拉即可。脱衣过程中宝宝很可能会哭闹，父母不要惊慌，更不可手忙脚乱。

特别提示

给宝宝穿衣服可不是件容易的事，宝宝全身软软的，又不会配合，往往弄得父母手忙脚乱。其实，父母给宝宝穿衣、脱衣时，可以抚摸他柔软的皮肤，这是让宝宝认识自己身体的极好机会。

宝宝头部胎垢的清洁

胎垢是宝宝出生时头皮上的脂肪和头皮分泌的皮脂，再粘上灰尘而形成的。

在清洗头垢时，由于头垢很厚，并和头皮粘得很紧，如果硬剥洗很容易损伤宝宝头皮，引起细菌感染。可在宝宝晚上入睡后，用婴儿润肤油轻轻地擦在有头垢的地方，经过一夜的滋润可使头垢变软。第二天再用小梳子轻轻地梳痂皮或是用纱布轻轻擦拭，痂皮就会脱落。再用婴儿专用洗发液加温开水将宝宝头皮洗净，然后用毛巾盖住宝宝头部直到头发干透。如果胎垢很厚，可重复上述做法2～3次，即可完全除掉。

宝宝眼睛的护理

即使分娩过程未受感染，新生儿出生后，也有患结膜炎、泪囊炎的危险，因此，常规为新生儿滴上几天眼药水是很有必要的。

预防宝宝眼部感染可用医院开的眼药水给宝宝滴眼，每天2～3次。如果宝宝眼部有分泌物，可用干净小毛巾或棉签蘸温开水，从眼角内向外轻轻擦拭。滴眼药水时，新妈妈可将消毒棉棒与宝宝的眼平行，轻轻横放在宝宝上眼睑接近眼睫毛处，向上推上眼睑，顺利扒开眼睑后，向眼内滴一滴眼药水。

对于出生眼部即有脓性分泌物的宝宝，医生会将分泌物涂片做淋球菌培养，如为阳性，医生会给予对症治疗。

宝宝耳部的护理

新生儿耳道短、平，眼泪、奶液和水容易流入耳内。因此，给宝宝洗澡时，注意不要将污水灌入宝宝耳内，洗澡后应用棉签擦干宝宝的外耳道及外耳。平时还要注意清洁宝宝的耳背。

为预防宝宝耳部发生湿疹或皲裂，可涂些植物油或紫药水。一旦发生湿疹，可涂宝宝湿疹药膏。

让宝宝鼻腔保持通畅

新生儿鼻内分泌物要及时清理，以免结痂。简便有效的方法是：把消毒纱布的一角按顺时针方向捻成布捻，轻轻放入新生儿鼻腔内，再按逆时针方向边捻动边向外拉，就可把鼻腔内分泌物带出。这种方法可多次重复，不会损伤鼻黏膜。

宝宝脐部的护理

新生儿的脐带通常在出生后5～7天脱落，脐带未掉以前，要注意避免沾湿或污染，不要随便打开看。给宝宝洗澡时要避开脐部，尿布最好不要盖在脐带上，以免湿尿布污染脐带。如果脐带包布已经沾湿，必须更换，并且要用消毒棉花蘸2.5%碘酒消毒脐带，再用75%的酒精擦去碘酒，另取无菌纱布重新包扎。处理时，碘酒不可沾着宝宝皮肤，以防止灼伤。

新生儿脐部的护理方法

新生儿脐带脱落后，根部有痂皮，应让它自行剥离。

痂皮脱落后，如果脐带孔潮湿，或有少量浆水渗出，可用75%的酒精将脐带孔擦净，滴2%的甲紫，数天后即愈。如果脐带孔内有肉芽组织增生，可用75%的酒精消毒后，再用10%的硝酸银溶液或硝酸银棒点灼，点灼后用盐水洗净脐部，再涂上甲紫消炎粉。

如果脐部周围红肿，并有脓性分泌物，这是脐炎表现，应及时找医生治疗。

宝宝臀部的护理

宝宝臀部的护理很繁琐，如果护理不当会引起尿布皮炎。一般来说，宝宝每次大便后都给他洗一下屁屁，这样会让宝宝很舒服，但是每次小便后就不一定都洗了。

宝宝腹泻时，用湿纸巾擦干净臀部也可以。有些妈妈平时对宝宝照顾得无微不至，每次宝宝大小便后都洗屁屁，殊不知这样会适得其反。

宝宝屁屁的皮肤经常被摩擦、经常湿着，皮肤就容易发红、出疹或糜烂。用毛巾擦干皮肤时，要轻轻把水吸干，而不是来回擦拭皮肤，以免损伤娇嫩的会阴部及肛门周围皮肤。

另外，在宝宝刚换下尿布或刚刚排便后，应让屁股自然晾一会儿，不要立刻就包上尿布。

宝宝生殖器的清洁

男宝宝阴茎包皮长而且外口较狭小，包皮内层的分泌物和尿液容易存在包皮内，细菌易在此处繁殖，发生感染。女宝宝的尿道较短，如果不注意卫生，细菌可以经尿道进入膀胱，引起泌尿系统炎症。所以，父母应经常为宝宝清洁生殖器。

男宝宝生殖器的清洁方法

清洗时，用一只手握住宝宝双腿，用一个手指垫在他的两足跟之间，以防他的两内踝相互摩擦。抬高双腿角度不能超过45°，然后用一块湿布或棉球把残留在包皮内的尿液清除，清洗时不要强行将包皮往后拉。

女宝宝生殖器的清洁方法

给女宝宝清洗外阴部，一般在就寝前或者大便后进行。具体方法是：准备一盆温开水，将干净纱布沾湿清洁外阴，注意要由里向外、由前往后擦洗，不要擦到宝宝的小阴唇里面。清洗用纱布只能用1次，要重复使用必须经过清洗、煮沸、消毒后才能再用。

给宝宝换纸尿裤的方法

纸尿裤的优点是，使用方便，不用担心宝宝会尿湿裤子或被褥，减轻了妈妈的工作量。但纸尿裤透气性不好，长时间使用易使宝宝患尿布疹。建议在外出时使用纸尿裤，平时在家最好还是使用纯棉尿布。

特别提示

由于使用纸尿裤形成的潮湿环境不利于皮肤的健康，所以在取下纸尿裤后不要马上更换新的纸尿裤，要让宝宝的皮肤适当透气，以减少尿布疹的发生。

换纸尿裤的具体方法

- 打开一次性纸尿裤，将有胶带的一侧放在宝宝的身后，另一侧穿过宝宝的两腿间放在宝宝的前面。
- 将后面的纸尿裤拉向前面，揭开胶带压在合适的位置上，固定纸尿裤。
- 整理好纸尿裤，尤其要注意大腿根部和腰部位置，以免宝宝感觉不舒服。

换纸尿裤时的注意事项

- 换纸尿裤前要洗手，要修剪好指甲，不能戴戒指。
- 换纸尿裤时，动作要轻柔。
- 换纸尿裤时，室温宜保持在22℃左右。

给宝宝换垫尿布的方法

给新生儿换尿布的方法有很多种，怎样换好尿布，使宝宝既舒服又健康，是每一位初为人母的女性都要学会的。在换垫尿布时，一定要保持新生儿双腿自然的姿势，松松地垫上就可以了。女宝宝的尿布后边垫厚一些，男宝宝的尿布前边要垫厚一些。具体操作方法及图示如下：

①抓住宝宝的踝部，并轻轻用力提起，将叠好的尿布放在其臀部下，尿布上边与宝宝腰部平齐。

②将尿布从宝宝两腿之间往前折起，使其包住宝宝的前阴（使男宝宝的阴茎朝下，这样不会尿湿脐部)。

③把侧面的一角顺着腰拉到上面来，按住，再拉另一角。

④仍按住先拉起来的一角，将后拉起的一角稍用力向前拉紧。

⑤将手指伸入尿布与宝宝腹部之间捏住重叠的布头，拉起尿布并保护宝宝的腹部，然后将三层尿布用别针水平别在一起。

⑥包好的尿布应紧贴宝宝裆部。妈妈可用手指探一下，检查是否松开，如松开应重新包好。

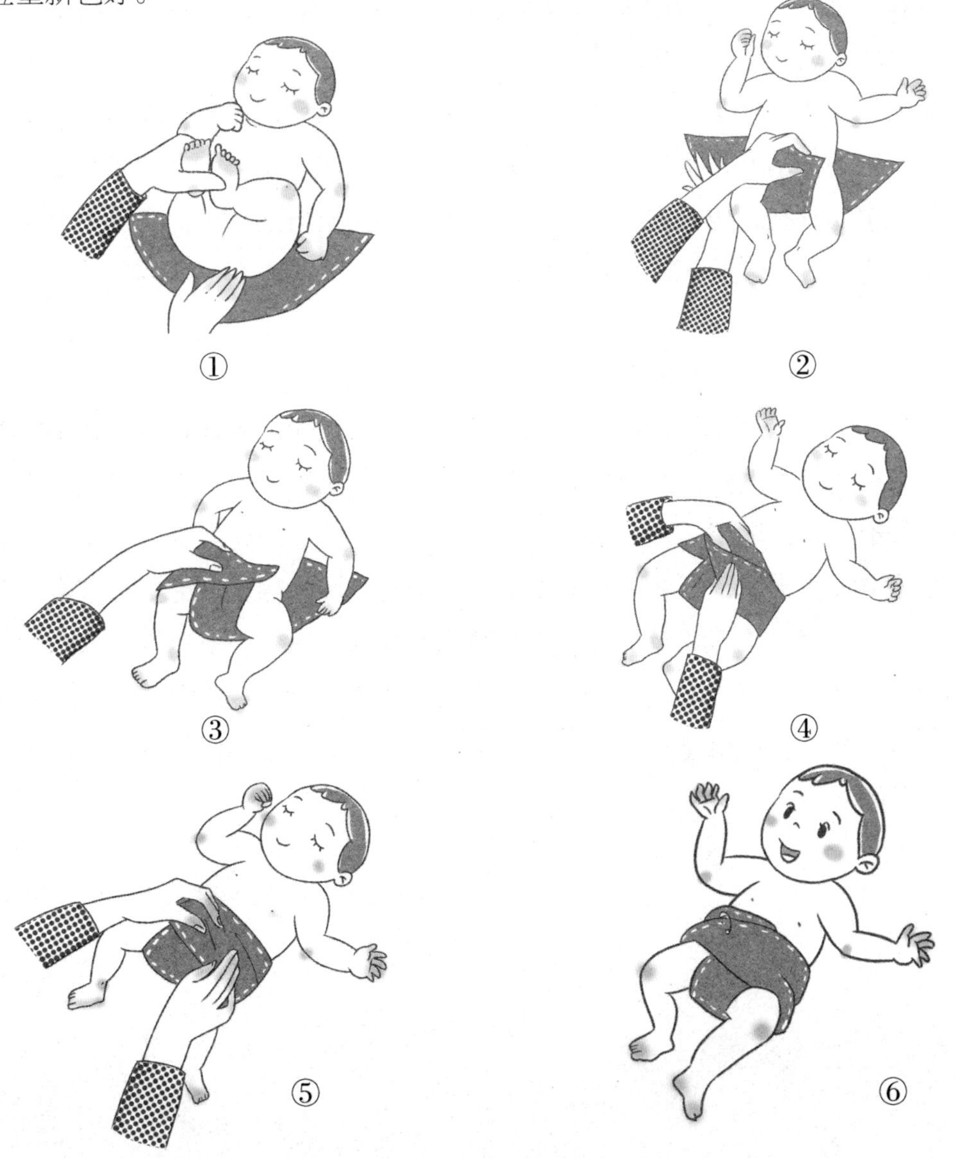

给宝宝洗头的方法

很多宝宝不喜欢洗头发，每次洗头发时都会哭闹。父母可以给予适当的情感安慰，来消除宝宝的紧张感和恐惧感。

让宝宝仰卧在妈妈的一只手上，背部靠在妈妈的前臂上，并把他的腿固定在妈妈的肘部，妈妈用手掌扶住其头部置于脸盆上方，用另一只手给他涂抹洗发水并轻轻按摩头皮，千万不要搓揉头发，以免头发缠在一起。然后用清水冲洗干净，最后用干热毛巾将头发轻轻吸干。

给新生儿洗头时要注意：抱着宝宝洗头时，妈妈可以尽量贴近宝宝一些，不要把宝宝的头部倒悬；水温应保持在38℃左右。应选用宝宝专用洗发水。应用棉花塞住宝宝的耳孔，防止水溅入。不要用手指抠挠宝宝的头皮。应用整个手掌，轻轻按摩头皮。不能强行剥掉宝宝头上的皮脂痂。

给宝宝洗澡的方法

宝宝肚脐在愈合之前，很容易渗进细菌，引发炎症。因此，不应将宝宝整个身体浸泡在浴盆中洗浴，部分沐浴更加合适，可以用纱布或毛巾沾着温开水给宝宝擦洗身子。

在给宝宝洗澡前，先准备好洗澡用品并调好室温。澡盆、毛巾、宝宝香皂、宝宝洗发水、润肤露等洗澡用品，宝宝换洗的衣物、尿布、浴巾等，放在顺手可取的地方。洗澡时室内温度在24℃左右即可，早产儿或出生7天内的小宝宝要求室温为24～28℃，水温在38～40℃。给宝宝洗澡前，可以用肘部试一下水温，只要稍高于体温即可。

①用浴巾将宝宝脐部包好，防止肚脐进水。

②用专用纱布或毛巾沾湿后小心擦拭宝宝脸颊。

③横抱宝宝，用一只手掬水湿润宝宝的头，然后用毛巾擦干头发。

④手掌沾水，轻轻擦拭胸口，然后使宝宝俯卧，擦拭后背。

⑤把宝宝放到铺开的毛巾上，擦干身体、胳膊的褶皱处和腋窝部位，穿上衣服。

⑥拍粉，垫尿布（或穿上纸尿裤），并给宝宝穿上裤子。

让新生儿好好地睡觉

良好的睡眠对宝宝的生长发育非常重要，要保证新生儿的睡眠质量，妈妈要掌握一些技巧。

传统观念认为要及早让宝宝把头躺平，因此多提倡仰卧位，而且还用枕头、棉被、靠垫等固定宝宝的睡姿，这是不科学的。让宝宝俯卧有利于心肺的发育，但若疏于照看，则有窒息的危险。侧卧位睡眠姿势既对重要器官无过分压迫，又利于肌肉放松，万一宝宝溢乳也不致呛入气管，是一种值得提倡的小儿睡眠姿势。

由于新生儿的颅骨骨缝还未完全闭合，如果始终向一个方向睡，可能会引起头颅变形。所以，正确的做法应该是经常为宝宝翻身，变换体位，更换睡眠姿势，吃奶后要侧卧不要仰卧，以免吐奶。左右侧卧时要当心不要把宝宝耳轮压向前方，否则耳轮经常受压也易变形。

搂着宝宝睡觉要不得

有些新妈妈，晚上睡觉时喜欢把宝宝搂在怀里，这既不安全，也不卫生。

· 宝宝的头往往枕在妈妈胳膊上睡觉，妈妈多为侧卧，时间久了，手臂会因为长时间采用环抱式而麻木不适，妈妈自觉或不自觉地翻身，会把宝宝弄醒，或不小心压伤孩子。

· 经常搂着宝宝睡觉，会增加宝宝吃奶的次数，并且会影响宝宝的睡眠质量。一旦形成习惯，就难以养成规律的吃奶习惯和睡眠的习惯。

· 宝宝的头会被裹在被窝内，被窝内空气不流通，不利于宝宝的健康。

宝宝若在妈妈的怀抱里睡着了，这时最好将宝宝放到床上睡，不要抱着让他睡。

特别提示

为了宝宝的健康，最好让新生儿单独睡一个被窝，更好的办法是让宝宝睡在妈妈床边的婴儿床上。

宝宝为什么会哭

引起新生儿哭闹的原因很多，常见的有以下几种：

• 寒冷。宝宝的哭声低、乏力，皮肤苍白、干燥，全身蜷曲。此时，可将宝宝抱在自己怀中或给他加盖小被子。

• 热。宝宝的哭声响亮、有力，皮肤潮红，轻度出汗。此时，需将小被子松解或移开，如果宝宝出汗，还需擦汗换衣。

• 饥饿或口渴。宝宝的哭声洪亮、音调高，而且有规律，头部左右转动。此时，可试探性地用奶头碰触宝宝的嘴唇，如果宝宝立刻含住奶头吸吮起来，则给予喂奶。

• 尿湿或解便后。宝宝的哭声常突然出现，有时很急，下肢的活动比上肢的活动要多。解便前宝宝会有面色涨红用力的神色。此时，可更换尿布。

• 惧怕。先出现受惊吓的表现，如双臂举起，拥抱状或哆嗦一下等，哭声随后立即出现，哭声急，面部涨红，此时可给予轻声安慰拍哄。

保护好宝宝的囟门

新生儿的头颅除了比成年人小之外，其头骨的结构也与成人有极大的不同。因此，新手父母在照顾新生宝宝的时候，要注意保护宝宝的头部，而囟门就更要多加留意了。

宝宝颅骨的结构在前囟门处最弱，没有骨骼的保护，而大脑组织就在囟门正下面。宝宝的前囟门突出时可以用手感觉到颅内有跳动的情形，还可以感觉到好似有凹凸不平的大脑表面。妈妈们要注意，千万不要让别人随意摸宝宝的头，更不能用力压，否则有可能会对宝宝的大脑造成损伤。

新生儿做抚触好处多

抚触新生儿有利于宝宝的身体健康和发育。抚触能刺激新生儿的淋巴系统，增强抵抗力，改善消化功能，安抚新生儿的不安定情绪，减少哭泣等。通过抚摸，可促进新生儿的肌肉协调，使全身舒适，更易安静入睡。通过抚触还可改善新生儿皮肤的功能，促进血液循环，保持皮肤的清洁和弹性。

悉心呵护早产宝宝

早产儿经过医院的专业护理之后，如一切正常就可以出院。但宝宝出院后身体仍然很虚弱，做父母的要非常小心地加以护理。

特别注意保暖

早产儿由于体温调节能力较弱，因此护理过程中对温度、湿度的要求就显得很重要。早产儿衣着以轻柔软暖、简便易穿为宜，尿布也以柔软容易吸水为佳，所有衣着宜用带系结，忌用别针和纽扣。让宝宝的体温保持在36～37℃为宜，家长应每日为宝宝测量4～6次体温。

洗澡要慎重

当早产儿体重低于2500克时，不要给宝宝洗澡，可用食用油每2～3天擦擦宝宝的脖子、腋下、大腿根部等皮肤有皱褶处，保持清洁和湿润。若早产儿体重在3000克以上，每次吃奶达100毫升时，可与健康新生儿一样洗澡。

给予爱的抚触

早产儿的早期抚触和语言沟通同样很重要，给宝宝一些爱的抚触，有助于早产宝宝的全面发展。经过一段时间的按摩，可以使宝宝的吃奶量明显增加，宝宝的头围、身长、体重均会明显增高。

防止感染

除专门照看孩子的人（母亲或奶奶）外，最好不要让其他人走进早产儿的房间，更不要把孩子抱出来给亲戚邻居看。专门照看孩子的人，喂奶、换尿布前应认真洗手，奶瓶、用具要天天消毒，床具要常洗晒，居室注意通风。

爸爸及家人严禁在婴儿室内抽烟。如果刚刚抽过烟，请暂时不要亲近宝宝，且房间要适当通风。

疾病防护，做宝宝的家庭医生

听哭声辨疾病

若发现宝宝有以下不正常的哭声，应立即到医院诊治。

· 在喂奶时哭声剧烈，同时出现痛苦表情，可能是口腔炎（口疮）或咽炎。

· 吃奶时，耳朵贴近母亲哭闹或摇头不止，可能是耳道有问题。

· 哭声嘶哑、呼吸困难、发热、咳嗽、口唇青紫，可能是急性支气管炎或肺炎。

· 如反复剧烈哭闹、口角苍白、两手紧握、下肢蜷曲，伴有呕吐、腹泻等，可能是肠绞痛。

看大便知疾病

婴儿大便的颜色、形状，能反映出一些疾病。从婴儿的大便辨别疾病，家长要注意仔细观察大便的颜色、形状和气味。

· 大便呈稀水样或鸡蛋汤样、或有黏液或泡沫，有腥臭味，这有可能是小儿腹泻。

· 大便为白陶土样，提示新生儿患有胆道疾病。

· 大便为黑色柏油样，可能有上消化道出血。

· 红色大便，可能是下消化道出血。

· 果酱样大便，可能是肠套叠。

· 高粱米水样便，可能是坏死性肠炎。

· 大便若为蛋清样伴有黏液、脓血，多是痢疾。

呼吸异常

正常新生儿有时可以出现不规则的呼吸，有时2次呼吸间间隔5～10秒钟，但不伴心率和面色改变，称周期性呼吸。呼吸暂停是指呼吸停止10～15秒钟甚至更久，同时心率减慢，每分钟少于100次，还出现紫绀和肌张力减低。

新生儿呼吸困难的早期表现为呼吸次数增加、呼吸浅表、急促，进而表现为鼻翼翕动，再严重时可以看到“三凹征”（即锁骨上窝、胸骨上窝及肋间隙3个部位，在吸气时同时凹下），同时宝宝出现面色及口唇发青，严重时出现呻吟样呼吸、吭吭样呼吸或呼吸暂停，这些均表示病情进一步恶化。新生儿病情变化快，应早期发现、早期治疗，如一发现宝宝呼吸困难，应及时送医院抢救。

病理性黄疸

病理性黄疸有许多原因，必须早发现、早治疗。其特点是：

· 出生后24小时内即出现黄疸。

· 黄疸程度重，呈金黄色或黄疸遍及全身，手心、足底亦有较明显的黄疸或血清胆红素大于15毫克/分升。

· 黄疸持久，出生2～3周后，黄疸仍持续不退甚至加深，或黄疸减轻后又加深。

· 伴有贫血或大便颜色变淡者。

新生儿肺炎

新生儿肺炎是很常见的一种感染性疾病，宝宝越小越易患病，多发生在宝宝出生1～2周后，一年四季都可发生。

主要症状表现为鼻塞、咳嗽、发热、精神委靡、呛奶、不哭、口吐细白泡沫、呼吸增快等；口周或肢端可见青紫，其他部位皮肤发灰或苍白；严重者可有呼吸暂停。家长要注意观察新生儿的一般状况。当宝宝吃奶困难、惊厥、嗜睡、喘鸣、发热或体温不升时，应立即意识到宝宝是患了疾病，必须立即去医院。而要初步判断是否患了肺炎，最简单的办法是数呼吸频率和观察胸凹陷。

家庭护理措施：要注意开窗通风，避免空气不流通，同时要注意房间的保温。喂奶时注意不要让宝宝吃得太急，以免呛奶或溢奶。喂奶后要轻轻拍背，让宝宝打嗝排气。如果家中有人感冒，应戴上口罩，以免传染给宝宝。

新生儿败血症

新生宝宝的皮肤黏膜薄嫩，容易破损，未愈合的脐部是细菌入侵的门户，更主要的是，新生宝宝免疫力低下，感染容易扩散，极易导致败血症。

宝宝败血症的早期症状并不明显，所以很容易被忽略。一般表现为精神委靡、反应迟钝、吃奶量少、哭声减弱、体温不正常、体重不增或降低，随着病情的加重，很快会出现“三不”（不哭、不吃、不动）、嗜睡、黄疸加重或退后又出现，严重时有皮肤出血点、面色发灰甚至昏迷、惊厥。

家庭防护措施：应注意宝宝的脐部护理，保护宝宝皮肤黏膜不受损伤，防止感染，一旦发现有皮肤黏膜炎症反应现象，应迅速治疗。严禁病人与新生宝宝接触，妈妈发热时也须与宝宝隔离。新生宝宝的衣服、被褥、尿布要保持干燥清洁，最好能暴晒或烫洗消毒。注意保持室内空气新鲜、流通，经常打开门窗通风换气。不要给太小的宝宝剃光头，这样容易导致细菌感染。

接种卡介苗

新生儿出生后第2天即可接种卡介疫苗。接种后，可获得对结核菌的一定免疫能力。卡介苗接种一般在左上臂三角肌处皮内注射，也可在皮肤上进行划痕接种。

新生儿接种卡介苗后，无特殊情况一般不会引起发热等全身性反应。在接种后2～8周，局部出现红肿硬结，逐渐形成小脓疮，以后自行消退。有的脓疮穿破，形成浅表溃疡，直径不超过0.5厘米，然后结痂。痂皮脱落后，局部留下永久性瘢痕，俗称卡疤。

一般新生儿接种卡介苗后，2～3个月就可以产生有效免疫力；3～5年后，再进行结核菌素（OT）试验，如呈阴性，可再接种卡介苗一次。

早产儿、难产儿以及有明显先天畸形、皮肤病等的婴儿，出生时禁忌接种。

接种乙肝疫苗

如果婴儿父母患有乙型肝炎，婴儿出生后1天内肌内注射乙肝疫苗，或采用其他措施。婴儿的整个免疫注射要打3针，第1针（一般由产科医务人员注射）在新生儿出生后24小时之内注射；第2针在出生后1个月注射；第3针在出生后6个月注射。全部免疫疗程结束后，预防乙型肝炎有效率可达90%～95%。

亲子乐园，培养聪明宝宝

宝宝听音乐

目的：听音乐可以训练宝宝的听觉、乐感和注意力，陶冶宝宝的性情。

准备：妈妈可在宝宝清醒或给宝宝喂奶时播放音乐。

方法：

将录音机或音响的音量调小，播放一段柔和、舒缓的乐曲。这在宝宝出生几天后即可进行。

注意：不要给宝宝听很多不同的曲子，一段乐曲，在一天中可反复播放几次，每次十几分钟，过几周后再换另一段曲子。

摇摇铃

目的：练习宝宝的追视、追听能力，锻炼宝宝的听力和转头能力。

准备：妈妈要买一些小摇铃、花铃棒类的玩具。

方法：

- 在宝宝清醒的时候，可以将玩具放在宝宝眼前30厘米左右的地方，左右、上下或者做弧形的转圈，让宝宝的目光追着玩具走。
- 另外，在宝宝看不见的、距耳朵15～20厘米的地方轻轻摇这些铃。
- 当宝宝清醒的时候，妈妈还要经常把这些小摇铃、花铃棒有意地塞到宝宝的小手里，促进他的触觉发育。

注意：摇铃、花铃棒发出的声音要比较柔和，如果声音很刺耳的话最好不要选购。

光亮训练

目的：吸引新生儿注视灯光，进行视觉刺激。

准备：妈妈准备一块红布，一个手电筒。

方法：

· 妈妈用红布蒙住手电筒的前端，打开手电筒。

· 将手电筒置于距新生儿双眼约30厘米远的地方，沿水平和前后方向慢慢移动几次。

注意：此训练可在新生儿出生半个月后开始进行。最好隔天进行1次，每次1～2分钟。切忌不蒙红布用手电筒直照射婴儿眼睛。

爱爱小鼻子

目的：促进宝宝的触觉发育，加深亲子感情。

准备：在宝宝躺着且清醒的时候开始游戏。

方法：

· 妈妈跟宝宝说话并吸引宝宝的注意力。

· 妈妈一边用手指轻轻点宝宝的小鼻尖，一边说“小鼻子，大鼻子，鼻子挨挨鼻子，嗯——”说到“嗯——”的时候，妈妈用自己的鼻子轻轻碰碰宝宝的小鼻尖。

· 妈妈也可以一边说话一边把宝宝的小手放在自己的鼻子上碰一碰。

注意：新生儿清醒时间很短暂，妈妈要抓紧时机与宝宝沟通。如果宝宝静静地等候妈妈跟他碰鼻子，说明他很喜欢这样跟妈妈亲密接触，可以继续再做2次。

抓握玩具

目的：训练宝宝的肢体协调能力。

准备：根据宝宝的动作协调能力，妈妈可准备一些他能够抓握的玩具，让宝宝试握。

方法：

· 将玩具放到宝宝的手心，宝宝会握住手中的物品。

· 这时你可试着将宝宝提起，你会发现，宝宝可被你提到半坐位，有的宝宝甚至可以紧紧握住玩具而使整个身体离开小床。

注意：宝宝的这种抓握本领是无意识的，有个体差异。与发育预测或智商没有任何关系。需要注意的是，由于宝宝的力量有限，提起的时间不宜过长。

说悄悄话

目的：给宝宝听觉刺激，有助于宝宝早日开口说话，并能促进母子之间的情感交流。

准备：在宝宝情绪比较稳定的时候，对宝宝讲话。

方法：

· 宝宝情绪比较好时，妈妈可以用缓慢、柔和的语调对他说话，比如“宝宝，我是妈妈，妈妈喜欢你”，等等。

· 也可以给宝宝朗读简短的儿歌，哼唱旋律优美的歌曲。

注意：此活动可在新生儿出生20天后开始进行，对宝宝说话时，要尽量使用普通话。

2～3个月，宝宝的哭声妈妈要明白

这个阶段，在宝宝身上已经发生了很多意想不到的变化，那些从妈妈肚子里带来的生理性反射动作已经不再能主导宝宝的行为了，宝宝用“意志”战胜了它们。这是个很值得骄傲的进步啊。当看到他煞有介事地研究自己的双手时、当看到他好奇地四处张望时……千万别不以为然，他正在主动地认识这个世界呢。

现在的宝宝也会发脾气了，一旦哭起来声音比平时大得多。这种特殊的语言是宝宝与大人的一种交流方式，也只有每日照顾宝宝的妈妈最懂。

发育特点，宝宝成长脚印

身体发育指标

出生满1个月的宝宝，面部长得扁平，阔鼻，双颊丰满，肩和臀部显得较狭小，脖子短，胸部、肚子呈圆鼓形状，小胳臂、小腿也总是喜欢呈弯曲状态，两只小手握成拳。你逗他他会笑。

婴儿期的宝宝个体差异大，宝宝的生长指数，既有共性，也有个性，因此，对宝宝体格标准的评价，也要客观地、因人而异地进行。

2月宝宝

发育指标	男婴	女婴
体重（千克）	4.3～7.1	3.9～6.6
身长（厘米）	54.4～62.4	53.0～61.1
头围（厘米）	36.4～41.5	35.6～40.5
胸围（厘米）	40.1	38.8

3月宝宝

发育指标	男婴	女婴
体重（千克）	5.0～8.0	4.5～7.5
身长（厘米）	57.3～65.5	55.6～64.0
头围（厘米）	37.9～43.2	37.1～42.1
胸围（厘米）	41.8	40.1

视觉发育

宝宝2个月大时，眼睛变得更加协调，两只眼睛可以同时运动并聚焦，3个月时开始建立立体感。这一时期的宝宝，会用目光寻找声音来源，或追踪移动的物体。宝宝开始会区别不同颜色，表现出对不同颜色的喜好，比较喜欢看红颜色的东西。

听觉发育

宝宝对强弱不同的声音能做出不同的反应了，他的听力此时已和成人差不多了。宝宝还能分辨出大人发出的不同声音，如果跟他说话，他会认真地听。

动作发育

宝宝仰卧时，大人稍拉其手，他可以自己稍用力，头部不会完全后仰了。宝宝的双手从握拳姿势可以逐渐松开。如果给宝宝小玩具，他可无意识地抓握片刻。要给宝宝喂奶时，他会立即做出吸吮动作。会用小脚踢东西，也会吮吸手指。

语言发育

宝宝在有人逗他时，会发笑，并能发出“啊”、“呀”的语声。如发起脾气来，哭声也会比平常大得多。这些特殊的语言是宝宝与大人的情感交流，也是宝宝思想的一种表达方式，家长应对这种表达及时做出相应的反应。

心理发育

这个时期的宝宝开始有了自己的情绪，喜欢听柔和的声音，会有声有色地笑，有天真快乐的表现。对外界的好奇心与反应不断增长，开始用咿呀的发音与大人对话。

这个时期的宝宝最需要大人来陪伴，当他睡醒后，最喜欢有人在他身边照料他、逗引他、爱抚他，与他交谈玩耍，他才会感到安全、舒适和愉快。

科学喂养，均衡宝宝的营养

按需哺乳和按时哺乳相结合

对宝宝的喂养，儿科专家大力提倡按需喂养法。按需喂养不仅能随时为宝宝补充营养，促进宝宝身体发育，还能让妈妈的乳汁分泌得更多。科学的喂养方式应该是按需哺乳和按时哺乳相结合。

3个月以前的宝宝胃容量小，每次吸入的奶量不多，因此吃奶次数较多，且吃奶时间也不规律。如果过早按时喂奶的话，可能导致宝宝饥饿时吃不到奶，不仅会影响宝宝食欲，导致吐奶，还会影响宝宝身体的发育。

经过1～2个月的按需哺乳，妈妈的母乳能得到充足的开发，而宝宝吃奶的次数会依照个性而逐渐稳定。随着月龄的增加，会自然而然地渐渐过渡到按时哺乳。宝宝2个月以后，可每隔3～4小时哺乳一次，每次约15～20分钟，夜间可喂奶1～2次。但若是宝宝睡得很香，也不必非要叫醒宝宝给他喂奶。

妈妈哺乳小细节

哺乳期间妈妈应注意营养补充，生活规律，情绪稳定，睡眠充分和精神愉快。此外还应注意以下几点：

· 以轻松的心情喂奶。如果妈妈精神上有负担或心情紧张，乳汁就会分泌不出来或流出不畅。

· 不要边看电视边哺乳。边看电视边喂奶会夺去母子之间难得的感情交流机会，而且电视发出的射线和声音不但会影响宝宝吃奶，还会影响宝宝听力的正常发育。

· 在卧室里放一些尿布等婴儿用品，以方便在给宝宝哺乳时换尿布。在床边放些水，以备在哺乳期间口渴时饮用。

· 每次哺乳前洗手。用温开水清洗乳头、乳晕（不要用肥皂洗），将宝宝的嘴周围也擦一擦，但不要擦口腔里面。

· 喂奶前查看一下尿布是否湿了，如果湿了要及时更换，否则宝宝不能好好吃奶。

· 乳房要全露出来，不要让衣服挡住，更别让衣服遮住宝宝的头和嘴。

· 喂完奶后，用消毒棉擦净乳头和乳晕周围，宝宝的嘴周围也要擦干净，以免残留奶液形成奶垢。

· 喂完奶后，宝宝睡着了，要过15分钟左右，再把他放在床上侧身躺下。过10～30分钟，看看尿布是否湿了，如湿了应及时换掉。

人工喂养首选婴儿配方奶粉

如果妈妈母乳不足，或由于其他原因而不能给宝宝喂奶，就要为宝宝精心选择优质的婴儿配方奶粉。

妈妈选择配方奶粉时，要注意奶粉配方是否最接近母乳，并且是否含有母乳中特有的营养物质，如DHA、AA等。

如果是袋装奶粉，可以用手直接捏包装，也可以轻轻摇晃。如果感觉有结块物，表明奶粉质量有问题。在选择奶粉时，一定要看清楚生产日期和保质期。

有哮喘和皮肤问题的宝宝，父母可以选择脱敏奶粉；缺铁的宝宝，父母可以为其选择高铁奶粉；早产宝宝，则应该为其选择易消化的早产儿奶粉；宝宝易腹泻，应该选择不含乳糖的配方奶粉。

混合喂养预防母乳不足

当母乳不充足的时候，可以采取混合喂养的方式。混合喂养是指妈妈母乳分泌不足或因工作原因白天不能哺乳，需加用其他乳品或代乳品的一种喂养方法。它虽比不上纯母乳喂养，但还是优于人工喂养。其中有一种“补授法”值得新妈妈们实践。

“补授法”即母乳与人工喂养相结合，但要采取“间隔喂养”。间隔喂养要根据母乳分泌量的多少来决定，可以选择喂1次母乳，喂1次配方奶；也可以喂1次母乳，喂2次配方奶；或喂2次母乳，喂1次配方奶。这种喂养法的优点是每次喂的量可以准确掌握，基本上能做到定量喂养。

混合喂养要充分利用有限的母乳，尽量多喂母乳。母乳喂养次数要均匀分开，不要很长一段时间都不喂母乳。

夜间妈妈需要休息，起床给宝宝冲奶粉很麻烦，最好是母乳喂养。但如果母乳量太少，宝宝吃不饱，就会缩短吃奶间隔，影响母子休息，这时就要以配方奶粉为主了。

避免用奶瓶喂母乳

有的妈妈喜欢把自己的乳汁挤在奶瓶里喂宝宝，认为这样既省力，又可知道宝宝每顿吃了多少奶。其实，不让宝宝直接吸吮乳房将引起一系列不良影响。首先，直接喂奶比挤出的奶量要多，宝宝吸吮的力度也要比任何吸乳器都大，可把乳房中的乳汁吸得更空。其次，妈妈直接给宝宝喂奶，宝宝在吸吮时会使妈妈受到刺激，可促进乳汁分泌，泌乳量还可以随着宝宝的胃口增加，并在喂奶时心情愉悦、轻松。可是用奶瓶喂就没有这种亲密的接触，用奶瓶喂奶还容易发生污染。

因此，在给宝宝喂奶时，最好把宝宝抱在妈妈的怀中直接喂奶，除非妈妈的乳头扁平，宝宝用嘴含衔有困难，或乳头皮肤有皲裂直接吸吮会引起疼痛，这时才考虑暂用奶瓶喂奶。

不要将配方奶粉与米汤混在一起喂

对完全采取人工喂养的宝宝，许多妈妈都有一种愧疚感，总是担心宝宝营养不够，于是在配方奶粉里添加米汤喂养宝宝，以为这样宝宝吃了会更有营养。其实这种做法是不正确的。

米汤的主要成分是淀粉，其中含有的脂肪氧化酶会破坏配方奶粉中的维生素A。宝宝摄取维生素A的主要来源是乳类，如果配方奶中的维生素A遭到破坏，就会导致宝宝发育迟缓、体弱多病。因此，妈妈如果想给宝宝添加米汤，最好不要和配方奶粉混在一起喂。

合理控制宝宝的饮水量

一般情况下，宝宝每日每千克体重需补水120～150毫升，应扣除所喂奶中的水量，需要的补水量一般在每两顿奶之间补充。

只要宝宝的小便正常，就可根据实际情况让宝宝少量多次饮水。如果宝宝出汗多，应给宝宝增加饮水的次数，而不是饮水量。另外，夏季可适当增加喂水次数。

开始时，每次可以给宝宝喂水10～20毫升，可逐渐增多到每次50毫升左右，在2次喂养间隔中喂1次水。

给宝宝喂水时，如果宝宝不愿意喝的话，妈妈也不要勉强，这说明宝宝体内不缺水分。

适当添加新鲜蔬果汁

2～3个月的小宝宝可以饮用蔬果汁了。蔬果汁不仅能补充维生素C，还可以使宝宝的大便变软，易于排出。但不能直接喂食，应稀释后再喂，因为宝宝的消化功能还不完善。蔬果汁应以鲜榨为佳，以确保营养能被宝宝吸收。蔬果汁不需要加热，否则会破坏其中的维生素。

蔬果汁一般每天可以喂两次，在两次喂奶之间喂较好。给宝宝喂蔬果汁最好的时间是上午8～9点，或是刚给他吃完鱼肝油以后。开始时可用温开水将蔬果汁稀释1倍，第1天，每次只喂1汤匙，第2天，每次喂2汤匙，以后每天渐渐加量，等宝宝习惯后可以不再稀释。这个月龄的宝宝，一般每次喂蔬果汁20～30毫升为宜，一次的量不能超过50毫升。

防止宝宝缺维生素K

宝宝还没有合成维生素K的能力，婴儿通常只吃母乳，虽然母乳营养全面，但唯独维生素K含量偏低，仅为牛奶的1/4，因此，出生3个月内的宝宝比较容易出现维生素K摄入不足。

当宝宝缺乏维生素K时，会出现胃肠黏膜出血、黑便伴呕吐。此外，脐带、皮下及口鼻黏膜也可出血，出血以渗血、缓慢持续为特点。情况较轻的话4～5天后可自行停止，出血量多的话则可能会出现贫血甚至休克。

哺乳妈妈多吃些含维生素K丰富的食物，即可避免宝宝缺乏维生素K，这样的食物有很多，如酸奶酪、蛋黄、大豆油、海藻类、绿叶蔬菜、猪肝、西蓝花、菜花、稞麦等，也可以给宝宝添加含维生素K丰富的蔬果汁。

宝宝突然不吃奶怎么办

有些宝宝在3个月左右时，会忽然不爱吃奶，出现这种情况是有原因的。

不爱吃母乳的情况

· 有的宝宝在习惯了从橡皮奶嘴中吸奶后，会因为母乳吸吮起来比较费力、流出得比较慢而逐渐不爱吃母乳。这时不要因此而减少母乳喂养的次数，以免使母乳的分泌不足而使母乳喂养失败。

· 如果宝宝用嘴呼吸，吮奶时，刚吮一下就停止了，可能是鼻塞引起的。因为宝宝鼻塞后，就得用嘴呼吸，妨碍吃奶。这时应为宝宝清除鼻内的异物，并认真观察宝宝的情况，如有呼吸异常，可以咨询一下医生，看是否要送医院。

· 如果宝宝吮吸时，突然啼哭，可能是宝宝口腔内有疾患，吮吸时由于触碰而感到疼痛。这时得马上带宝宝上医院就诊。

· 妈妈的乳头有异味。有的妈妈喜欢用肥皂清洁乳房，导致乳房皮肤又干又粗糙，而且还带有一股味道，宝宝对这种味道很敏感，可能会因此拒绝吃奶。其实妈妈只需要用温开水来清洁乳头和乳晕就可以了，这样宝宝吃奶时很好吸吮。

不爱吃奶粉的情况

· 可能与宝宝的肝肾功能发育相对不成熟有关，蛋白质摄入过多，而肝肾功能相对不足时，宝宝可能会出现进食奶粉减少或不爱吃奶粉的情况。这时应仔细观察宝宝，若宝宝喝水、吃母乳正常，且常常面带笑容则不用着急，待宝宝稍微再长大点儿就好了。

· 不喜欢某种口味的奶粉，此时如果宝宝吃部分母乳，可增加喂母乳的次数，或换奶粉品牌试试看。

· 原来的奶嘴或奶瓶不适合了，这时可以换个奶嘴或奶瓶试试看。

适当调整夜间喂奶的时间

夜间是宝宝生长发育，尤其是大脑发育的重要时间。如果宝宝夜间频繁醒来吃奶，不仅影响休息，而且会影响大脑的发育。

对于3个月的宝宝来说，夜间还要吃奶。如果宝宝体质很好，就可以引导宝宝断掉凌晨2点左右的那顿奶，并将喂奶时间调整一下，把晚上临睡前9～10点钟这顿奶，顺延到晚上11点左右。

宝宝吃过这顿奶后，起码在早上4～5点以后才会醒来再吃奶。这样，妈妈基本上就可以安安稳稳地睡上四五个小时了，不会因为半夜给宝宝喂奶而影响休息。

刚开始这样做时，宝宝或许还不太习惯，到了吃奶时间就会醒来，妈妈应改变过去一见宝宝动弹就急忙抱起喂奶的习惯。不妨先看看宝宝的表现，等宝宝闹上一段时间，看他是否会重新入睡，如果宝宝有吃不到奶不睡的势头，可喂些温开水试试，说不定能让宝宝再睡着。如果宝宝不能接受，那就只得喂奶了，等过一阵子再试试。

奶具清洁不能马虎

每次给宝宝喂完奶或水、蔬果汁等后应立即清洗奶具，不要等到消毒前才一起清洗，否则形成奶垢等，不易清除。

奶瓶、奶嘴、吸管等都应该用相应的清洁刷来刷洗。玻璃奶瓶可用尼龙奶瓶刷刷洗，而塑料奶瓶应该使用海绵奶瓶刷刷洗，因为尼龙刷容易把塑料奶瓶的内壁磨毛，更易淤积污垢。奶瓶螺纹处要仔细清洁。

奶嘴里面不好清除的奶渍可用盐水擦拭，还可先用热水涮去油脂，再用清水冲刷干净，如使用洗洁精，则必须选用天然植物性成分的。

清洗时，先冲去奶具上残留的奶渍，然后用奶瓶刷蘸专用奶瓶清洁剂刷洗，再用清水冲净，最后用开水烫一遍，沥干后再收起来。

日常护理，与宝宝的亲昵

给宝宝洗脸要轻柔

婴儿在出生后2个月内脸部皮肤分泌物很多，每天都要洗脸，既可保持清洁卫生，又可让宝宝感觉舒爽。

一般，宝宝每天需要洗2次脸，早、晚各1次，夏天需根据具体情况确定洗几次。若宝宝出汗多，可适当增加洗脸次数，洗脸不可贪多，否则会把起保护作用的皮脂洗掉，宝宝的皮肤会因此而出现干、裂、红、痒等症状。

给宝宝洗脸前，要准备好脸盆、毛巾，毛巾应选择柔软的棉质品或清洁用的纱布，且以白色小方巾为佳，并应专用，还要定期清洗、消毒。要注意的是，给宝宝洗脸用清水即可，不必使用香皂、洗面奶等洗面用品。

宝宝的洗脸水温度应控制在35～41℃，水温过高会出现与洗脸次数过多类似的问题，水温过低也会刺激宝宝的皮肤。

洗脸动作要轻、慢、柔，宝宝的脸部皮肤十分娇嫩，免疫功能不完善，若皮肤出现破损，就很容易继发感染。因此，给宝宝洗脸时，动作要轻、慢、柔，切莫擦伤了皮肤。

理发要注意安全

刚出生1～2个月的婴儿，头发一般长得慢，脑袋后面的头发好像被磨掉了似的，显得光秃秃的。但有的宝宝头发长得很快，显得乱蓬蓬的，这时就要将长得过长的部分剪掉。因为宝宝还小，皮肤很嫩，还不能用剃刀，剃不好会剃伤皮肤，造成细菌感染。所以，只用剪刀剪短就行了，可以避免因头发过长而积聚灰尘、汗垢和溢脂。

小指甲，剪一剪

出生后不久的婴儿正处于骨骼发育的高峰阶段，指甲长得特别快。1～2个月婴儿的指甲在以每天0.1毫米的速度生长着，10天就能长1毫米，1个月能长3毫米。宝宝的手指甲长了，若不及时剪短，不但会藏污纳垢，而且婴儿喜欢用指甲搔脸部及身上其他痒痒的部位，往往会抓破皮肤而引起感染。因此，要常给宝宝修剪指甲。

给宝宝剪指甲时要特别小心，妈妈要握住宝宝的小手，把他的手指头尽量分开，一定要用专为宝宝设计的指甲剪。将宝宝的指甲剪成圆弧状，剪完后，用自己的手指摸一摸，看有没有不光滑的地方。

给宝宝剪指甲时要格外小心，不要剪破宝宝的皮肤，不要剪得太深，剪到和指（趾）头平齐即可。注意，不要在宝宝玩得正开心的时候给他剪，一定要在他吃奶或者是睡着时，用小指甲刀剪，以免损伤宝宝的肌肤。

准备可爱的宝宝服

等宝宝过了满月， 就可以给宝宝穿一身可爱的宝宝服了，要纯棉、质地柔软、宽松、散口的衣服，最好不要带纽扣的。带纽扣的衣服，穿脱都很麻烦，纽扣还有被宝宝误吞的危险。

衣领最好选和尚服式的领子，不要太紧。宝宝脖子短，充分暴露脖子是很重要的，有利于宝宝呼吸通畅，也可避免颈部湿疹和皮肤糜烂。

不要穿连脚裤。裤子开裆要大，如果过小，要剪开。前面要暴露到耻骨联合处，后面要把整个臀部暴露出来，两裤腿开口需达膝盖上约1厘米。

可以穿上宽松的棉质小袜子，袜口不要过紧，一定不要勒着宝宝的脚脖子，否则会影响脚部的血液循环。

开始为宝宝把尿

宝宝满月后，就可以开始训练把大小便的习惯了。尽早培养良好的大小便习惯，不仅可使宝宝的胃肠活动具有规律性，还有利于宝宝皮肤的清洁，减少家长洗尿布的麻烦。此外，及早把尿还可训练宝宝膀胱功能及括约肌功能。

宝宝越小，排尿间隔越短，可在睡前、睡醒时、哺乳后15～20分钟都得把尿。在宝宝清醒时，可观察宝宝排小便前的表情或反应，如有哼哼声、左右扭动身体、发抖、皱眉、哭闹、烦躁不安、不专心吃奶等，应及时把尿。把尿的姿势要正确，使宝宝的头和背部靠在大人身上，而大人的身体不要挺直。抱宝宝时，两腿稍外展，大人可发出“嘘嘘”声，使宝宝对排尿形成条件反射。

训练宝宝把尿的习惯，要掌握好宝宝排尿的规律，白天把尿的次数可多些，夜间把尿的次数要少些。千万不可频繁地把尿，否则可造成宝宝对把尿的反感而出现哭闹、尿频等现象。刚开始把尿时，宝宝不一定配合，没必要每次把的时间很长。

适当给宝宝进行日光浴

宝宝满月后，不论春夏秋冬，家长每天都要抱宝宝晒太阳。因为在人体皮肤中含有一种维生素D_3原，这种物质经日光中紫外线的照射后，才能转变为维生素D_3，这是人体维生素D的主要来源。维生素D的作用是促进身体吸收钙，预防佝偻病。

晒太阳时，要尽量暴露宝宝的皮肤，才能让宝宝多接受紫外线。在炎热的夏季，不要让宝宝受日光的直射，强烈的日光照射皮肤对人体是有害的。每天可以选择早上9:00～10:00和下午4点以后，要避开阳光最强烈的时刻。在寒冷的冬季，要选择天气较好的中午，抱宝宝晒一晒太阳，但一定要注意保暖。

在宝宝进行日光浴之前，应先进行5～7天的室外空气浴，等宝宝对外界环境的适应性提高以后，再进行日光浴。

为宝宝选择合适的枕头

宝宝到3个月后，就开始能抬头了，趴着时能用双肘支起上半身，颈部脊柱开始向前弯曲，胸部脊柱渐向后弯曲。同时，躯干生长加快，肩部增宽。为了在宝宝睡眠时维持脊柱的生理弯曲，保证体位舒适，应在宝宝出生后3个月给宝宝使用枕头，这样宝宝才睡得更踏实。

不要让宝宝使用成人枕头，最好购买或自制宝宝专用枕头，这非常有利于宝宝的成长和发育。宝宝枕头不宜过大，高度在1～2厘米为宜。要轻便且吸湿透气。

至于枕头的表面布料也应选择透气性佳的材质，以免太闷、不透气，使宝宝皮肤过敏。

特别提示

塑料、泡沫枕芯透气性差，最好不用。质地太硬的枕头易使宝宝颅骨变形，不利于头颅的发育；弹性太大的枕头也不好，宝宝枕时，头的重量下压，半边头皮紧贴枕头，会使血液流通不畅。

合理安排宝宝的睡眠

3个月大的宝宝，不仅睡眠时间在逐渐减少，而且开始建立自己的睡眠习惯。安排宝宝有规律的作息时间，是保证宝宝养成良好睡眠习惯的基本方法。要让宝宝睡得踏实，就要为他创造良好的睡眠环境和条件。只有这样，宝宝醒来后才会精神饱满、心情愉快。

· 室内空气要新鲜、湿润，光线要暗些，电视、收录机的声音要低些，成人说话的声音也要轻些，这样有助于宝宝入睡快、睡得熟。

· 被褥要清洁、舒适，适合季节特点，被褥、被罩、床单、睡衣要勤洗、勤晒、勤换。睡衣要柔软宽松，冷暖要适度，室温以宝宝睡下片刻后，手脚温暖、无汗为宜。

· 睡前先给宝宝洗个澡，换上干净衣服。冬季若不方便每天洗澡，也必须洗脸、洗手、洗净臀部和脚，换好干净衣服和尿布再让宝宝睡觉。

• 白天宝宝吃奶后，保证一定的活动量，晚上才睡得沉。睡前不要过分逗引宝宝，以免宝宝不易入睡。

• 注意入睡姿势。宝宝睡觉姿势没有固定模式，可以任其自然，侧卧、仰卧、俯卧均可。但要注意宝宝睡觉姿势的要求：要有利于呼吸，防止发生意外，如呕吐物、被褥压盖造成窒息；防止头颅变形。宝宝入睡一段时间后，可以帮助宝宝变换一下姿势，从而使宝宝睡得更舒服。

• 宝宝刚入睡时出汗较多，是自主神经功能还不够健全的缘故，并非维生素D缺乏的症状，可轻轻地给宝宝揩干。

• 活泼的宝宝睡前常常爱“闹觉”——即啼哭一阵而后入睡，这是宝宝睡前疲乏不堪的最终表现，不是什么毛病。对此并没有特别的妙方，可试着让宝宝处于平时习惯的睡眠姿势，用固定的摇篮曲，或低声安慰，或轻轻拍拍宝宝，让宝宝在床上自己入睡。要避免连拍带摇、又走又唱地哄宝宝入睡，这样宝宝入睡后容易惊醒，睡得不踏实。

不要把宝宝单独留在床上

2～3个月的婴儿动作有了一定发展，尤其喜欢腿脚乱蹬。反复用脚蹬被子，宝宝的身体就会逐渐移到床边，有可能会掉到地上。所以，当婴儿能用脚蹬开被子时，就必须注意预防婴儿的跌落。婴儿睡的小床一定要有栏杆，如果让婴儿睡在大人床上，成人要精心照顾，离开时，一定要用东西挡上。

婴儿在玩耍时，可在地板上或地毯上玩耍，或学滚动、踢腿而不至于跌伤。如果在成人的大床上玩耍，大人要守在床的一个边沿，床的另外三个边沿不管是否靠墙，最好都用被子挡住，以免婴儿碰伤。

另外，不能把熨斗、暖水瓶、铁锅等器具放在婴儿床边，以免孩子从床上掉下来时让这些器具伤着，而留下瘢痕。

防止蚊虫叮咬宝宝

夏天，父母要留心宝宝被蚊虫叮咬。小儿皮肤娇嫩，表皮薄，皮下组织疏松，血管丰富。一旦被蚊虫叮咬后，局部即有明显的反应，会很快发红、肿胀，这是蚊虫叮咬而引起的小血管渗出、充血造成的。宝宝被蚊虫叮咬后，常会引起皮炎，这是夏季小儿皮肤科常见病症。

避免蚊虫叮咬的预防措施

居室外要安装纱窗，居室内要注意清洁卫生。在暖气罩、卫生间角落等卫生死角定期喷洒杀虫剂。最好在宝宝不在的时候喷洒，并注意通风；宝宝睡觉时，可以给他的小床配上一个透气性较好的蚊帐或插上电蚊香，注意蚊香不要离宝宝太近；还可以在宝宝身上涂抹适量驱蚊剂；睡觉前沐浴时，可以在宝宝的浴盆里滴上适量花露水；郊游时尽量穿长袖衣裤；可以在外出前，给宝宝全身涂抹适量驱蚊用品。在使用驱蚊用品，特别是直接接触皮肤的防蚊剂、膏油等时，要注意观察宝宝是否有过敏现象，有过敏史的宝宝更应该注意。

蚊虫叮咬后的处理

一般性的虫咬皮炎的处理主要是止痒。可外涂虫咬水、复方炉甘石洗剂，也可用市售的止痒清凉油等外用药物。

对于症状较重或有继发感染的宝宝，可在医生指导下口服抗生素，同时清洗并消毒被叮咬的局部，适量涂抹红霉素软膏等。

父母要勤给宝宝洗手、剪短指甲，谨防小儿搔抓叮咬处，继发感染。

宝宝被动操

2～3个月的宝宝，运动功能发育还不完善，身体各部分还不能充分自主活动。由家长帮助宝宝做体操，可以促进宝宝大动作的发育，改善血液循环及呼吸功能，使宝宝变得精神，从而有助于促进宝宝动作和智力的发展。

准备活动

宝宝仰卧，家长两手轻轻地从上而下按摩宝宝全身，同时亲切柔和地对宝宝说话，让宝宝情绪愉快，肌肉放松。

扩胸运动

家长用手握住宝宝手腕，拇指放在宝宝手心里，让宝宝握拳，做扩胸运动。

伸展运动

拉起宝宝的手臂在胸前平举，掌心相对，然后轻拉宝宝两臂经胸前上举，尽量让宝宝手背贴床。

双臂交叉运动

宝宝仰卧在床上，妈妈把拇指让宝宝攥在小拳头里，其余四指扣在宝宝的手腕上，轻轻地将宝宝胳膊从肘关节处微微弯曲，活动1～2次。然后将宝宝的双臂在胸前交叉，再活动1～2次。

抬腿运动

宝宝仰卧，两腿伸直，家长扶宝宝膝部，做直腿抬高动作。

在宝宝被动操结束后，不要忘了扶起宝宝的四肢轻轻抖动，让宝宝仰卧在床上自由活动2分钟，让宝宝的肌肉和精神逐渐放松。

疾病防护，做宝宝的家庭医生

宝宝湿疹

婴儿湿疹多发于在吃奶期的宝宝，因此，民间多叫做“奶癣”，是婴儿期常见的皮肤病。婴儿湿疹一般在宝宝出生2个月左右开始出现。

由于婴儿的皮肤细嫩，抵抗能力较差，因此很容易患各种皮肤病，但湿疹不是感染引起的。过敏体质是发病的主要原因，外界各种刺激因素（如奶、某些药物、花粉等）是发病或加剧病情的诱因。比如，有的宝宝是因为衣服穿得稍多，汗液的刺激，或内衣上残留有洗涤剂，或者接触了宠物身上的绒毛等。服用某种易引起过敏的药物也可引起湿疹。因此，冬春季节患湿疹的宝宝更为多见。

湿疹初起时，其皮疹多呈对称性、弥漫性和多形性，表现为颜面部皮肤红斑、米粒样丘疹、疱疹、糜烂、渗液和结痂等，其边界不清、炎症反应明显。可遍及整个颜面部和颈部。严重的话，手、足和胸腹部可见到，局部皮肤有灼热感和痒感，因而患儿往往显得烦躁不安，会用头颈在衣领处摩擦或是用手搔抓，则有可能引起的继发感染。有的病儿因皮疹的反复发作，可转为慢性，病程迁延数月甚至数年，其皮损主要表现为皮肤的浸润、增厚而致皮纹粗糙，皮疹周围边界清晰。

在宝宝患了湿疹后，要将宝宝的指甲剪短，应尽量防止宝宝用手搔抓。在穿着上，要给宝宝穿棉织品的衣服，并且勤换内衣和尿布，勤洗澡，以保持皮肤的清洁，预防细菌感染。在给宝宝洗澡时，用温热水，不要使用成人用的香皂，而应当选用宝宝专用的沐浴液或其他油性物质，有利于保持宝宝皮肤的弹性及湿度。然后，在宝宝的患处涂抹炉甘石洗剂，以减轻宝宝的瘙痒。如果患处已经被宝宝抓破，就要在患处涂抹抗生素药膏。

婴儿脐疝

不少婴儿在哭闹时，脐部就明显突出，这是因为婴儿的腹壁肌肉还没有很好地发育，脐环没有完全闭锁。如果腹压增加，肠管就会从脐环突出而形成脐疝。

如果宝宝患有脐疝，应尽量减少使宝宝腹压增加的可能，如不要让宝宝大哭，有咳嗽要及时治疗，调整好宝宝的饮食，要预防腹胀或便秘。随着宝宝的长大，腹壁肌肉逐渐发育坚固，脐环闭锁，脐疝在1岁以内多会自愈，无须手术治疗。但如果脐疝愈来愈大，脐环直径超过2厘米，甚至发生肠管嵌顿，应及时就诊。

婴儿鹅口疮

如果家长发现宝宝的口腔内有白色凝乳状物附着于两侧颊唇黏膜、舌或上腭上面，不易擦掉，擦掉后其下面呈红色浅表溃疡，这就是鹅口疮，发展下去会向深处蔓延至咽喉甚至呼吸道。鹅口疮是由白色念珠菌感染引起的，多见于使用抗生素后体弱或营养不良，特别是消化不良的婴儿。

预防鹅口疮的关键在于严格消毒，护理宝宝时要注意卫生，避免滥用或长期使用抗生素。

发现宝宝有鹅口疮后，可用2%～5%的小苏打溶液清洁宝宝的口腔，用1%的紫药水涂口腔黏膜，并口服B族维生素和维生素C，以增强黏膜的抵抗力。

婴儿腹泻

腹泻是宝宝常见的病症，3个月大的宝宝消化功能不成熟，发育又快，所需的热量和营养物质多，一旦喂养不当，就容易发生腹泻。那么，宝宝出现腹泻之后该怎样来护理呢？

千万不要盲目禁食。不论何种病因引起的腹泻，宝宝的消化道功能虽然降低了，但仍可消化吸收部分营养素，所以吃母乳的宝宝要继续哺喂，喝牛奶的宝宝每次喂奶量可以减少1/3左右，奶中可以稍加些水。

不要滥用抗生素。许多腹泻不用使用抗生素就可自愈，甚至不用服用“妈咪爱”、“思密达（十六角蒙脱石）”等药物也会很快病愈。尤其是在秋季，腹泻多因病毒感染所致，应用抗生素治疗不仅无效，反而有害；细菌性痢疾或腹泻，可以应用抗生素，但必须在医生指导之下使用。

做好家庭护理。家长应仔细观察宝宝大便的性状、颜色、次数和大便量的多少，将大便异常部分留做标本以备化验，查找腹泻的原因。要注意宝宝腹部的保暖，以减少肠蠕动，可以用毛巾给宝宝裹腹部或用热水袋敷在他腹部。注意让宝宝多休息，排便后用温水清洗臀部，防止臀红发生，应把尿布清洗干净，煮沸消毒，晒干后再用。

服用小儿麻痹糖丸

在宝宝满2个月的时候，要服用第1丸小儿麻痹糖丸。在宝宝3个月时，要服用第2丸小儿麻痹糖丸。这种糖丸是用来预防小儿麻痹症的，若不服用这种糖丸，宝宝患小儿麻痹症的概率很大。

将糖丸研碎，用凉开水溶化，千万不要用热水溶，以免使糖丸失去作用，然后用小勺给婴儿喂下。糖丸溶好后要立即给婴儿服用，不要放置，以免失效。

因为这种疫苗是减毒活疫苗，遇热就会失去作用。必须用凉开水送服，并在服药后的2小时内不要吃热食物或喝热开水。近期有发热、腹泻或有先天免疫缺陷及其他严重疾病的婴儿均不能服用糖丸，以免引起不良反应或加重病情。

首次注射“百白破”疫苗

百白破疫苗是将百日咳菌苗、白喉类毒素及破伤风类毒素集合制成的疫苗，可以同时预防百日咳、白喉和破伤风。当宝宝3个月大的时候，就可以带宝宝去注射第1针“百白破”疫苗了。

百白破疫苗必须连续打3针，即3个月时注射第1针，以后每隔1个月注射1针。3针连续注射后，才会产生足够的抗体。

宝宝在接种“百白破”疫苗6～10小时后，在注射的针眼周围可有轻微的红肿、疼痛、发痒和硬块等局部反应。全身反应主要是体温升高，注射后数小时体温开始上升，10～16小时达高峰，24小时左右逐渐下降，一般48小时内可恢复正常。部分宝宝还会出现疲倦、头痛、瞌睡或烦躁不安等症状，个别宝宝还有轻度的恶心、呕吐、腹泻等胃肠道症状，这些症状都属于正常反应，一般不需要特殊处理，多于1～2日会自行消退。个别宝宝也有可能会出现侧腋下淋巴结肿大，大多在10余天后会自行消失，少数宝宝消失较慢。

因百白破疫苗含有吸附剂，疫苗接种后可能会引起局部皮下硬结、发热等不良反应，一般反应在2～3天内会自行消失。对于皮下硬结，家长可以洗干净手轻轻摸一摸，不要用力捏。如果硬结较大或红肿，可以用消毒的热毛巾（注意不要烫伤宝宝）进行热敷，每天3～4次，1周左右也可消除。

亲子乐园，培养聪明宝宝

小小斗牛士

目的：提高宝宝视觉能力。两三个月的宝宝对红色有偏好，如果宝宝的目光能随着红布移动，表明宝宝已经出现“追视反应”了。

准备：妈妈准备一块手帕大小的红色绒布。

方法：

- 妈妈哼唱《斗牛士》乐曲，拿出红色绒布，在宝宝面前展示。
- 随着旋律舞动手中红色绒布，并配合节奏随机变换绒布位置。
- 突然加重旋律的尾音，然后把绒布藏在身后。反复做两三次。

注意：最好选择红色绒布，因为宝宝对红色特别敏感，而且绒布的质感较好且不易反光，不会伤害宝宝的视力。不要通过录音机播放《斗牛士》，因为节奏较快，容易给宝宝的精神造成压力。

闻 香

目的：让宝宝闻不同的香气，刺激宝宝的嗅觉发育。

准备：妈妈准备一些菜、花等，或一些含有香味的物品。

方法：

- 将烧好的菜放进小盘子里，让宝宝闻闻，然后问他：“香不香？”
- 让宝宝嗅嗅鲜花，告诉他：“花真香。”

注意：不要用香味太浓、太刺激的物品。不要让鲜花离宝宝的鼻子太近，防止宝宝对花粉过敏。

小宝宝学唱歌

目的：锻炼宝宝的语言能力。

准备：宝宝精神状态好的时候，妈妈与宝宝面对面，两目相对。

方法：

• 妈妈可自编简单小曲调，“咿咿—— 咿咿咿——咿——”反复唱给小宝宝听。

• 放慢速度，引导宝宝学着发出“咿咿——咿咿咿——咿——”的声音。

注意：宝宝发对一个声音，就亲一下宝宝，给宝宝一个鼓励。

盘过来，盘过去

目的：练习宝宝的躯干运动。经常坚持给宝宝做四肢屈伸运动，可以使宝宝的肌肉、骨骼、关节、筋腱得到良好锻炼。

准备：柔软、整洁的床或垫子。

方法：

• 妈妈用手握住宝宝的脚踝和大腿盘向另一条腿。不用担心，宝宝的小屁股和身体会跟着动的。

• 回复到宝宝初始姿势。换另一条腿向相反方向重复练习。

• 边做边说：“两个小家伙，看看谁会盘，你会盘，我会盘，我们两个盘过来。”

注意：妈妈与宝宝的交流会在很多方面影响宝宝大脑的发育。游戏时，多和宝宝说话，这是提高宝宝语言能力的最好方法。

小宝宝坐轮船

目的：锻炼宝宝的触觉和平衡能力。

准备：宝宝精神状态较好且空腹时，妈妈平躺在床上，将宝宝两臂弯曲于胸部前方，让他舒服地俯卧在妈妈的腹部。

方法：

· 妈妈把双手放在宝宝脊背上轻轻按摩，帮助宝宝放松。

· 慢慢进行深呼吸，使腹部稍有起伏，说："小宝宝，坐轮船，左颠颠，右颠颠，晃晃悠悠真舒坦，宝宝玩起没个完。"

· 用手指轻触宝宝的足心，让宝宝进一步感觉与妈妈的身体接触，如此反复两三次。

注意：游戏时要让宝宝感受到妈妈身体的起伏。

看看这是什么

目的：给宝宝多感官的刺激。让宝宝看到多种色彩和形状，听到妈妈温柔的解说声，用手摸到不同的物体引起不同的感觉，又可同时使颈部肌肉得到锻炼。

准备：色泽光鲜的气球、彩带等玩具。

方法：

· 在宝宝室内放一些色彩鲜艳的气球、彩带、玩具和挂图等。

· 在宝宝清醒时，妈妈竖着抱起宝宝四处观看。妈妈抱着宝宝边看边说，拿起他的小手去摸，使宝宝得到多种感官刺激。

· 室外气温在20℃以上时，可以带宝宝到户外走走，户外的景物经常变化，而且有动感。马路上有奔驰的汽车和走路的行人，有风吹落叶，也有鸟儿飞过、猫狗在跑，动的东西对宝宝很有吸引力，能引起宝宝的追视和兴趣。

注意：在美丽的色彩、温和的语调和温暖的怀抱中，给宝宝以美好的印象，有助于促进宝宝认知能力的发育。

跟玩具说话

目的：锻炼宝宝的社交及精细动作能力。

准备：做这项游戏，需要保持安静。妈妈准备好不同大小、不同尺寸、不同质地的各种填充动物玩具，摆放在宝宝床边。

方法：

· 妈妈在宝宝的面前一边晃动玩具一边说："嗨，宝宝""你好吗？"等。

· 这时宝宝会感到很高兴。

· 妈妈在晃动玩具说话时，要根据不同的动物玩具变换说话的声音、语调，给宝宝倾听不同声音的机会。

注意：要注意放些小一点儿的玩具，以便宝宝可以抓起它们。

小小舞蹈家

目的：提高宝宝的艺术"鉴赏力"。丰富多彩的音乐活动，能使宝宝情绪愉快，形成良好的性格和品质，对宝宝以后的人际交往和自律都有帮助。

准备：选择一些节奏感稍强，又不太激烈的乐曲。

方法：

· 在宝宝清醒时，播放乐曲，吸引宝宝注意，妈妈随着节奏轻轻哼唱。

· 妈妈在宝宝面前举起双手，随着节奏摆动。

· 慢慢举起宝宝的小手或小脚，随着节奏摆动。

注意：不要给宝宝听立体声音乐，因为立体声进入耳道后，没有缓和、回旋余地，会对宝宝的听觉器官造成不良刺激，对宝宝听力会造成一定损伤。播放音乐时间不要过长，一般3～5分钟即可，要防止宝宝疲劳。

4～6个月，宝宝躺着也能学本领

几个月来，宝宝已经长成一个有思想、有判断力的“大人”了，同时也越来越有个性，一些以往乐此不疲的游戏，已经不再能吸引宝宝了。

宝宝看到大人吃饭会很着急，就会伸出小手去抓。宝宝开始好动了，动作发育有了很大的变化，在妈妈的帮助下，宝宝会翻身了。到这个时期，他已不再乐意整天待在室内，这是宝宝成长的需要，爸爸妈妈一定要满足他哟！

发育特点，宝宝成长脚印

身体发育指标

宝宝口水流得更多了，在微笑时会垂涎不断。宝宝已经会认人了，开始对陌生人表现出惊奇或不快，当父母离开他时，会表现出害怕或不满的情绪。运动量、运动方式、心理活动都有明显的增加了。经常会用身体语言示意大人，带他到室外去活动。

4月宝宝

发育指标	男婴	女婴
体重（千克）	5.91～9.32	5.48～8.59
身长（厘米）	60.1～69.3	58.8～67.7
头围（厘米）	39.2～44.5	38.3～43.3
胸围（厘米）	42.7	41.6

5月宝宝

发育指标	男婴	女婴
体重（千克）	6.36～9.99	5.92～9.23
身长（厘米）	62.1～71.5	60.8～69.8
头围（厘米）	40.2～45.5	39.2～44.3
胸围（厘米）	43.4	42.1

6月宝宝

发育指标	男婴	女婴
体重（千克）	6.70～10.50	6.26～9.73
身长（厘米）	63.7～73.3	62.3～71.5
头围（厘米）	41.0～46.3	40.0～45.1
胸围（厘米）	44.1	42.9

视觉发育

宝宝的视觉可以调焦距了，他的视力越来越好，已经能准确地区分周围人的不同，他也能从几米远处认出爸爸妈妈了。

宝宝开始积极地对事物进行观察。凡是双眼所能见到的物体，他都要仔细地瞧一瞧，不肯轻易放弃主动探索的大好时机。对自己看到的东西会很感兴趣，不停地凝视，甚至想伸手把东西拿到眼前观察，不过必须是距他身体90厘米以内的物体。

听觉发育

宝宝的听力比以前更灵敏了，能够分辨出熟人和陌生人的声音。能分辨不同的声调，并做出不同的反应。如果听到严厉刺耳的声音，他就会表现出害怕或啼哭；如果听到父母和蔼的声音，他就会表现出高兴或微笑。

动作发育

这时候的宝宝已经会翻身了。大人扶他站立时，他能够站得很直了。虽然宝宝已经开始会坐了，但是坐得不太好。宝宝会用一只手够自己想要的玩具，并能抓住玩具，但准确度还不够，往往一个动作需重复好几次。宝宝洗澡时很听话，会打水玩。这时候的宝宝还有个特点，就是不厌其烦地重复某一动作，经常故意把手中的东西扔在地上，然后捡起来再扔，可反复20多次。也常会把一件物体拉到身边，推开，再拉回，反复动作。这是宝宝在展示自己的能力。

语言发育

宝宝对一些经常使用的词语，如“妈妈”、“爸爸”、“吃奶”、“睡觉”等能理解了。不愉快时会发出喊叫声，但不是哭声；当宝宝哭的时候，会发出“mum－mum”的唇音。此时发出的已不是单独的元音和辅音，而是一些音节。尽管小宝宝可以很清晰地模仿出这些声音，但他并不明白这些声音的意义。

心理发育

宝宝开始能理解大人对自己说话的态度了，能辨别出严厉或柔和的声音，并开始感受愉快或不愉快等情感。他想要东西时，拿不到就会哭，或者用撅嘴、扔东西来表达内心的不满。

宝宝的心理活动已经比较复杂，他的面部就像一幅多彩的图画，会表现出内心的活动。高兴时，他会眉开眼笑、手舞足蹈、咿呀学语；不高兴时，他会皱眉、撅嘴、又哭又叫。

科学喂养，均衡宝宝的营养

适当地补充维生素D

如果宝宝血液中的钙不足，很容易患软骨病。尤其是在快速发育期，如果新骨骼不能充分钙化，加上自身的负担，宝宝的骨骼就会变形。而给宝宝适当地补充维生素D，可以使食物中的钙更好地被宝宝吸收，有助于骨骼的钙化，所以就能够防治软骨病。如果宝宝缺乏维生素D，即使吃了含钙食物，身体也无法充分吸收利用。

增加蛋白质的补充

蛋白质是脑细胞的主要成分之一，在促进语言中枢发育方面起着极其重要的作用，会直接影响到脑细胞发育。因此，婴幼儿要摄食足够的优质蛋白质。

婴儿蛋白质的需要量

0～6个月的婴儿，每天需摄取热量是每千克体重108千卡，而每天的蛋白质摄取量则是每千克体重2.2克。6～12个月的婴儿，每天需摄取的热量是每千克体重94千卡，蛋白质则是每千克体重2.0克。

乳制品是蛋白质的主要来源

蛋白质的摄取，其实很大一部分可以从乳制品中获得。不同年龄的宝宝对乳制品的需求是不同的：0～1岁婴儿可以以乳制品作为主食，可以通过每天700～800毫升母乳或配方奶获得足够的蛋白质。1岁以后，可由乳制品与其他食物一起补充蛋白质。

开始给宝宝补铁

宝宝出生4个月后，体内储存的微量元素基本耗尽了，特别是铁。仅仅喂母乳或牛奶已经满足不了宝宝对铁的需要了，因此需要添加一些含铁丰富的食物。

补铁的方法是，妈妈在制作辅食时使用铁锅，并适量放一点醋，让铁锅溶出微量的二价亚铁离子，就可以满足宝宝的一般需求。也可以给宝宝多喝一些黄瓜汁、胡萝卜汁、番茄汁等。对于完全人工喂养的宝宝，则可适当添加蛋黄。蛋黄中含有丰富的铁元素，且非常适合刚刚开始添加辅食的宝宝吃。别忘记了同时给宝宝喂蔬果汁，可以促进宝宝对铁的吸收。

人工喂养宝宝每日哺乳量及次数

· 主食：配方奶

· 喂养次数及用量：每次喂100～180毫升

· 时间：上午：6:00，12:00

下午：15:00

晚间：21:00，24:00

· 辅食添加： 婴儿营养米粉、蔬菜泥、水果泥、蛋黄泥等。

· 添加次数及用量：上午9:00添喂婴儿营养米粉，下午18:00喂蔬菜泥或水果泥，每次20～30克。

· 其他：每天给宝宝喂鱼肝油2次，每次2滴；并保证饮用适量白开水或新鲜蔬果汁。

妈妈人工挤乳的方法

用手挤乳应由妈妈自己来，以免他人操作不当引起疼痛，反而抑制泌乳反射。为了方便挤奶，应选择前开扣式的衣服和内衣。最好提前准备好哺乳衬垫，以免乳汁渗出浸湿衣服。

①准备好清洁、结实的塑料或玻璃容器，也可以选择已消毒的奶瓶或专门装置母乳的“集乳袋”。

②挤乳时，妈妈把拇指放在乳头、乳晕的上方，食指放在乳头、乳晕的下方，其他手指配合手掌托住乳房。拇指、食指向胸壁方向挤压，挤压时手指一定要固定，不能在皮肤上滑来滑去。最初几下可能挤不下来奶，多重复几次奶就会下来的。

③每次挤奶，应双侧乳房轮流进行。一侧乳房先挤5分钟，再挤另一侧乳房5分钟，这样交替挤，整个过程以20分钟为宜。

④将挤出的奶放到洗净、晾干的容器中密封，在容器外详细标示挤奶日期、时间。

妈妈熟练使用吸奶器

不习惯用手挤或奶胀且疼得比较厉害时，使用手动或电动吸奶器是一个不错的选择。

· 吸奶器在使用前后都要彻底清洗消毒。

· 用温开水湿润吸奶罩和吸奶口，再将此罩覆盖在乳房上，让乳头位于罩内的中间开口处。将身体稍微前倾，使乳房更容易紧贴吸乳罩。

· 挤压一下吸奶器后半部的橡皮球或手柄，放松橡皮球或手柄后，乳汁会慢慢地流入吸奶器内。待没有压力时，再挤压橡皮球或手柄，将奶倒入准备好的容器内。

母乳的保鲜方法

挤（吸）出的母乳必须正确贮藏，不然的话，乳汁就会变质。刚挤（吸）出的母乳，在室温下可以存放6～10小时。

如果使用的是保温瓶，可在清早便将冰块放入，出门上班前再将冰块倒出，如此保温瓶便处于低温状态，只需将装着母乳的容器直接放进去即可。

下班后，运送母乳的过程中，可以用冰块或冰袋覆盖小冰桶，以保持低温。到家后，将母乳放进冰箱。需要注意的是，冷藏保存时，冰箱最好能够一直保持在4℃以下。这样母乳大约可以保鲜3～5天。

如果要让母乳存放更长的时间，可以将挤出的母乳冷藏后再放到冷冻室中存放，这样可存放3～4个月（冰箱冷藏室与冷冻室不同）。注意记录挤奶的时间、日期和奶量，以防记错。

特别提示

已经拿出来的冷冻母乳，化冰后不可再冷冻，只可冷藏。一旦加温后若未食用，不可再次冷藏，需要丢弃。

辅食是由乳类过渡到饭菜的“桥梁”

宝宝出生后，前3～4个月由于活动少、消耗较少，且胃肠发育还不完全，所以只需要摄取母乳（或婴儿配方奶）即可满足身体所需。

4～6个月以后，宝宝进入发育生长的快速阶段，即使乳类充足，不添加辅食会导致某些营养缺乏，从而导致宝宝抵抗力低下。辅食还是使宝宝的主食从乳类过渡到饭食的“桥梁”，这座桥搭得好，日后宝宝就能很好地断奶，接受普通饮食。这是整个婴幼儿时期营养的基础，打好这个基础很重要。

及时发现添加辅食的信号

当宝宝4～6个月大时，如果他已经向你发出明确的信号，表示他准备好接受辅食了，你就可以开始添加了。不过，在这样做之前，你最好先咨询一下医生。

宝宝准备好接受辅食的信号包括：

能够控制头部

要给宝宝添加辅食，宝宝的头部必须能够自己保持竖直、稳定的姿势。

停止“吐舌反射”

为了把固体食物留在嘴里并吞咽下去，宝宝用舌头把食物顶出嘴外的先天反射必须消失。

咀嚼动作

宝宝的口腔和舌头是与消化系统同步发育的。要吃辅食，宝宝要能够把食物顶到口腔后部并吞咽下去。随着宝宝逐渐学会有效地吞咽，你可以注意到，宝宝流出来的口水少了。宝宝也可能会在这时开始长牙。

在有支撑的情况下能坐直

即使宝宝还不能坐在婴儿高脚餐椅上，但他必须在有支撑的情况下坐直，这样才能顺利地咽下食物。

体重明显增长

是否给宝宝添加辅食，还要考虑宝宝的体重增长。添加辅食的恰当时机是，宝宝的体重达到出生时的2倍，至少达到6千克。如果你的宝宝体重达到了这个增长标准，那么就可以考虑给宝宝做辅食添加的准备了。

食欲增强

宝宝似乎很容易饿，即使每天吃8 ～ 10次母乳或配方奶，看起来仍然很饿。

对你吃的东西感到很好奇

你的宝宝可能会开始盯着你碗里的米饭看，或者在你把面条从盘子里夹到嘴里的时，他会伸手去够，这说明他也想尝尝了。

为宝宝添加辅食的4个原则

给宝宝添加辅食一定要遵循一定的原则，切不可随心所欲，想添加多少就添加多少，想喂什么就喂什么。宝宝刚接触新的食物，身体和心理都需要一个适应的过程，不可操之过急。

由一种到多种

开始时，只添加一种新食物，让宝宝从口腔到胃肠道都逐渐适应，一次只添加一种新食物，隔3～5天再添加另一种。同时注意观察宝宝有没有过敏反应，如果没问题，再给宝宝加第二种食物。

量由少到多

添加辅食应从少量开始，待宝宝愿意接受，大便也正常后，才可增加辅食添加量。如果宝宝出现大便异常，应暂停添加辅食，待大便正常后，再以原量或小量开始试喂。

由稀到稠

食品形态应从汁到泥，由蔬果类到肉类。从蔬果汁到蔬果泥再到碎菜、碎果；由米汤到稀粥再到稠粥。稀稠程度应以将辅食盛在碗中，用勺子划线，划痕立即消失为佳。

由细到粗

开始添加辅食时，为了防止宝宝发生吞咽困难或其他问题，应选择颗粒细腻的辅食，随着宝宝咀嚼能力的增强，可逐渐增大辅食的颗粒。

辅食要鲜嫩、卫生、口感好

妈妈在给宝宝制作食物时，不要只注重营养，而忽视了口感，这样不仅会影响宝宝的味觉发育，还可能使宝宝对辅食产生厌恶，为日后挑食埋下隐患，从而影响营养的摄取。辅食应该以天然、清淡为原则，制作的原料一定要鲜嫩，可稍添加一点盐或糖，但不可添加味精和人工色素等，以免增加宝宝肾脏的负担。

怎样给宝宝喂蛋黄

从第4个月开始，可以尝试着给宝宝添加蛋黄。首先从少量（1/6个）开始，让宝宝逐渐接受蛋黄。如果宝宝消化得很好，大便正常，无过敏现象，那么可以逐步增加到1/4个、1/2个、3/4个蛋黄，直至能吃完整个蛋黄。

常用的方法是先把鸡蛋煮熟，注意煮的时间不能太短，以蛋黄恰好凝固为宜。然后将蛋黄剥出，用小匙碾碎，直接加入配方奶中，搅拌均匀，即可喂给宝宝。

冲调米粉的秘诀

对添加了辅食的宝宝来说，婴儿米粉相当于成人吃的主食，它的主要营养成分——糖类是一天的主要能量来源。小宝宝吃米粉，像大人吃饭一样，是为了消除饥饿，补充能量。那么该怎样给宝宝冲调米粉呢?

在已消毒的宝宝餐具中加入1份的米粉，量取4份温奶或温开水，温度约为70℃；将量好的温奶或温开水倒入米粉中，边倒边用汤匙轻轻搅拌，让米粉与奶或水充分混合。搅拌时汤匙应稍向外倾斜，向一方向搅拌均匀即可。

理想的米糊是：用汤匙舀起倾倒时，米糊能呈炼乳状流下。如呈滴水状流下则表明调得太稀，难以流下则表明太稠。米粉可以混合蔬菜泥、水果泥、肉泥、面条等一起喂给宝宝。

宝宝多喝米汤有好处

米汤富含碳水化合物和维生素B_1、维生素B_2及磷、铁等成分，既能补充营养和水分，又易于消化吸收，有利于宝宝维持正常生理活动，还有助于调节胃肠功能、增强免疫力的作用。

研究表明，米汤的渗透性较低，因此没有增加肠道负担的危险性。婴幼儿常因患了急性胃肠炎而导致腹泻失水，伤阴耗液，胃肠功能紊乱，食欲减退，口干舌燥。在这种情况下，可尝试给宝宝饮用米汤。而且米汤经过煮沸后，也很安全，可放心给宝宝饮用。

水果类辅食的制作方法

制作水果泥时，挑选的水果一定要选择新鲜的应季果品，如香蕉、苹果、草莓、猕猴桃、西瓜等。在制作水果泥前，应先将水果清洗干净。用苹果、梨做水果泥时应先洗净，浸泡15分钟后去皮，在沸水中焯一下再进行制作。对于果皮薄的葡萄、草莓、杨梅等小水果，宜用清水浸泡15分钟后，再用淡盐水浸泡10分钟，最后用凉开水充分冲淋干净。千万不要使用果蔬消毒液清洗水果，因为使用含有化学成分的消毒液，不能保证宝宝食品的安全性。

苹果泥

取新鲜苹果，洗净、去皮核，切成薄片，与适量白糖或蜂蜜同入锅煮，稍加点水，先大火煮沸后，中火熬成糊状，用勺子研成泥。一次应煮3天的量，开始每次给宝宝喂半汤匙，以后逐渐增加。小儿腹泻时，吃点苹果泥有止泻作用。

香蕉粥

取香蕉、牛奶各适量，放入锅内同煮，边煮边搅，成为香蕉粥，关火后加入少许蜂蜜。这对小儿便秘尤为适用。

西瓜汁

将西瓜去籽，用小勺在容器中研碎。有消暑利尿作用。

梨酱

将梨洗净，去皮、核，切成薄片，与适量冰糖、水共煮，煮成糊状，研成泥。对宝宝咳嗽有一定食疗功效。

蔬菜泥类辅食的制作方法

妈妈为宝宝选择蔬菜时，一定要挑新鲜、没有农药残留的蔬菜。可选择青菜、番茄、黄瓜、冬瓜、南瓜、胡萝卜、土豆来制作蔬菜泥。在制作蔬菜泥之前，青菜应先用清水浸泡1小时，再用流水彻底冲洗干净，再将菜叶洗净、剁碎后备用。对于胡萝卜、南瓜等根茎类和瓜果类蔬菜，则可去皮后用清水冲洗干净备用。

菠菜泥

将洗净的菠菜用水烫一下，再放入冷水中泡几分钟，切成细末，再煮2～3分钟才可食用。因为菠菜中含草酸较多，草酸容易与钙结合形成草酸钙，不能被人体所吸收。所以在制做菠菜时，要先将洗净的菠菜用水烫一下，再放入冷水中泡几分钟，这样便可去掉菠菜中大部分草酸。

番茄泥

将洗净的番茄在沸水中烫一下，去皮后切开，去掉中间的籽，用手撕碎后放入碗中，用匙压成泥状。

胡萝卜泥

将胡萝卜洗净，去皮及中间的硬心，切成小块，用少许油煸炒后，再加适量的水煮烂，再用匙一压就成泥状了。

南瓜泥

将南瓜洗净、去皮，上锅蒸透，然后用勺挖给宝宝吃即可。

土豆泥

将土豆洗净、去皮，切成小块，放在锅内煮，边煮边捣烂。

肉泥类辅食的制作方法

当宝宝适应了谷类、水果、蔬菜和蛋类等辅助食品以后，可以从宝宝6个月时开始添加肉类食品了。但这个时候，宝宝还无法咀嚼、磨碎这些肉类食物，消化功能也未发育完全，因此，应先将肉类食品制作成泥糊状给宝宝吃。

肝泥

将动物肝脏洗净后用刀剖开，用刀在剖面上慢慢刮，向刮下的泥状物中加入少许的盐，蒸熟后即为肝泥。将肝泥混于米糊、面条、稀饭等中，让宝宝食用。

虾泥

将河虾或海虾的虾仁剥出后洗净，用刀把虾仁剁碎或放入食品料理机中绞碎，煮熟后即可喂给宝宝。虾泥味美，放在粥和面条内给宝宝食用，宝宝会很喜欢。

鱼肉泥

应选择一些鱼刺较少的鱼，如带鱼、鲳鱼、黑鱼等。将鱼洗净后，加调味品清蒸10~15分钟，然后去皮、去刺，用匙压成泥状。可用鱼泥煮米糊、面条、稀饭等给宝宝食用，也可将鱼泥用少许油炒后喂给宝宝。

肉泥

将猪肉洗净，用刀剁成糜状，剔除剁不碎的筋，加少量的酒去腥，将肉末煮烂成泥状即可。也可在肉糜中加入鸡蛋、豆腐、水淀粉等一起煮，使肉糜变得松软。还可将肉糜放入蔬菜泥中，或加入稀粥中食用。

日常护理，与宝宝的亲昵

勤给宝宝洗小手

宝宝喜欢把手指头或能抓到的物件塞进嘴里有滋有味地品尝，小小的手指头也会常常在嘴里被泡得皱巴巴的。宝宝开始出现吃手的现象，父母应当感到高兴，证明宝宝又增加了新的能力。

这种动作的出现，说明宝宝支配自己肢体的能力有了很大的提高。宝宝运用自己的力量，把物体送到嘴里，已经很了不起了。就这么一个简单的动作，它标志着宝宝手、口、眼协调能力的发育水平，而且对稳定宝宝自身情绪能起到一定的作用。

父母只要注意保持宝宝小手的洁净，防止引起口腔炎症或胃肠炎等即可，大可不必强迫宝宝一定不能吮手指。强行阻止宝宝吃手，会妨碍宝宝手眼协调能力和抓握能力的发育，也会打击宝宝正在萌生的自信心。

妈妈平时要经常给宝宝洗手，尽量不要让他手指甲长得过长。妈妈可以把手指轻轻伸进宝宝的手掌里，在小手心轻轻地来回转动，边按摩边和宝宝说话："洗洗手，香喷喷！"看着妈妈的脸，听着妈妈的声音，宝宝会把感觉到的安全和愉快与洗手联系起来，会增加对洗手的兴趣，从而转移"吃手"的兴趣。

特别提示

宝宝吃手指和见什么都往嘴里喂的行为，在整个婴儿时期是一个必经的阶段。一般到8~9个月以后，宝宝就不再吃手指了，如果宝宝长到1岁左右还爱吃手指，就得注意帮助宝宝纠正了。

宝宝流口水，妈妈要细心

宝宝长到4个月大时，饮食中逐渐增加了含淀粉的食物，唾液腺受到这些食物的刺激后，唾液分泌量明显增加，再加上宝宝的口腔小而浅，吞咽功能还不健全，所以口水比较多。

父母应该经常帮宝宝擦拭不小心流出来的口水。给宝宝擦口水的手帕，要求质地柔软，以棉布质地为宜，要经常洗烫。尽量避免用含香精的湿纸巾帮宝宝擦拭脸部，以免刺激肌肤。给宝宝围上围嘴，可以防止口水弄脏衣服。常用温开水给宝宝洗下巴等口水流过处，然后涂上油脂，以保护下巴和颈部的皮肤。

如果宝宝流口水特别严重，或者局部出现了疹子或糜烂，就要去医院检查。看看宝宝口腔内有无异常、吞咽功能是否正常等。

抚慰哭闹的宝宝

啼哭，是宝宝独特的语言，又是某些疾病的信号。做母亲的要从宝宝的哇哇哭声中了解宝宝的饥饱寒热、喜怒痒痛，这就需要懂得一些常识。宝宝一哭就喂奶的做法是不科学的。

哭闹的原因

正常的哭，声音洪亮而有节律，伴有泪水滚滚，有时宝宝哭过就会露出笑容，笑过又哭。一般由饥饿、口渴、受凉、太热、尿布潮湿、困倦等引起啼哭后，只要要求得到满足，哭声就会停止。

因病痛引起的啼哭，哭声微弱、漫长，还带有呻吟的调子。若宝宝有举手、搔头、弄耳、哭声不高的情形，可能是头痛或耳痛；若哭声尖锐、急促，反复哭闹，可能是宝宝有腹痛或是被蚊虫叮咬；若哭声短、强，哭时伴随着喘气，可能是胸部疼痛；若宝宝啼哭时手脚不动，一动就大声哭叫，可能是关节痛；若偶尔尖声呼叫或小声呻吟，便是病得较厉害了，应立即就医。

满足宝宝的愿望

· 抱起宝宝：无论宝宝哭的原因是什么，一个温暖而舒服的怀抱能够让他有安全感，可能会停止啼哭。

· 给宝宝喂奶：这是一个很重要而且很有效的哄宝宝的方法，尤其是在他饥饿时。

· 移动宝宝：宝宝都喜欢重复有节奏的动作，例如摇摆、跳舞等。许多父母开始都会本能地摇摆宝宝哄他，因为这招十分有效。

· 按摩：宝宝都喜欢被抚摸和轻拍，按摩也是一种很好的哄宝宝的方法。而其中一种，就是轻轻而且有节奏地拍宝宝的小屁屁。

特殊情况下的处理

如果宝宝啼哭，经抱起哺乳、哄逗、更换尿布等相应处理后，仍啼哭不止，身上又未见到异物和蚊虫叮咬的现象，母亲就要认真察看，及时发现问题，自己不能处理时，要立即到医院进行诊疗。

为宝宝提供一个安全的探索环境

在照料宝宝时，父母要根据宝宝的身体发育状况及活动能力，检查周围环境中是否有危险物品。起码在宝宝的活动范围内，不要有危险物品，如尖锐物、热水、药品、易燃物、未覆盖的插座和电线等。宝宝的好奇心越来越强，肢体动作开始向外探索，所以这些物品要远离宝宝，以免他好奇乱摸时被伤到。

更不要把容易引起危险的器具当成玩具给宝宝玩，不管宝宝有多好奇、多想玩，也不能让宝宝玩打火机、热水瓶等，要统一收拾起来，放在宝宝不可能拿到的地方。

培养宝宝独睡的习惯

宝宝和父母分床睡，有助于宝宝独立意识和自理能力的培养，并可促进其心理发育，还可以防止宝宝长大后对父母过度地依赖。那么，怎么让宝宝习惯于独自睡觉呢？

睡前准备

每天相同的时候给宝宝洗个澡，为他讲个小故事，调暗灯光，放一段柔和的音乐。这样会给宝宝一个信号，已经到了睡觉的时间。接下来，在宝宝昏昏欲睡的时候把他放到婴儿床上，然后轻轻离开，让他独自入睡。

特别提示

如果宝宝哭了，妈妈可以安慰宝宝，给他讲故事、唱催眠曲，直至他睡着再离开。千万不要他一哭闹就陪他睡，更不要表现出急躁或不耐烦的情绪。

动物玩具陪伴

给宝宝买一个棉布小动物玩具，或者把他喜爱的小枕头给他，让宝宝可以借助这些安慰物安然进入梦乡。不久之后，你就会发现，即使你不在宝宝的身边，他也能安静地睡觉了。

按时上床

每天同一时间把宝宝放到婴儿床上，帮他建立生物钟。此时无论他是昏昏欲睡还是清醒状态，妈妈都要离开房间。如果宝宝出现哭闹，就先让宝宝哭一小会儿，然后再用平静的声音安慰宝宝，但不要抱宝宝，然后在房间里最多停留2～3分钟就离开。当宝宝再一次哭时，妈妈再等一小会儿进去看宝宝。这样，三四天，宝宝就适应独睡了。

逐步养成习惯

按照专家的建议，要给宝宝一个缓冲期，让他一步步地习惯独自睡觉。比如，先让宝宝白天小睡时自己独睡，再让他慢慢习惯夜里也能独睡。然后， 建立一套宝宝晚间上床前的习惯性活动，如讲一个故事，给宝宝一个拥抱。

白天让宝宝在户外睡眠

白天有意识地让宝宝在户外睡眠，可以促进宝宝的大脑发育，增强体质。日光浴能增强宝宝对钙的吸收。天气好的情况下，户外的氧气充足、阳光好，宝宝容易达到深度睡眠，这对其身体分泌生长素很有好处。

宝宝在户外睡眠可在温度适宜时，选择一个朝南、安静、空气清新、无风的环境，比如公园、小区花园或自家阳台都可以。把宝宝放在小推车里，要避免太阳直射宝宝面部，阳光会影响宝宝的睡眠质量，而且宝宝如果突然醒来，刺眼的阳光会伤害宝宝的眼睛。睡眠的时间最好是上午10点左右、下午2～3点，温度要适合。

父母在旁照顾时可轻轻推推小车或拍拍宝宝。如果宝宝醒后发出声音，就要温柔地叫他的名字，和他说说话，然后把他推进屋内。如果室内外温差较大，要让宝宝躺一会儿，适应一下再起来。

如果宝宝在睡眠中能适应外界环境，不感冒，那么在清醒状态下进行室外活动就更不容易感冒了。户外睡眠还能增强宝宝呼吸道对冷刺激的适应能力。

宝宝户外睡眠需要循序渐进，从未出过门的宝宝可以提前一周在家里先开窗睡眠，锻炼锻炼。

放手让宝宝自己玩

这个阶段，宝宝真正想玩的不是玩具，而是我们日常使用的一些物品。

给宝宝买一份再高级的玩具，宝宝玩熟了也会很快扔到一边去，淘汰玩具的速度非常之快。可宝宝对我们日常生活中的一些小东西，却会表现出极大的兴趣，比如一把吃饭的小匙，或者外面的一小团泥巴，宝宝就会玩很长时间，而且很开心。妈妈不要觉得这些不可理解，其实这就是宝宝的天性，喜欢自然就是人类的天性。

让宝宝在外面玩，不要怕脏、怕碰，只要注意安全就行，这样会激发宝宝的探索兴趣。带宝宝到外边玩，边玩边学习新东西，这是引导宝宝认识世间的很好机会。

宝宝出牙前要多漱口

出牙前，宝宝会因牙床不适而变得喜欢咬妈妈的奶头或啃自己的手指，妈妈一定要留心宝宝的口腔黏膜，不洁的手指或任何一点的口腔外伤都可能会引起宝宝口腔的局部感染。不要让宝宝乱咬东西而伤了口腔黏膜。

注意宝宝口腔清洁，漱口最有效。这个阶段的宝宝，虽然还是以母乳或配方奶为主，但也应该开始重视口腔清洁了。妈妈可以在给宝宝喂完奶或其他辅食后，给宝宝加喂几口白开水。这种漱口方法简单而有效，基本可以清除口腔里的乳渣或辅食残渣。

保护好宝宝的小脚丫

婴儿的脚骨是软骨，弹性大，易变形，且脚部表皮角质化层薄，很容易受伤感染，应及时给宝宝穿上鞋袜，保护宝宝的脚部，但不合适的鞋袜反而会影响宝宝脚部骨骼的发育，因此一双合适的鞋和袜才是宝宝的小脚丫子最需要的。

如何为宝宝选择合适的鞋子

· 质地面料应牢固、柔软、透气，布面、布底制成的童鞋既舒适，透气性又好，比较适合婴儿。

· 大小要合适，宝宝的脚长得很快，一般2～3个月就得换一双新鞋。

· 式样要穿脱方便，头要宽大，不用鞋带，鞋子也不能太沉。

如何为宝宝选择合适的袜子

· 质地要纯棉的，不要选择尼龙袜。宝宝新陈代谢快，出汗多，尼龙袜不透气，易引起脚癣。

· 尺寸要合脚，因此爸爸妈妈要经常检查宝宝的袜子是否合适，小了要及时更换。

· 袜筒不应过长，宝宝的袜子只要短短一截即可，袜口不能太紧。

不要让宝宝单独留在婴儿车里

宝宝坐在婴儿车上时，爸爸妈妈不要随意离开，以免宝宝出现意外。若确实需要离开或转身时，必须先固定轮闸，确认婴儿车不会移动后再进行。

此外，带宝宝出外或回家后，切不可在宝宝坐在婴儿车里时，连人带车一起提起。如果遇到楼梯或是有高低差异的地方，需要提起婴儿车时，正确做法应该是：将宝宝从车里抱出来，一手抱宝宝，一手拎车子。也不要抬起前轮单独使用后轮推行，这样容易造成后车架弯曲、断裂。

适当进行冷锻炼

适当的寒冷刺激会促进宝宝的新陈代谢，增强心肺功能，提高免疫力和抗病能力。而秋冬季正是进行冷锻炼的大好时机。

冷空气浴

在天气暖和的日子里，让宝宝少穿衣服，到室外接受冷空气的刺激。每日1次，每次3分钟，等适应一段时间后再逐渐增加到10~20分钟。

注意：不得在饭前空腹或饭后饱胀时进行，早饭后半小时是推荐的锻炼时间；室外温度不能过低，18~20℃为宜；如宝宝有着凉迹象，须立刻停止。

冷水擦身

用冷水给宝宝洗手、洗脸， 以后可用冷水擦上肢和颈部，逐渐过渡到冷水擦身。

注意：顺序应从手部至臀部， 或是从脚至腿部， 然后擦胸腹部，最后擦背部；水温从35℃递减，可每天降低1℃，最低水温可降到18℃。

给宝宝做健身操

这个时期，父母可以帮着宝宝做健身操，让宝宝在愉快的情绪中活动四肢。由于出生不久的宝宝屈肌占优势，所以这段时间的健身操以伸展活动为主。

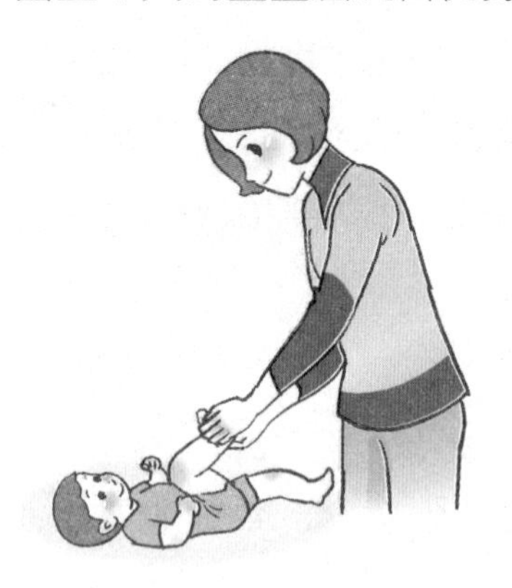

· 宝宝仰卧，两腿伸直，妈妈用两手轻轻握住宝宝的脚踝，先推左脚屈至腹前，还原；再推右脚屈至腹前，还原。连做数次。

· 宝宝仰卧，两腿伸直，妈妈用双手轻轻握住宝宝的脚腕，抬腿呈45°，然后还原，连续做2遍。

· 妈妈仰卧，取屈膝姿势，让宝宝趴在妈妈的小腿上，保持平衡，将宝宝的手向两侧张开，然后向上举，鼓励宝宝抬头，再将手拉回原处，连续做5次。

· 妈妈取蹲坐位，将宝宝面朝前（背靠妈妈）拥入怀，拉住宝宝的双手向两侧张开，然后再回到胸前，重复数次。

疾病防护，做宝宝的家庭医生

小心宝宝缺铁性贫血

宝宝出生3个月后，可能会缺铁，因而容易出现生理性贫血。

一般宝宝轻度贫血时无明显症状、体征不明显，待有明显症状时，多已属中度贫血，主要表现为上唇、口腔黏膜及指甲苍白；肝、脾、淋巴结轻度肿大；食欲减退、烦躁不安、注意力不集中、智力减退；明显贫血时心率增快、心界扩大，常合并感染等。

母乳喂养的妈妈平时要重视营养均衡，人工喂养或混合喂养的宝宝，要尽量选择富含铁的婴儿配方奶粉，此外还应适时适量为宝宝添加辅食，可以给宝宝添加蛋黄。如果宝宝已经出现较重的贫血现象，需在医生的指导下服用药物。

警惕宝宝肠套叠

肠套叠指肠管的一部分及附着的肠系膜套入到邻近的肠腔内的一种肠梗阻，是婴儿时期的常见急腹症，多见于3～10个月的婴儿。原因多与肠蠕动异常有关，如肠炎、腹泻、全身感染等，也可继发于肠息肉、紫癜等。由于肠系膜受压，套入部肠管瘀血肿胀，长时间后鞘部又发生动脉缺血，结果引起肠坏死。宝宝主要表现为哭闹不安，持续10～20分钟后安静或入睡，反复发作，可伴有呕吐、血便。腹痛、呕吐、血便和腹部包块是婴儿肠套叠的主要症状。

宝宝阵发性哭闹、身体挣扎扭曲时，要高度警惕本病，及早去医院做检查。对有腹泻、过敏性紫癜的患儿更应警惕。早期、轻症患儿用空气或钡剂灌肠即可复位。晚期、重病患儿往往需外科手术复位。

预防婴儿尿布疹

婴儿尿布疹即“臀红”，又叫尿布皮炎，是由于潮湿的尿布更换不及时，长期刺激宝宝柔嫩的皮肤所致。宝宝患尿布疹时，局部皮肤会发红，或出现一片片的小丘疹，甚至溃烂流水。

对付尿布疹关键在预防，勤换尿布是很重要的，尿布湿了一定要及时更换。有些家长怕影响宝宝的睡眠而不及时换尿布，其实宝宝睡在湿尿布上，不仅易发生皮炎，而且睡得也很不舒服，很不安稳。刺激宝宝皮肤的罪魁祸首就是尿液中的尿酸盐，长期刺激加上潮湿环境，尿布疹就不可避免了。所以图省事，把湿尿布晒干或烘干后又给宝宝用是很不可取的。尿酸盐单用肥皂或水是洗不掉的，它可溶于开水，每次洗干净的尿布都应用开水烫或煮一下，这样，尿布就会柔软、干爽了。洗尿布时还应注意，无论何种洗涤剂，一定要冲洗干净，以免残余的物质刺激宝宝皮肤。

有的家长怕弄湿床铺，就在尿布外包了一层塑料薄膜或垫层橡皮布，这样做也不可取。如果宝宝臀部有轻微的发红或皮疹，除了及时更换尿布外，要保持局部清洁干燥，每次大小便后应清洗臀部，用软布把水擦干，再涂以3%鞣酸软膏或烧开后保存待用的植物油。只要每天精心护理，不久尿布疹就会痊愈的。

小儿肺炎的预防

宝宝患肺炎可以无明显的呼吸道症状，仅表现为一般状况较差、反应低下、哭声无力、拒奶、呛奶及口吐白沫等。发病慢的宝宝多不发热，甚至体温偏低（36℃以下），全身发凉。有些患儿会出现鼻根及鼻尖部发白、鼻翼扇动、呼吸浅快、不规则，病情变化快，易发生呼吸衰竭、心力衰竭而危及生命。

该如何预防小儿肺炎呢？年轻的父母们应该注意以下几个细节问题：

- 坚持母乳喂养，母乳中含有大量的分泌型免疫球蛋白，可以保护宝宝呼吸道黏膜免遭病原体侵袭。
- 注意居室卫生，经常通风换气，宝宝的衣物及床上用品要经常换洗，室内家具、玩具要经常清洁、消毒。
- 注意宝宝个人卫生，最好每天给宝宝洗澡，避免皮肤、黏膜破损，保持脐部清洁干燥，避免污染。
- 根据宝宝的年龄特点，给予营养丰富、易于消化的食物。
- 隔绝污染源。尽量减少亲戚朋友的探视，尤其是患感冒或传染性疾病的人员不宜接触宝宝，家庭人员接触宝宝前应认真洗手，以防将病原体传给宝宝而使他患病。

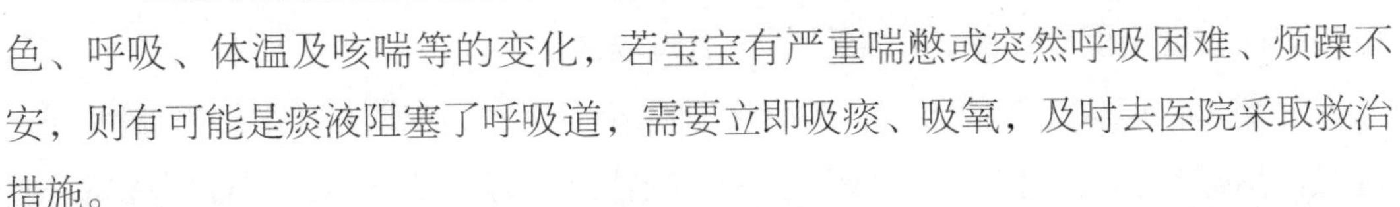

- 注意观察宝宝的精神状态、面色、呼吸、体温及咳喘等的变化，若宝宝有严重喘憋或突然呼吸困难、烦躁不安，则有可能是痰液阻塞了呼吸道，需要立即吸痰、吸氧，及时去医院采取救治措施。

别让宝宝与佝偻病结缘

佝偻病是由于体内维生素D不足引起的，维生素D不足会导致全身钙、磷代谢失常，使钙、磷不能正常沉着在骨骼的生长部分，严重的还可以发生骨骼畸形。宝宝患佝偻病一般表现为：抵抗力低下、烦躁不安、易激惹、夜惊，吃奶或哭闹时出汗特别明显，睡觉时汗多，可浸湿枕头，有的宝宝还会出现方颅、前囟闭合过晚、10个月大还不出牙等。

该怎样预防宝宝佝偻病呢？预防宝宝佝偻病的重点在于合理补充维生素D，爸爸妈妈们应该做好以下几个方面：

· 应科学、及时地给宝宝添加鱼肝油。

· 天气晴朗时，最好每天带宝宝到室外活动一下，可以促进身体产生更多的有活性的维生素D。

· 要及时、合理地添加如蛋黄、猪肝、豆制品和蔬菜等辅食，以增加维生素D的摄入量。

小儿脓疱病，重在预防

家长们常常可发现在婴儿的皮肤褶皱处，如颈部、腋下及大腿根部，生有小脓疱，大小不等。脓疱周围皮肤微红，疱内有透明或混浊的液体，脓疱破溃后液体流出，会留下像灼伤样的痕迹，这就是脓疱病。

常见脓疱病致病菌是金黄色葡萄球菌或溶血性链球菌，这些细菌在正常人身上都存在，但不会引起病。由于新生儿皮肤柔嫩、角质层薄、抗病力弱、皮脂腺分泌较多，如果不注意及时清洁皮肤，褶皱处通风不好，加上宝宝哭闹时常常会擦破脓疱，就会引起化脓，严重时还会引起败血症。

对婴儿脓疱病重在预防。应勤给宝宝洗澡、更衣，衣服应柔软、吸湿性强、透气性良好。一旦发生脓疱，及时以75%酒精液消毒局部，再以消毒棉签擦去脓汁，不久就会干燥自愈。如果脓疱较多，婴儿还有发热、精神欠佳，则应请医生诊治，需要使用抗生素治疗。

帮宝宝战胜感冒

这个时期的宝宝，由于免疫系统尚未发育成熟，所以很容易患感冒。宝宝感冒时会出现流鼻涕、鼻塞、咳嗽、嗓子痛、疲倦、食欲下降等，而且常常会出现发热（体温超过38℃）。由于宝宝在鼻子完全堵塞的情况下很难用嘴进行呼吸，所以常常会出现不吃奶和呼吸困难。

正确处理方法

如果发现宝宝感冒了，父母应及时带他去医院检查感冒的原因。如果不是病毒性或传染性感冒，一般不需要用药，主要就是照顾好宝宝，减轻症状，一般几天之后就可自愈了；如果炎症反应，医生会给宝宝开一些抗生素，一定要按时按剂量吃药。如果宝宝发热明显，应当按照医生的嘱咐服用退热药，宝宝体温低于38.5℃，一般不用服用退热药。乱吃感冒药，往往弊大于利。

感冒后的日常护理

对于感冒的宝宝，良好的休息是至关重要的，尽量让宝宝多睡一会儿；适当减少户外活动，别让宝宝累着。

让宝宝多喝一点水，充足的水分能使鼻腔的分泌物稀薄一点，容易清洁。让宝宝多喝一些含维生素C丰富的果汁。

如果宝宝鼻子堵了，可以在宝宝睡觉的褥子底下垫上一两个毛巾，把头部稍稍抬高，缓解宝宝的鼻塞。可以用加湿器增加宝宝居室的湿度，尤其是在夜晚，这样能帮助宝宝更顺畅地呼吸。

宝宝还小，不会自己擦鼻涕，让宝宝顺畅呼吸的最好办法就是帮宝宝擦鼻涕。可以在宝宝的外鼻孔中抹上一点凡士林，往往能减轻鼻塞；如果鼻涕黏稠，可以试着用吸鼻器或将医用棉球捻成小棒状，沾出鼻子里的鼻涕。

亲子乐园，培养聪明宝宝

铃儿响叮当

目的：训练宝宝的听力。

准备：妈妈准备几个彩色的氢气球，在每个气球下系上小铃铛。

方法：

· 让宝宝睡在床上，妈妈先把其中一个氢气球用彩色的丝线系在宝宝的一只手腕上。

· 妈妈轻轻地碰一碰气球，让气球左右摆动，引起小铃铛叮叮当当地响。

· 彩色气球的视觉刺激和铃铛的声音刺激都可引起宝宝的注意。

· 这样，宝宝开始注视气球，并高兴地手舞足蹈，宝宝的手一动，气球也就会随之飘动，引起铃铛叮叮当当地响起来，清脆悦耳的声音加上彩色飘动的气球，会使宝宝感到新奇和愉快。

注意：每次游戏时，只给宝宝一个部位绑气球，系气球的丝带不能太长，以免因丝带缠绕在一起伤到宝宝。妈妈可以每次把丝线系在宝宝不同的手和脚上，锻炼宝宝的灵活性。

纸飞机

目的：锻炼宝宝的追视能力。让宝宝的目光追随纸飞机，可以锻炼宝宝的追视能力，发展其对空间的认知，还能提高注意力。注意力是学习和观察的基础，培养和发展注意力的意义在于帮助宝宝将来更好地学习。

准备：妈妈用鲜艳的彩纸折几个纸飞机，彩纸颜色尽可能鲜艳，色彩对比要强烈。

方法：

· 拿起红色纸飞机，展示给宝宝看，告诉宝宝："这是红飞机。"

· 将纸飞机轻轻抛向前方，吸引宝宝注意。

· 问宝宝："红飞机飞到哪儿去了？"让宝宝指指看，"啊，红飞机在那儿呢。"

· 换另一种颜色的纸飞机，重复上述步骤。也可以把纸飞机放在宝宝手中，帮助他把飞机扔出去，宝宝的参与愿望会更强，也会更有兴致。这样做可以锻炼他的手眼协调能力。

注意：飞机不要飞得太远，速度也不要过快，否则不利于宝宝追视。抛飞机的动作不要太大，以免影响宝宝观察纸飞机的飞行路线。

找玩具

目的：提高宝宝的空间感。

准备：准备一些小的玩具，另外再准备一些小手绢、盒子等能够盖住小玩具的物品。

方法：

· 试着将玩具先放在宝宝的面前，然后用小毛巾或小纸盒盖起来。

· 让宝宝自己将玩具找出来，练习宝宝对物体空间位的理解，记住玩具在毛巾的下面或是小纸盒的里面。

注意：也可以将玩具放在宝宝够得到的桌上或桌下。建立宝宝里、外、上、下等空间概念。

模仿发音

目的：锻炼宝宝的语言能力。

准备：妈妈准备一些玩具。

方法：

· 与宝宝面对面，用愉快的口气配合上微笑的表情发出“wu—wu”、“ma—ma”、“ba—ba”等重复音节，逗引宝宝注视你的口型，每发一个重复音节应停顿一下，给宝宝模仿的机会。

· 接着用手拿起球，问他“球在哪儿”时，把球递到他手里，让他亲自摸一摸，感觉一下，告诉他：“这是球—球。”边说，边触摸、注视、指认，每日数次。

注意：妈妈的发音与口型要准确。

滚动的红苹果

目的：锻炼宝宝颈部肌肉。红色物体非常容易吸引宝宝的注意，通过游戏可以帮助宝宝练习抬头，提高宝宝躯体的协调运动能力。

准备：妈妈准备1个红色大苹果。

方法：

· 让宝宝俯卧在床上，双臂屈于胸前。

· 拿出一个红色大苹果放在宝宝正前方，让宝宝看一看、摸一摸、闻一闻，吸引宝宝注意。

· 妈妈推一下苹果，让苹果向远离宝宝的方向滚动，让宝宝的目光追随。

· 还可以准备红色、绿色苹果各一个，分别滚动红色、绿色苹果吸引宝宝注意，引起他的视觉关注，吸引他去“追踪”。

注意：选取的苹果一定要大、色泽鲜艳，最好是红色。不要让苹果滚动得太远，以免宝宝失去兴趣。

对着镜子做表情

目的：训练宝宝的记忆能力，并且让宝宝初步了解面部表情的意思。

准备：准备一面镜子。

方法：

· 宝宝和妈妈同时照镜子，看镜子里各自的五官和表情，逗引宝宝发出笑声，并让宝宝和妈妈一起做惊讶、害怕、生气和高兴等表情。

· 反复训练，过两天再和宝宝一起回忆训练的表情，如此反复练习，可提高宝宝的记忆力。

注意：训练时间不宜过长，不宜让宝宝过于兴奋。

传递积木

目的：锻炼宝宝手与上肢的动作，培养宝宝用过去的经验解决新问题的能力，并训练宝宝双手传递能力。

准备：准备2块以上的积木。

方法：

· 让宝宝坐在床上，妈妈给宝宝一块积木，等宝宝拿住后，再向宝宝同一只手递第二块积木，看宝宝是否会将原来的积木传递到另一只手里，再来拿第二块积木。

· 如果宝宝将手中的积木扔掉，再来拿第二块积木，就要引导宝宝先换手，再来拿新积木。

注意：这段时间宝宝拿到任何东西都会毫不犹豫地放进嘴里，妈妈不要阻拦，只要把积木等玩具擦洗干净就可以了。

玩具的诱惑

目的：训练宝宝的视觉和爬行能力，提高宝宝的自信心和克服困难的意志力。

准备：妈妈准备一些宝宝平时喜欢的玩具、实物以及其他物品，但是一定要宝宝很感兴趣。

方法：

· 宝宝都喜欢鲜亮的色彩，当有颜色亮丽的东西刺激宝宝的视觉时，宝宝会目不转睛地盯着。

· 这时让宝宝坐在一边，妈妈拿一个能吸引宝宝且色彩鲜艳的物品，叫宝宝的名字，吸引宝宝的注意力。

· 当宝宝俯身爬过来时，妈妈向后退，等宝宝爬了三四下后，让宝宝抓到物品，并夸奖宝宝做得好，最好能亲一亲宝宝。

注意：在宝宝的成长过程中，妈妈一定要学会表扬和鼓励自己的宝宝，使宝宝感到愉悦、自信。食物、玩具等奖励满足的是宝宝的欲望，而情感的鼓励能使宝宝有愉悦、兴奋的感觉，这种感觉才是将来宝宝向上奋进的动力。

找特点

目的：鼓励宝宝自发地找到物体的特点，妈妈用笑、拥抱、亲吻等动作表示称赞，使宝宝的信心得到鼓励。

准备：妈妈准备一些特征明显的物品，如自己衣服上的饰品、摇铃、绣花等，也可以是爸爸的胡子。

方法：

· 宝宝在妈妈的怀抱中能找到一些特点，会用小手不停地摸索。

· 爸爸的胡子，妈妈的绣花、扣子、项链上的玉坠等。

· 宝宝也会在床上找到某个固定的部位来蹬踢。总之，宝宝能找出某些不同之处，有所区别，这就是数学的起步。

注意：五六个月大的宝宝能逐渐发现不同，已经开始进入了辨别不同外形特征的阶段。

拉大锯游戏

目的：锻炼宝宝的手臂和胸部肌肉的力量，并可让宝宝感受语言的节奏和韵律。

准备：在宝宝清醒的时候。

方法：

· 让宝宝躺在床上，妈妈站在床边，握住宝宝的双手，慢慢将他拉着坐起来，然后再慢慢将他放下。

· 随着一拉、一放的节奏念儿歌："拉大锯， 扯大锯。姥姥家，唱大戏。爸爸去，妈妈去。小宝宝，也要去。"

注意：做游戏的时候，要观察宝宝的表情变化，如果宝宝露出不高兴的表情，应立即停止游戏。做游戏时动作要慢、要轻柔。

7～9个月，宝宝眼里的世界很精彩

年轻的父母第一次听到宝宝叫爸爸、妈妈是一个多么激动人心的时刻。这个时期的宝宝已会发出“爸爸”、“妈妈”等音节。现在的宝宝喜欢表现自我，不高兴时会以叫喊、扔东西来表示愤怒。对于眼前的一切，也有了一定的认识，并出现了最初的自我意识。

发育特点，宝宝成长脚印

身体发育指标

这个阶段的宝宝，在心理要求上丰富了很多，喜欢模仿着叫“妈妈”，喜欢在家里四处爬行，喜欢东瞧瞧、西看看，凡是自己感兴趣的事物都会仔细地研究一番。对周围环境的好奇心和探索欲越来越强烈。

7月宝宝

发育指标	男婴	女婴
体重（千克）	6.99～10.93	6.55～10.15
身长（厘米）	65.5～74.8	63.6～73.1
头围（厘米）	41.7～46.9	40.7～45.7
胸围（厘米）	44.6	43.1

8月宝宝

发育指标	男婴	女婴
体重（千克）	7.23～11.29	6.79～10.51
身长（厘米）	66.3～76.3	64.8～74.7
头围（厘米）	42.2～47.5	41.2～46.3
胸围（厘米）	45.1	43.6

9月宝宝

发育指标	男婴	女婴
体重（千克）	7.46～11.64	7.03～10.86
身长（厘米）	67.6～77.8	66.1～76.2
头围（厘米）	42.7～48.0	41.7～46.8
胸围（厘米）	45.6	44.1

视觉发育

宝宝视觉的发育已经基本上接近成人了。宝宝对看到的东西能产生记忆了，会有选择地看他喜欢看的东西，如在路上的汽车、玩耍中的儿童、小动物等，也能看清比较小的物体了。宝宝非常喜欢看会动的物体或运动着的物体，如时钟的秒针、钟摆、滚动的扶梯、旋转的小摆设、飞翔的蝴蝶等。宝宝开始分辨颜色了，尽管这时宝宝对颜色的变化还不理解，也不能准确地分辨开，但已经能够记住颜色了。

听觉发育

宝宝的听觉越来越灵敏，可逐渐根据声音来调节、控制行动，逐步学会了听声音，而不是立即寻找声音的来源。他能辨别各种声音，并通过听觉将声音与事物联系起来。

动作发育

大部分宝宝到这个时候都能自由地爬到想去的地方。宝宝腿部力量越来越强，只要大人辅助保持平衡就可以站起，甚至可以站立一会儿。

宝宝的拇指和食指的协调性已经发育得很好了，手指越来越灵活，控制力也越来越好了。双手会灵活地玩积木，会把一块积木搭在另一块上或用瓶盖去盖瓶口，还能把抽屉开了又关上。当妈妈抱着宝宝和宝宝一起看书时，妈妈翻书，宝宝也会跟着翻。

语言发育

这个阶段的宝宝能够理解更多的语言，虽然他不能说出很多词汇，但是，却可以理解大部分的单词，父母应尽可能地与宝宝多说话。此时宝宝也许已经能用简单的语言回答问题，会做 3 ～ 4 种表示语言的动作。对不同的声音也会有不同的反应，当听到“不”或“别动”的声音时，能暂时停止手中的活动；知道自己的名字，听到妈妈叫自己的名字时会停止活动，并能连续模仿发声。

心理发育

这个阶段的宝宝喜欢表现自我，不高兴时会以叫喊、扔东西表示愤怒。玩得高兴时，他会咯咯地笑，并且手舞足蹈，表现得非常欢快活泼。

这时，他还喜欢和小朋友或大人做一些合作性的游戏，喜欢照镜子观察自己，喜欢观察物体的不同形态和构造；喜欢父母对他的语言及动作给予表扬和称赞；喜欢用拍手欢迎、招手再见的方式与周围人交往。

科学喂养，均衡宝宝的营养

给宝宝断奶方法要科学

妈妈要理解，断奶是一个循序渐进的过程，断奶的准备其实从添加辅食就开始了，不但要让宝宝生理上适应，心理上也要适应。

哺乳次数递减

等到宝宝6～8个月大时，每隔两三天可以减去一次母乳喂养，以辅食替代。以后继续减少母乳喂养次数，至1岁左右就可以完全断母乳了。

辅食过渡

从宝宝四五个月大起，家长应该适当给宝宝喂一些蛋黄、蔬菜泥等易消化的辅食。经过几个月，慢慢让宝宝从吃流质转变到吃固体的混合食物。

饮食方式改变

不仅食物改变了，吃的方式也改变了，从吮吸乳汁转为自己用牙咬切、咀嚼后才吞咽下去。通过吮吸妈妈乳头进食转为用杯、碗喝，用小勺送入口中，从妈妈一个人喂哺转为爸爸、奶奶都可喂食。

从白天开始断奶

白天有很多吸引宝宝的事情，所以，他不会特别在意妈妈，但在早晨和晚上时，宝宝会对妈妈非常依恋，需要从吃奶中获得慰藉。因此，不易断开，在断掉白天那顿奶后，再慢慢停止夜间喂奶，直至过渡到完全断奶。

注意断奶期食品的营养搭配

断奶期是指婴儿由母乳喂养为主向人工喂养过渡的阶段。在断乳期内，乳类（母乳+配方奶或牛奶）仍是给宝宝供应能量的主要来源，泥糊状食品是必须添加的食物，是基本的过渡载体。

断奶并不是换掉一切乳品和乳制品。断奶期最长可达12个月，从6个月起至1岁半，有的宝宝甚至2岁才完全断掉母乳，完成向固体食物的过渡。泥糊状食品是婴儿这一阶段的主要食品，可逐步替代三顿乳品成为宝宝的正餐食品。

杜绝不正确的断奶方式

有的妈妈认为婴儿断奶很简单，只要几天不给宝宝吃母乳就可以了。于是使用各种手段，例如，挑一个假日，妈妈回娘家，宝宝交由爸爸带，宝宝又哭又闹，坚持熬过两三天，把奶断掉。有的妈妈在乳房上涂些辣味、苦味的东西，使宝宝害怕得不敢再吃。这些方法其实都是极不科学的断奶方法。对宝宝来说，由于没有一个适应过程，很难接受其他食物；或者勉强接受了，但宝宝胃口极差，极易出现腹泻，形体日见消瘦，有可能还会出现营养不良，维生素、微量元素缺乏等。另外，这些断奶方法也会影响到宝宝的心理发育，对于出生后一直依恋母亲的宝宝来说，短短几天的分离，可能让他们产生焦虑情绪。

合理调整辅食与乳类的比例

宝宝7～8个月的时候，母乳中的营养成分已经很难满足宝宝生长发育的需要了，而且宝宝的消化能力增强了许多，也能吃一些固体食物了。因此，从这个月开始哺育宝宝，就不能再以乳类为主了，一定要提高辅食的添加比例。

在减少母乳、配方奶的前提下，继续给宝宝增加辅食，辅食应以柔软、半固体食物为宜，如碎菜、鸡蛋羹、米粥、面条、鱼肉、肉末等。

由于宝宝体内分解脂肪的能力在逐渐增强，妈妈可以给宝宝吃些炒的食物，但一定要易嚼碎。妈妈可以尽量改善辅食的制作方法，增加宝宝吃辅食的欲望。

让宝宝爱上更多的新食物

宝宝半岁后，妈妈乳汁的质和量都已经开始下降，难以完全满足宝宝生长发育的需要，所以从种类丰富的辅食中摄取营养变得非常重要。设法让宝宝接受更多的新食物，可以使宝宝获得更加均衡全面的营养，爸爸妈妈不妨在新食物上花一点点心思，让宝宝更顺利地接受：

· 一次只增加一种新食物。

· 为宝宝烹调食物时，尽量做到色、香、味俱全，让新食物能吸引宝宝的注意，勾起宝宝的食欲。

· 把新食物和宝宝熟悉的或喜欢的食物搭配在一起喂给宝宝。

· 在宝宝饥饿的时候给宝宝添加新食物。

· 以身作则，在饭桌上表现出对新食物的兴趣，不偏食、不挑食，让宝宝模仿和学习。

· 让宝宝看看新食物是怎样制作出来的，可以在制作新食物的过程中告诉宝宝，这一步是在干什么，增强宝宝对新食物的好奇心。

给宝宝准备一些手抓食品

宝宝过了6个月后，手的动作越来越灵活，不管什么东西，只要能抓到，就喜欢放到嘴里。这时候，父母应利用这一大好时机，为宝宝提供一些手抓食品。

家长应把宝宝的小手洗干净，在宝宝伸手就能够得到的地方放一些食品，如小饼干、虾条、水果片等，让宝宝抓着吃。这样不仅可以训练宝宝手部技能，还能刺激宝宝的牙床，缓解宝宝长牙时牙床的刺痛，同时还能让宝宝体会到独立进食的乐趣。

不要干预宝宝吃饭的方式

宝宝渐渐地长大了，手的动作变得更加灵活，而且也有了自己的独立意识了。吃饭的时候，宝宝往往会把手伸到碗里，抓起东西就往嘴里放，即使不是吃饭，宝宝只要看见什么了，不管是什么东西，都喜欢送到嘴里，这也许是宝宝想要显耀自己的能力。为此，有些爸爸妈妈担心，怕宝宝因此吃进不干净的东西生病，所以常会阻止宝宝这样做。其实，这是宝宝发育的正常现象。

宝宝发育到一定阶段，就会出现一定的动作，这也是宝宝生长过程中必然的一种现象。这代表着一种本能，代表着一种进步。宝宝能将东西往嘴里送，这就意味着宝宝已为日后独立进食打下了良好的基础。若禁止宝宝用手抓东西吃，可能会打击宝宝日后学习自己吃饭的积极性，不利于宝宝手部功能的锻炼，也不利于宝宝身体各部分协调能力的发展。

别让甜食赖上宝宝

这个阶段的宝宝对味道已经很敏感了，而且容易对喜欢的味道产生依赖，尤其是甜食。因为大多数宝宝都比较喜欢甜甜的味道，但过多的甜食对宝宝的不利影响很大。

如果宝宝大量进食含糖量高的食物，宝宝得到的能量就会过量，就不易产生饥饿感，不会再想吃其他食物。久而久之，吃甜食多的宝宝从外表上看，长得胖乎乎的，体重甚至还超过了一般宝宝，但是肌肉很松软，这不是真正的健康。

此外，甜食吃得过多会使宝宝出现味觉依赖、龋齿、营养不良、精神烦躁、钙吸收异常等，不但影响宝宝

特别提示

甜食，宝宝不是绝对不能吃，合理地吃甜食可以使宝宝得到蛋白质、碳水化合物、微量元素等营养。但是一定要注意适度，宝宝每天进食糖类不能超过每千克体重0.5克。

的生长发育，还会使宝宝的免疫力降低，容易生病。

如果宝宝在婴儿期就偏爱甜食，那么此后将很难使他放弃甜食。因此，婴儿期应尽量少给宝宝喂含糖量高的食物，尽量给宝宝提供多样化的饮食，控制甜食的摄入量。

荤素搭配让宝宝吃得更合理

要让宝宝喜欢吃肉，注意荤素搭配是保障宝宝营养全面的一个好方法。给宝宝添加肉类时，配上色彩鲜艳的蔬菜或水果，既可改善菜的外观，又可以使营养更全面。如将白色的鸡肉和红色的胡萝卜都切成丝一起炒，红白相间，宝宝看着就会有食欲；将甜椒掏空，在里面装上肉馅，做成美味又营养的酿甜椒，很能勾起宝宝进食的欲望。

另外，妈妈要经常变换肉的种类，不要总是用猪肉给宝宝炒菜，还应适当添加猪肝、鱼肉、鸡肉等，而且要尽量减少猪肉在肉食中的比例，对于小宝宝来说，鲜嫩易消化的鱼肉才是最佳选择。

米面食品搭配喂养

大豆和米、面是“最佳拍档”，因为豆类富含能促进宝宝发育、增强免疫力的赖氨酸，而米、面中赖氨酸含量较低，因此，将它们互相搭配最佳，对宝宝的健康有着积极的作用。

这个阶段的宝宝可以选择的米面食品有米糊、面糊、稀饭、面条、面片、面包、馒头等。面食的做法花样比较多，可以经常变换。用米、面搭配使膳食多样化可引起宝宝对食物的兴趣，从而增加宝宝的食欲。而且不同食物的营养成分也不完全相同，如用几种食物混合喂养，可以收到取长补短的效果。所以，每天的主食最好用米、面搭配，或其他不同的品种搭配。

妈妈在给宝宝准备食物的时候应该注意巧妙搭配，如早餐可以给宝宝进食一碗粥，加两三片全麦面包或一两个小馒头；午餐可以给宝宝吃一碗米糊或麦糊；晚餐则可喂食一碗面条或青菜瘦肉粥，等等。

多给宝宝吃蒸的食品

一般情况下，食物在加热的过程中或多或少都会有营养流失，如果烹调方式不合理，还可能改变食物的结构，使其产生大量的有毒物质，对宝宝的健康不利。而蒸制食物最大限度地保持了食物本身的营养，并且制作过程中避免了高温造成的成分变化所产生的毒素。在蒸制食物的过程中，如果食材富含油脂，蒸汽还会加速油脂的释放，降低食物的油腻度。

大米、面粉、玉米面等，用蒸的方法来做给宝宝吃，其营养成分可保存95%以上。如果用油炸的方法，其所含的维生素B_2将会损失约50%，维生素B_1则几乎损失殆尽。另外，鸡蛋也是以蒸煮的方式为最佳，既有营养又易消化。

不要让宝宝爱上汤拌饭

虽然宝宝现在已经能进食和大人差不多的食物了，但是，宝宝的咀嚼能力和吞咽能力还是比大人弱很多。有些家长为了方便，不给宝宝单独制作适合的膳食，只在大人吃的饭中拌一些菜汤、鸡汤喂给宝宝吃，以为这样宝宝吞咽可方便一些，汤也有营养。其实汤里的营养素很有限，长期让宝宝吃汤拌饭会导致营养不良，而且也不利于宝宝咀嚼能力的锻炼和提高。

为了宝宝今后能更好地适应大多数成人食物，现在需要特意制作适合宝宝咀嚼及吞咽的膳食，烹调食物要以切碎煮烂为原则。

不要一味追求高蛋白质

宝宝的消化器官没有完全成熟，消化能力是有限的。如果对蛋白质的摄取过量，蛋白质在进行代谢时，会增加含氮废物的形成，以至于加重宝宝肾脏的负担。

长期吃精细的高蛋白质食物，会让宝宝的消化功能得不到训练和提高，“用进废退”，宝宝的消化功能反而不容易得到很好的发育。所以父母要特别注意，千万不要一味追求高蛋白质，以免给宝宝身体带来太多负荷。

水果不能代替蔬菜

水果是宝宝喜爱吃的食物，但矿物质含量不如蔬菜丰富。矿物质对人体各部分的构成和功能具有重要作用，钙和磷是构成骨骼和牙齿的关键物质；铁是构成血红蛋白、肌红蛋白和细胞色素的主要成分，是负责将氧气输送到人体各部位去的血红蛋白的必要成分；铜有催化血红蛋白合成的功能……因此，爸爸妈妈不要认为，已经给宝宝喂了水果了，就可以用水果代替蔬菜了，这是不科学和不可取的。应该给宝宝既喂水果，又喂蔬菜，二者不能相互代替。

为宝宝自制营养美味的“磨牙棒”

这个阶段，大部分的宝宝都开始长牙了，爸爸妈妈不妨多给宝宝吃一些类似磨牙饼干的食物。这里教爸爸妈妈几种非常实用的方法，用日常食物自制“磨牙棒”。

· 把馒头切成1厘米厚的片，放在锅里，不加油，烤至两面微微发黄，外皮略有一点硬，里面松软，晾凉后让宝宝自己拿着吃。

· 将面包切成长条，放在烤箱里烤干，擦少许黄油，再放入烤箱中烤黄即可。

· 将面粉、鸡蛋黄、配方奶粉、胡萝卜泥、面粉和匀，揉成扁圆状，入锅蒸熟，然后切成手指厚的片状，放入烤箱中烤干即可。

· 取能生吃的较硬的蔬菜，如胡萝卜、黄瓜、白萝卜等，去皮后刻成各种各样的形状，比如花朵、兔子、狗狗、猫咪等，然后给宝宝拿着吃，还可以教宝宝认物、辨色。

适合宝宝的才是好饮食

宝宝的饮食应符合宝宝的体质需要，不同体质的宝宝对食物的需求也不同，具体来说应遵循以下原则。

寒性体质：饮食宜温养脾胃

体质特点：寒性体质的宝宝多形寒肢冷、面色苍白、不爱活动、食欲不佳，吃生冷食物后容易腹泻。

食物宜忌：寒性体质的宝宝在饮食以温养脾胃为佳，可多吃羊肉、牛肉、鸡肉、核桃、龙眼等甘温食物，要少吃冰镇饮料、西瓜、冬瓜等寒凉食物。

热性体质：饮食宜祛火清热

体质特点：热性体质的宝宝形体壮实、面赤唇红、畏热喜凉、口渴多饮、烦躁易怒、食欲欠佳、大便秘结，外感后容易发高热，易患咽喉炎。

食物宜忌：热性体质的宝宝饮食以祛火清热为佳，可多吃冬瓜、萝卜、绿豆、芹菜、鸭肉、梨、西瓜等甘淡寒凉的食物，要少吃羊肉、桂圆等食物。

虚型体质：饮食宜补气血

体质特点：虚型体质的宝宝面色萎黄、不爱活动、汗多、胃口差、大便溏稀或稀软，易患贫血和反复呼吸道感染。

食物宜忌：虚型体质的宝宝饮食宜气血双补，可多吃羊肉、鸡肉、牛肉、木耳、核桃、桂圆等温补气血的食物，少吃西瓜、绿豆等苦寒生冷食物。

湿型体质：饮食宜健脾化湿

体质特点：湿型体质的宝宝大多比较胖，动作迟缓、大便溏稀，爱吃肥甘厚腻的食物。

食物宜忌：湿型体质的宝宝饮食要健脾、祛湿、化痰，可多吃扁豆、海带、白萝卜、鲫鱼、冬瓜等健脾利湿的食物，少吃石榴、大枣、糯米等甜腻酸涩的食物。

不能用剩饭剩菜给宝宝做辅食

有的父母图省事，把成人的饭菜拿来给宝宝制作辅食，或者一次做很多，然后让宝宝吃上顿剩下的。这两种做法都是不科学的。

婴儿辅食除了要讲究烹调方式，使食物色、香、味俱全外，最需要注意的是保证安全卫生，防止病从口入。隔顿的食物味道和营养都会大打折扣，还容易被细菌污染。因此，千万不要图省事用剩饭剩菜给宝宝制作辅食，也不要让宝宝吃上顿剩下的食物。

宝宝只爱吃一种辅食怎么办

有的妈妈发现宝宝喜欢吃某一种辅食，就尽量满足他，认为只要宝宝吃饱了就行。这种做法也是错误的。

宝宝健康成长需要均衡而全面的营养，如果总是让宝宝只吃一种辅食，不可避免会出现营养缺乏的现象。如果不加限制地让宝宝吃他喜爱的辅食，还可能使宝宝吃得过多，造成胃肠道功能紊乱，甚至会影响宝宝的味觉发育，以后反而不喜欢这种食物了。

不偏食、不挑食的良好饮食习惯应该从给宝宝添加辅食时开始培养。这一阶段是宝宝学习咀嚼的敏感期，最好提供多种口味的食物让宝宝尝试，丰富宝宝的食谱，达到平衡膳食的目的。

及时发现宝宝营养不良的信号

宝宝的营养状况不好时，往往会出现种种信号，爸爸妈妈若能及时发现这些信号，并采取相应措施，可将营养不良扼制在萌芽状态。以下信号要特别留心。

宝宝情绪低落、反应迟钝、表情麻木

信号提示：提示宝宝体内缺乏蛋白质与铁。

应对措施：应多给宝宝吃一点水产品、肉类、奶制品、畜禽血制品、蛋黄等高铁、高蛋白质的食品。

宝宝惊恐不安、失眠健忘

信号提示：表明宝宝体内B族维生素不足。

应对措施：给宝宝补充一些豆类、动物肝脏、土豆等B族维生素含量丰富的食物。

宝宝情绪多变、爱发脾气

信号提示：多与吃甜食过多有关，医学上称为“嗜糖性精神烦躁症”。

应对措施：除了减少甜食外，多吃富含B族维生素的食物也是必要的，如芦笋、杏仁、瘦肉、蛋、鸡肉等。

宝宝固执、胆小

信号提示：多表示宝宝对维生素A、B族维生素、维生素C及钙摄取不足。

应对措施：给宝宝多吃一些动物肝脏、鱼、虾、奶类、蔬菜、水果等食物。

不爱交往、行为孤僻、动作笨拙

信号提示：多提示宝宝体内维生素C缺乏。

应对措施：在食物中添加富含维生素C的食物，如番茄、橘子、苹果、白菜、莴苣等。

夜间磨牙、手脚抽动、易惊醒

信号提示：这是宝宝缺钙的信号。

应对措施：应及时增加绿色蔬菜、奶制品、鱼肉松、虾皮等。

日常护理，与宝宝的亲昵

保护宝宝正在萌出的乳牙

宝宝在6个月左右开始长牙，这一时期的口腔保健主要由妈妈来完成。在给宝宝喂完奶以后和晚上睡觉以前，妈妈要用纱布蘸温开水轻轻地擦洗宝宝的口腔黏膜、牙龈和舌面，除去附着在这些部位的乳凝块，达到清洁口腔的目的。妈妈在为宝宝做这种口腔擦洗前应该认真洗手，若有长指甲应剪短。擦洗的时候动作要轻柔，不能损伤小宝宝的口腔黏膜。

不要忽视宝宝身上的异味

宝宝身上有时会散发出一些奇怪的味道，比如烂白菜味、脚汗味、猫尿味等。但这种现象经常被爸爸妈妈忽视，以为这种味道不可能从宝宝身上散发出来。事实上，当宝宝患有某些先天性代谢疾病时，就会散发出这样的奇怪味道，应引起爸爸妈妈的注意。

先天性代谢疾病与遗传因素无关，是基因发生异变，导致某些酶或结构蛋白质缺陷，引起氨基酸或有机酸代谢障碍，这样的异常代谢产物堆积在宝宝体内，通过出汗、排尿等方式会散发出各种怪味，如枫糖尿症会散发出咖啡味、苯酮尿症会散发出耗子臊味、蛋氨酸吸收不良症会散发出啤酒花气味、高蛋氨酸症会散发出煮白菜味或腐败黄油味、焦谷氨血症会散发出脚汗味。

这种先天性代谢病会导致婴儿发育障碍及痴呆，危害十分严重，因此爸爸妈妈一旦发现宝宝身上散发出异味，应立即就医检查，对症治疗。

宝宝的脸蛋怕拧、捏

许多父母在逗宝宝玩时，会在宝宝的脸蛋上连拧带捏。有些父母在给宝宝喂药时，由于宝宝不愿吃而用手用力捏宝宝的嘴巴。这样做都是不对的。

如果宝宝的腮腺和腮腺管一次又一次地受到挤伤，会造成流口水、口腔黏膜炎等疾病。因此，不宜拧、捏宝宝的脸蛋。

拧、捏宝宝的脸蛋对宝宝的健康不利，一是宝宝的皮肤血管丰富而且脆弱，大人在不经意间很有可能将宝宝的血管、皮肤组织弄伤，造成感染进而形成斑块和伤疤；二是大人的手不干净，在宝宝脸上摸来摸去，会增加宝宝感染的机会。

不要逗宝宝过分大笑

有些家长喜欢把小宝宝逗得笑声不绝，却不知这样做会对宝宝的健康成长带来一些不良的后果。

过分逗笑，不但会造成婴幼儿瞬间窒息、缺氧，引起暂时性脑贫血，时间长了，还会使婴幼儿形成口吃和痴笑。婴幼儿过分张口大笑，还容易发生下颌关节脱臼，久而久之会形成习惯性脱臼。

如果在宝宝进食时与其逗乐，不仅会影响宝宝良好的饮食习惯的形成，宝宝还可能将食物吸入气管，引起窒息甚至发生意外。

避免宝宝养成揉眼睛的习惯

宝宝哭闹、玩耍、眼睛不适时，往往喜欢揉眼，久而久之，就会养成经常揉眼的不良习惯。各种眼病及不适都会引起宝宝揉眼，其中尤以过敏性结膜炎最常见，需引起父母的高度重视。

当宝宝哭闹或揉眼时，应及时用柔软的纸巾帮他擦净眼泪。如宝宝面部、眼部有汗水或尘污时，应及时帮他洗净擦干，保持宝宝眼睛和面部的清洁干净，这样便可减少宝宝揉眼的机会，避免养成揉眼的不良习惯。

如果有灰尘进入宝宝眼内，不要让宝宝自己揉搓，妈妈也不要用手揉，更不要用嘴吹。最好的方法是滴几滴眼药水，刺激眼睛流泪，从而将异物冲出来。如果用上述方法仍未将灰尘清理出来，可用消毒棉签轻拭，注意动作一定要轻柔，以免损伤宝宝眼睛。如果异物嵌入角膜，用棉签蘸拭不动，不要用力擦，也不要用手硬取，以免损伤角膜造成感染，应立即带宝宝去医院，请医生帮助取出。

宝宝夜间哭闹怎么办

有的宝宝在8个月左右的时候会出现这样的情况，晚上睡着半小时后就会大哭，眼泪直流，很伤心似的，而且之后每1小时左右就会醒来，闭着眼睛哭，喂他几口奶，又会睡去，这样反反复复一直到天亮。可是宝宝其他方面又没什么问题，这是什么原因呢？碰上宝宝夜间哭闹的情况又该怎么应对呢？

有的宝宝半夜三更会突然惊醒，哭闹不安，表情异常紧张，这大多是由于白天过于兴奋或受到刺激所致。

宝宝的尿布湿了或者裹得太紧、饥饿、口渴、室内温度不合适、被褥太厚等，都会使宝宝感觉不舒服而哭闹。对于这种情况，父母只要及时消除不良刺激，宝宝很快就会安静入睡。

此外，有的宝宝每到夜间要睡觉时就会哭闹不止，这时父母若能耐心哄其睡觉，宝宝很快就会安然入睡。

某些疾病（如佝偻病、蛲虫病）也会影响宝宝夜间的睡眠，对此，要从原发疾病入手，积极治疗。

宝宝起床早怎么办

早起对于大人来说是个好习惯，可对于7～9个月的宝宝来说，每天早上五六点就闹着要起床可不是好事，这多半表示宝宝晚上休息得不好，而且还会打扰爸爸妈妈的休息，这时要怎么办呢?

· 对宝宝不加理睬。在宝宝清晨发出第一声啼哭时，爸爸妈妈不妨稍微等待一下，如果宝宝不是大哭尖叫，可以慢慢加长等待的时间，宝宝哭一会儿后也许能翻个身再睡，或乖乖地自己娱乐一番。

· 不要让房间有噪声。宝宝对噪声非常反感，如果睡觉时能听到噪声，他必然会哭闹。因此，宝宝的房间一定要隔音，尤其是当窗户对着街道时，睡前一定要关紧窗户，宝宝的房间应尽量远离街道，以免早晨的噪音惊醒宝宝。

· 避免晨光直射进来。宝宝对光线比较敏感，早上天一亮就会醒来。可以将宝宝卧室的窗帘做得厚一些，以更好地隔离光源，不让早晨的阳光直接照进宝宝的卧室，如果这样宝宝还是天微微亮就哭，可以在他醒来后看得到的地方，如床边，放一些安全的玩具，这样宝宝一睁眼就看到玩具，能降低哭闹的概率。

不要让宝宝错过爬行关键期

宝宝学爬行是一个非常重要的过程，爬得越好，将来走得也越好，学说话也越快，识字和阅读能力也越强。没有很好爬过的宝宝，在运动中经常显得动作不协调，很容易磕磕绊绊、走路摔跤。爬的关键时期一旦错过则很难弥补，爸爸妈妈要给宝宝创造爬行的条件和环境，适时地训练宝宝，不过一定要做好安全措施。

第一阶段：被动爬行

这一阶段宝宝爬行的特点是：身体着地，依靠手臂和腿的运动使身体前进。宝宝常以腹部为支点，用手使劲，腿常常翘起或足尖着床，此时手臂的力量大一些，常会使宝宝往后倒退或原地打转转。

爸爸妈妈可以这样训练：让宝宝俯卧在床上，腿弯曲时由爸爸妈妈用手掌顶住他的脚板，他就会自动伸腿蹬住爸爸妈妈的手往前爬，此时宝宝整个身子不能抬离床铺，这种被动爬行能锻炼宝宝的腿部肌肉。

第二阶段：半被动爬行

这一阶段宝宝爬行的特点是：用手臂带动身体匍匐爬行。

爸爸妈妈可以这样训练：宝宝俯卧，开始时仍可以用手掌顶住他的脚底，他会伸腿蹬住爸爸妈妈的手，身体向前蠕动。由于宝宝颈部力量较强，上半身能抬起，爸爸妈妈可拿起宝宝的双手往前挪动一点再放下，便于宝宝学会通过挪动手来带动身体，之后宝宝逐渐能自己将手往前挪动，用手臂带动身体匍匐爬行。

第三阶段：主动爬行

这一阶段宝宝爬行的特点是：依靠手脚着地的“四肢爬行”。

爸爸妈妈可以这样训练：经过前两阶段的练习，宝宝逐渐学会了将胸部、腹部悬空，如果上肢的力量不能将身体撑起，胸、腹部位不能离床。爸爸妈妈可以用宽毛巾放在宝宝的胸腹部，然后提起毛巾，使宝宝胸、腹部离开床面，全身重量落在手和膝上。同时还要帮宝宝双手交替向前挪动，反复练习后，宝宝就逐渐学会用膝盖和手掌一起协调爬行了。此后可增加枕头之类软的障碍物供宝宝翻越，也可让宝宝练习爬上、爬下及拐弯爬行。

刚学会爬的宝宝，一般会先往后倒退爬，这是正常现象。爸爸妈妈可以在宝宝前边用玩具逗引他，并反复叫他的名字，引导他向前爬。

让宝宝爱上洗澡

有的宝宝一洗澡就很开心，手舞足蹈的。而有的宝宝怎么也不肯洗澡，甚至发展到令爸爸妈妈发愁的地步，怎样让不愿洗澡的宝宝爱上洗澡呢?

宝宝不爱洗澡多是洗澡时有不顺心的事情发生，比如洗浴液流进了眼睛、爸爸妈妈勒疼自己了、水温不合适等，爸爸妈妈要先找出原因，然后及时消除这些不利因素。

洗澡时，爸爸妈妈可以给宝宝一些玩具，比如在澡盆里放一个可以浮着的塑料小鸭子，还可以让宝宝拿塑料小杯或勺舀澡盆中的水玩。爸爸妈妈可以和宝宝一起玩，做做游戏等，让宝宝忘记自己的不愉快，不要像完成任务或洗一件脏衣服一样为宝宝洗澡，那样宝宝会有抵触情绪。

当宝宝不愿意洗澡时，一定不要强迫他，更不要将哭闹着的宝宝强硬地放入澡盆，然后三下五除二洗完再放回床上。这会给宝宝留下严重的心理阴影，令宝宝更加抗拒洗澡。应该先顺着宝宝的意思，等他高兴了再尝试为他洗澡。

宝宝用手指头抠嘴要纠正

宝宝把手指放进嘴里抠很容易引起呕吐，这时一定要及时帮宝宝纠正，但纠正时要注意方法。

宝宝手的灵活度越来越好，因此这个阶段宝宝可能会出于好奇，把手指头伸到嘴里抠，也有可能是因为乳牙萌出时轻微的不适，于是用手指去抠。无论是哪种原因，都比较危险，手指伸得太深，抠到上腭时，会引起干呕甚至会将食物呕吐出来。这时爸爸妈妈要冷静，不要用严肃的表情和严厉的语气吓唬宝宝，这会把宝宝吓哭，且不能奏效。

宝宝会看明白爸妈的脸色、能辨别语气，爸爸妈妈应当帮宝宝把手拿出来，并向宝宝摇头，表示不喜欢宝宝这样做。给宝宝讲道理时要和颜悦色，让宝宝能接受，并认识到什么是好的，什么是不好的。

宝宝睡觉老爱出汗要紧吗

宝宝晚上睡觉出汗可能是正常的，也可能是提示某种异常。爸爸妈妈要结合宝宝的精神状态、食欲、睡眠等来具体分析。

一般而言，如果宝宝只是出汗多，但精神、面色、食欲均很好，吃、喝、玩、睡都非常正常，就没有什么问题，只是宝宝通过出汗在散热。宝宝新陈代谢旺盛，产热较多，但体温调节中枢又不太健全，调节能力差，于是会通过出汗来散热，这是正常的生理现象。爸爸妈妈只需经常给宝宝擦汗就行了，无须过分担心。

如果宝宝出汗频繁，与周围环境温度不相宜，尤其是夜间入睡后，环境温度很低，但还是出很多汗，同时还伴有低热、食欲减退、睡眠不稳、易惊等时，说明宝宝有可能缺钙。若宝宝同时还伴有方颅、肋外翻、“O”形腿、“X”形腿等，则说明宝宝缺钙非常严重，应及时补充钙及鱼肝油。此外也有可能患有某些疾病，如结核病和其他神经血管性疾病以及慢性消耗性疾病等。

如果宝宝出汗异常，爸爸妈妈要及时带宝宝去医院检查，及时治疗，可在医生的指导下吃些中药汤剂或中成药。

宝宝老晃动小脑袋是怎么回事

宝宝摇头晃脑可能是调皮，也可能预示着疾病。单从摇头晃脑的动作比较难以判断是哪种情况，还需要爸爸妈妈细心观察，必要时要去医院进行检查。

正常的摇头晃脑是宝宝的模仿与学习的一种表现，宝宝对四周的人和事物有高度的兴趣，若看到别人有这样的动作，他便会模仿。也可能他是发现摇头晃脑可以引起别人的注意，于是经常晃动头部以吸引大人的注意。

一些常见的疾病也是宝宝脑袋晃动的原因。若是无法准确判断宝宝晃动脑袋是否为病态，应带宝宝到医院检查。爸爸妈妈平时要多注意以下几方面，以备检查时向医生提供更准确的信息：

- 宝宝是从几个月时开始摇头晃脑的，发作的频率如何，是否越来越频繁。
- 有没有特定的发作时间，一次会摇多久。
- 宝宝摇头时如果尝试跟他玩，是否有反应，会不会中断摇头的动作。
- 周围是否有人会摇头逗弄他，宝宝是不是常看电视。
- 宝宝几个月时开始坐或爬，以前常生病吗。

宝宝为什么老爱耍小脾气

尖叫、哭闹、打滚、扔东西、撞脑袋……宝宝越来越大，也越来越爱耍小脾气了，了解宝宝耍脾气的原因是避免他发脾气的关键。

正值宝宝长牙期间，牙龈又痒又痛，宝宝脾气渐渐就变坏了。什么东西都想塞进嘴巴，乱咬乱啃，不给就闹，晚上也不容易睡好。这时宝宝发脾气常常是因为牙龈痛痒引起的，可以经常给宝宝的玩具消毒，放心地让他啃咬，给他提供磨牙饼干、烤馒头片、磨牙棒等，让他经常换着啃。

这个阶段的宝宝开始萌发自我意识，但无法用大人的方式表达，诸多的挫折使他烦躁不安时，宝宝往往会发脾气。这时爸爸妈妈要理解宝宝，心平气和地对待他，可以给他一个玩具，或把他带离让他不愉快的环境，去户外转一转。但不要斥责宝宝，这样只会令他更憋屈，发更大的脾气。

疾病防护，做宝宝的家庭医生

宝宝便秘怎么办

宝宝的大便又干又硬，排便次数减少，排大便时费力，就是便秘。一般来说，用牛奶喂养的宝宝容易出现便秘。造成宝宝便秘的原因主要有以下几方面：牛奶中的酪蛋白含量多，会使大便干燥；由于宝宝食物摄入量不足或食物过于精细，含纤维素少，造成消化后残渣少，粪便量减少，不能对肠道形成足够的排便刺激，以致粪便在肠道内停留时间过久，也可形成便秘；宝宝生活不规律，没有养成定时排便的习惯，也会发生便秘；某些疾病，如肛门狭窄、肛裂、先天性巨结肠、发热等，都会造成便秘。

宝宝如果有习惯性便秘，首先要分析原因。如果是牛奶喂养的宝宝，在牛奶中应加入适当的糖（5%～8%的蔗糖）就可以软化大便。注意给宝宝多吃些新鲜果汁、蔬菜泥。宝宝的食物不宜过于精细，要吃一些含纤维素较多的食物，如白菜、玉米、莴苣等，便于形成大便。另外，还要注意训练宝宝定时排便的良好习惯，养成了这种习惯，即使粪便不多，时间因素作为一种刺激也会促成排便行为。

如果宝宝已经两天没有大便，而且哭闹、烦躁。家长可以将肥皂削成3厘米长、铅笔粗细的肥皂头，塞入宝宝肛门。这种办法通便效果好，但不能常用，以免宝宝产生依赖。更简单的方法是，家长给自己的小指带上橡皮指套，涂上润滑油，伸入宝宝肛门，通过机械刺激引起排便。家长不能随便给宝宝服用泻药，因为服用泻药后可能导致腹泻。

总之，宝宝便秘要以预防为主，应从饮食和生活习惯上提前预防。

宝宝患幼儿急疹要留意

突发性发疹子是7～9个月的宝宝极易患的一种病。其特点是，原来一直没有过发热的宝宝，刚过6个月就突然发热到38℃以上，而且症状与感冒、扁桃体炎区别不大。待热退了、疹子出来以后，才能确诊为幼儿急疹。

第一次给宝宝使用体温计时，可用柔软的干布把宝宝腋下的汗擦净，然后将体温计夹在宝宝腋下5分钟以上。第4天，热势一退，宝宝的背部就会长出红色的、像蚊子叮了似的小疹子，而且会逐渐扩散。到了晚上，宝宝的脸上、脖子、手和脚上也都长出来了。

突发性出疹子2～3天便会自然消退。在此期间，要尽可能让宝宝吃些清淡的食物，不要吃辛辣刺激食物，洗澡也要暂停，用湿毛巾擦擦就可以了。同时也要注意宝宝的保暖，多让宝宝喝温开水。一般不需要治疗就可自然痊愈。

宝宝头部碰伤的护理

7～9个月大的宝宝已经学会坐、爬或扶着床边站了，但动作不稳，很容易摔倒碰伤。宝宝没站好而摔倒时，会坐着向后仰倒。特别是会爬的宝宝，他可爬到房间的任何一个角落。因此，一定要把房间的每个角落都收拾得干干净净，把有棱角和坚硬的东西收起来。如果宝宝撞伤了，可以参考下面的方法护理。

家庭护理方法

· 宝宝头部如有出血，可用一块清洁的布压住，然后采取止血措施。

· 如果宝宝的头上有肿块，就在伤处冷敷。把一块浸透冰水的毛巾拧干，或用毛巾把冰袋包好放在肿起部位，这样可以减轻疼痛和肿胀。

· 随时检查冰袋下面的皮肤，如果出现红斑，中心区域变苍白，就要拿掉冰袋。

· 碰伤后24小时内严密观察宝宝的变化。如果他头部受到猛烈的撞击，要及时送到医院检查，并且每3个小时叫醒他一次，假如唤不醒，要及时就医急救。

及早发现男宝宝隐睾

隐睾是男宝宝较常见的一种生殖器官发育异常，如果发现不及时，延误治疗会影响以后的生育，对宝宝的一生将造成不良的影响。因此，父母不可忽视男宝宝的隐睾。睾丸在胚胎发育时位于腹腔内，随着胎儿的发育逐渐往下移动。胎儿到4～6个月时，睾丸就已经下降到腹股沟内环口处；7～9个月时，下降到阴囊里。因此，男婴出生后，可在阴囊内摸到两个睾丸。然而，在胚胎期，睾丸在下降过程中，有的宝宝可能有一侧或双侧的睾丸并没有完全降落到阴囊里，而是停留在腹部。最常见的是在大腿根部的腹股沟管内、腹股沟外环或腹腔内。出现隐睾的宝宝，大多数在1岁之内，还有可能使睾丸自然下降到阴囊。而1岁以后如果还没有降入阴囊，则降入阴囊的可能性就很小了，必须尽早手术治疗。隐睾的诊断并不难，只要父母留意便能及早发现。因此，父母应检查一下男宝宝阴囊里是否有睾丸。如果摸不清或摸不到，则要及早就医。若是能早期治疗，便会避免不良后果的发生。

警惕宝宝肾结石

当宝宝出现血尿、暂时性无尿、小便时哭闹或费劲其中某一个信号时，父母不必太惊慌，应先想到可能是宝宝泌尿系统有结石了，要及时带宝宝到医院检查。患有肾结石的宝宝大都会出现小便量少、小便困难等症状。因为肾结石容易导致尿路感染，就会造成少尿而且小便困难的症状。如果宝宝的肾结石较严重，就会出现浮肿、解不出小便等症状，有的宝宝还会出现血尿。肾结石可引起急性肾功能衰竭，其症状为乏力、精神淡漠、嗜睡、烦躁、厌食、恶心、呕吐、腹泻，严重者可出现贫血、呃逆、口腔溃疡、消化道溃疡或出血、抽搐、昏迷、呼吸困难等。对于婴幼儿的肾结石，单独从X线片很难分辨出来，如果怀疑宝宝得了肾结石，应尽快做双肾B超、尿检等，查看宝宝尿液里的结晶多不多。

小儿高热惊厥的预防与护理

惊厥就是人们常说的“小儿抽筋”，惊厥是婴幼儿时期最为常见的急症。常常表现为发热，24小时内突然出现全身或局部痉挛性抽搐，多伴有意识障碍、双眼上翻、凝视或斜视，发作持续时间短，严重者可反复多次发作，甚至可以转变为癫痫，造成严重后果。高温的夏季是小儿惊厥的高发期，妈妈要对宝宝做好护理。

小儿高热惊厥的预防措施

任何感染都可以导致婴幼儿体温不同程度地升高，当体温超过机体承受的范围时，宝宝就会发生惊厥。所以，合理做好降温措施，避免宝宝持续处于高热状态，就能够有效地预防惊厥。

- 以物理降温为主，可以按医嘱口服或注射退热剂的同时，辅以冷毛巾敷额、温水擦浴或酒精擦浴，促进机体降温。
- 宝宝的体温处于高热持续期时，给宝宝的穿着要合理，有利于散热。
- 让宝宝多喝水，吃易消化、富含维生素饮食，保证机体有足够的营养与水分，促进康复。

特别提示

当宝宝遇到冷、热、痛等刺激时，肌肉会过度收缩或抖动，这并不是惊厥的表现，是正常的生理现象，妈妈要注意区分。

如何护理患惊厥的宝宝

- 当宝宝突发惊厥时，应让宝宝平卧，松开衣领，头偏向一侧以防呕吐造成窒息。在宝宝双齿间垫上木质压舌板或木质勺子，以防止将舌咬伤。用拇指压宝宝人中穴也可以起到定惊作用。千万不要摇晃患儿或大声喊叫，否则会加重病情。
- 宝宝患病期间，要特别注意做好护理工作，一周后给宝宝做脑电图检查。

应对宝宝消化不良

宝宝消化不良一直都是让很多父母头疼的事情，宝宝一天比一天瘦弱，爸爸妈妈看在眼里，疼在心里。有什么解决的办法呢？一般来说，宝宝的消化不良都是由于饮食行为不当引起的，所以，我们应该对症下药。

· 喂养宝宝的时候，要注意定时、定量，让宝宝从小养成良好的饮食习惯。添加辅食的时候，不要给宝宝太多的含糖的食物。

· 喂养的时候要注意营养的全面均衡，荤素配合要得当。

· 要宝宝保持好的食欲，必须保证进食环境不能过于嘈杂；不要强迫宝宝进食或对宝宝饮食限制过严；不要让宝宝在饭前吃甜食；避免宝宝进食时过于疲惫或精神紧张；食物的色、香、味要有一定的吸引力。

· 有的父母生怕宝宝饿着，只要宝宝不拒绝，就大口大口地喂进去。其实，宝宝吃得太多会引起肚腹胀满、消化不良。所以，不能让宝宝一次吃太多的食物。

· 注意卫生，注意食物清洁新鲜。妈妈在喂宝宝食物之前，一定要洗手，同时也要给宝宝洗手。多让宝宝吃易消化的食物，要避免煎炸等难消化的食物。

夏季要预防宝宝长痱子

预防痱子首先要保持宝宝皮肤的清洁和干燥，勤洗澡、勤理发、勤剪指甲。天气炎热时每天可给宝宝洗2～3次澡，洗澡时最好不要用肥皂，以免刺激皮肤。洗澡一定要用温水，洗完后给宝宝扑上痱子粉。

夏季早晚天气凉爽，可抱着宝宝在户外多玩一会儿；中午气候炎热，在室外时间不宜太长，活动量不宜太大。宝宝的衣服要合身、舒适、凉爽，最好选择纯棉制品。宝宝的枕巾、床单要保持清洁。给宝宝多喝凉开水，多吃水果、蔬菜，可帮助降温。千万不要给宝宝喝冷饮、吃冰激凌。

亲子乐园，培养聪明宝宝

打哇哇

目的：练习宝宝的听觉和模仿发音能力。

准备：在宝宝精神好的时候，让宝宝坐在妈妈怀里。

方法：

· 妈妈拿住宝宝的小手，轻轻拍妈妈的嘴，妈妈发出“哇、哇、哇”的声音。

· 再拿住宝宝的小手轻轻拍宝宝自己的嘴巴，妈妈发“哇、哇、哇”的声音。如果宝宝能配合手，发出“哇、哇、哇”声，游戏就成功了!

注意：为了使宝宝发音自如，在日常生活中还要有意识地对宝宝进行口腔练习。如让宝宝嚼较硬的食物，用嘴吹蜡烛、吹羽毛，还可以让宝宝看着爸爸妈妈的口形模仿发音，或做其他发音练习。

丁零零，来电话了

目的：锻炼宝宝语言能力。在宝宝学说话之前，提高宝宝“说”的兴致。正是这个时期的“听”、“说”，培养了宝宝以后真正的听、说能力。打电话的形式既可调动宝宝对语言的兴趣，促进其语言、智力的发育，又可以帮助宝宝了解与人交流的形式，提升宝宝以后的人际交往能力。

准备：2个玩具电话。

方法：

· 让宝宝靠坐在床上，妈妈坐在对面。

· 妈妈拿起玩具电话，对着电话说：“喂，宝宝在家吗？”

· 再帮助宝宝拿起电话，说："丁零零，来电话了，宝宝接电话吧。"妈妈分饰两个角色，演示妈妈和宝宝的"对话"，可以聊聊今天妈妈和宝宝的事。

注意：妈妈在"电话"中，要尽量加强宝宝对生活常用词的认识和理解，比如"尿尿"、"饿了"、"高兴"、"漂亮"等。要调动宝宝说话的热情，尽量重复宝宝"咿咿呀呀"的语言，并且加上相应表情、动作。

上发条的小青蛙

目的：练习宝宝的追视能力。

准备：一个上发条自动跳动的小青蛙，并放到合适的距离。

方法：

· 给青蛙上好发条以后，青蛙能跳动，引起宝宝的注意。

· 在宝宝学爬的时候，把青蛙放在宝宝够不到的地方，鼓励宝宝向前爬去抓青蛙。抓到青蛙，宝宝会有成功的喜悦。

注意：不要把青蛙放得离宝宝太远，使宝宝通过一定的努力也够不着。尽量使宝宝通过努力能够得着，这样玩也锻炼了宝宝坚持不懈的性格。

小船晃悠悠

目的：锻炼宝宝的空间感觉和平衡能力，进而让宝宝具有对空间物体、空间布局的掌控能力，以及对空间信息的处理能力。

准备：塑料浴盆（或充气橡皮垫）1个，再往浴缸中注入半盆温水。

方法：

· 在宝宝的浴盆里装半盆温水，把浴盆放入浴缸中。

· 把宝宝放入浴盆中，给宝宝洗澡。

· 一边洗，一边轻摇浴盆，让宝宝感觉像坐在小船上一样。

注意：游戏时不要让宝宝独自一个人坐在浴盆里。浴盆的大小，要以宝宝能够坐在里面为宜。太大，宝宝在盆中的活动范围过大，水盆易失去平衡，造成危险。太小，则会让宝宝感觉局促，同样不利于保持平衡。

小宝宝懂礼貌

目的：训练宝宝的理解能力和模仿能力。在理解词义前，宝宝首先理解的是语调和表情。所以，日常生活中成人说话的语调和表情对宝宝的语言和情感学习起着非常重要的作用。学习一般交际常识、交往礼仪，尊重长辈、有礼貌地与人交往，这是宝宝在成长过程中需要学习的重要部分。

准备：宝宝喜欢的玩具一个。

方法：

· 爸爸递给宝宝他喜欢的玩具，当宝宝伸手拿时，妈妈在一旁说："谢谢"，并点点头或做鞠躬动作。

· 逗引宝宝模仿妈妈的动作，如果宝宝按照要求做了，要亲亲他表示鼓励。

· 爸爸做离开状，妈妈一面说“再见”，一面挥动宝宝的小手，教他做“再见”的动作。

· 家里来了熟悉的客人，妈妈要教宝宝拍手表示欢迎，说：“你好，欢迎！”

注意：妈妈平时要多为宝宝创设一些具体的语言情境，使宝宝能理解词语的含义，并学习交际常识。

不一样的天地

目的：培养宝宝的听觉能力，开发宝宝的探索精神。这些日子宝宝的脾气越来越急躁，有什么更好的方式来让宝宝更快乐呢？充分发挥妈妈的想象力，利用周围的一切，为宝宝制造乐趣吧。

准备：1块可移动的尿布、垫子或衬布。

方法：

· 每次给宝宝换尿布时，都换一个地方吧，找一个新奇有趣地方的过程就变成了一次探险。

· 妈妈可以这样开始：“啊，你又尿湿了，我们去哪儿换尿布呢？”

· 然后抱着宝宝， 还有换尿布必需的东西，在房间里或阳台上走走转转，找一个还没用过的地方。

· 最好的地方是能让宝宝看到新鲜景物或产生新鲜感觉的地方，这样才能分散他的注意力。比如，在阳台上，意外吹到他的小光屁股上的微风，可能会让他在关键时刻保持安静呢。

注意：到8个月左右时，宝宝在换尿布时会表现出一点点“叛逆”。这也许是因为宝宝现在已经意识到他自己不喜欢这项“活动”，而且决定让你也了解这一点；或者他也可能只是不喜欢每次换尿布时盯着同一块天花板，换一换地方会让他配合得多。

在哪只手里

目的：促进宝宝的视觉发育，锻炼宝宝的逻辑能力。

准备：宝宝平时很喜欢或者非常有趣的东西。

方法：

· 妈妈把一个好玩的小东西握在手里，张开手给宝宝看。然后再握紧拳，并问宝宝："哪儿去了？"

· 使用另一只手重复上述动作。几次后，宝宝就会开始抢妈妈手中的东西。这个游戏也能帮助宝宝理解看不见的物体不会消失。

注意：妈妈一定要选取宝宝有兴趣的时候，这样更能提高宝宝的视觉定位能力，也更能激发宝宝积极愉快的情绪。

小鸟、小鸟，飞上天

目的：在这个游戏里，可以让宝宝充分地与爸爸、妈妈产生身体上的接触，让宝宝感受到亲情，可以给宝宝的前庭器官以充分刺激，促进宝宝运动能力、平衡能力以及身体控制能力的提高。

准备：选择一个较大的活动空间。

方法：

· 爸爸、妈妈坐在床上，将双手握在一起，然后让宝宝躺在手臂围成的"秋千"上。

· 爸爸、妈妈同时慢慢摇晃手臂，将宝宝荡起来。逐渐增加摇晃的幅度，让宝宝感觉像在荡秋千一样。

注意：要注意保护好宝宝的身体，控制好双方手臂缝隙，防止宝宝掉落。爸爸、妈妈的配合要非常协调，摇晃方向和幅度要一致。摇晃幅度要由小到大，让宝宝慢慢适应。

妈妈宝宝扔沙包

目的：在游戏中，宝宝和妈妈配合，有利于宝宝学习与他人合作的技能。

准备：一个小小的沙包（装少量米粒，边长2.5厘米左右）。

方法：

· 让宝宝坐在床上，妈妈面对着宝宝坐好，距离30厘米左右。

· 妈妈拿起沙包，吸引宝宝注意，轻轻将沙包扔到宝宝面前，鼓励宝宝接住并教他扔回来。

· 爸爸可以帮助宝宝捡起沙包，并且把它扔给妈妈。视宝宝的兴趣重复几次。

注意：这个时期的宝宝还不能真正接住或者准确地扔出沙包，只要宝宝伸手参与了活动，并且与妈妈之间形成了良好互动就行了，不要对宝宝要求过高。妈妈扔沙包的力量要小一些，沙包的填充物要少，一定要用去皮的谷物。

水上足球

目的：锻炼宝宝腿部肌肉的发育，争取让宝宝早日学会站立或走路。

准备：1个大水盒，1个皮球。

方法：

· 妈妈把大水盆里装上3/4的水。

· 在水里放一个皮球。妈妈坐在水盆前，把宝宝脸部朝外抱在胸前，用一只手环抱宝宝的胸部，另一只手托住宝宝的屁股。

· 帮宝宝用脚踢皮球，然后妈妈抱着宝宝跟着球移动，要让宝宝能再次踢到皮球。

· 每次宝宝的脚碰到球时，妈妈都要给予鼓励。

注意：这项运动适合在夏天气温适宜的时候进行。

10～12个月，可爱宝宝模仿秀

优秀源于自信心，父母适当的表扬和鼓励会激发宝宝的自信心，让宝宝更加优秀。父母应该为宝宝的每一个小小的进步喝彩。

宝宝好奇心很强，他宛如一位侦探，喜欢把房里每个角落都了解清楚，都要用手摸一摸。为了宝宝心理健康发育，在安全的情况下，尽量满足他的好奇心。

发育特点，宝宝成长脚印

身体发育指标

这个阶段的宝宝在心理需求上丰富了很多，喜欢模仿着叫妈妈，喜欢在家里四处爬行，喜欢东瞧瞧、西看看，凡是自己感兴趣的事物都会仔细地研究一番。对周围环境的好奇心和探索欲也越来越强烈。

10月宝宝

发育指标	男婴	女婴
体重（千克）	7.67～11.95	7.23～11.16
身长（厘米）	68.9～79.3	67.3～77.7
头围（厘米）	43.1～48.4	42.1～47.2
胸围（厘米）	46.0	45.0

11月宝宝

发育指标	男婴	女婴
体重（千克）	7.87～12.26	7.43～11.46
身长（厘米）	70.1～80.8	68.6～79.2
头围（厘米）	43.5～48.8	42.4～47.5
胸围（厘米）	46.4	45.3

12月宝宝

发育指标	男婴	女婴
体重（千克）	8.06～12.54	7.61～11.73
身长（厘米）	71.2～82.1	69.7～80.5
头围（厘米）	43.8～49.1	42.7～47.8
胸围（厘米）	46.8	45.8

视觉发育

10～12个月的宝宝通常喜欢坐着丢东西，然后爬着追移动的玩具，或者想要站立拿东西。这是因为宝宝以丢东西的方式学会了测量距离，从而具有了空间感，同时也证明了宝宝的视觉发育水平有了提高。

听觉发育

宝宝的声音定位能力已发育得很好了，有了辨别声音方向的能力。此阶段的宝宝在听了一段音乐之后，能够模仿其中的一部分；在听了动物的叫声以后，也可以模仿动物的叫声。

动作发育

宝宝坐着时能自由地向左右转动身体，能自由地爬到想去的地方，能独自站立，扶着大人的一只手能走几步，推着小车也能向前走，并已经具备了熟练的爬行技巧和极强的攀高欲望。此时，宝宝也能用手捏起扣子、花生米等小东西，并会试探着往瓶子里装，能从杯子里拿出东西然后再放回去，双手摆弄玩具也很灵活。

语言发育

10~11个月的宝宝，语言处于萌芽阶段，尽管能够使用的词语还很少，但宝宝已经能够理解大人说的很多话了。

12个月时，大部分宝宝会对大人说话的声调和语气发生兴趣，并且也能说出很多话，很喜欢和别人交谈。说简单的话更加流利， 会使用一些单音节的词，如“拿”、“给”、“打”、“抱”等。但发音还不太准确，常会说一些让人莫名其妙的语言。

心理发育

快满1周岁的宝宝，喜欢和爸爸妈妈在一起玩游戏、看书画，听大人给他讲故事；喜欢玩藏东西的游戏；喜欢认真仔细地摆弄玩具和观赏实物。他会边玩边咿咿呀呀地说话，有时发出的音节让人莫名其妙。

除了学翻书、看图书外，宝宝还喜欢玩搭积木、滚皮球，还会用棍子够玩具。好奇心也随之增强，喜欢把房里每个角落都了解清楚，都要用手摸一摸。

为了宝宝心理健康发育，在安全的情况下，父母应尽量满足宝宝的好奇心，要鼓励宝宝的探索精神，不要随意恐吓宝宝，以免伤害他的自尊心和自信心。

科学喂养，均衡宝宝的营养

早着手培养宝宝进食好习惯

宝宝良好的进食习惯要从小培养，这个阶段，宝宝白天吃的食物越来越多，爸爸妈妈不妨及早树立培养宝宝良好进食习惯的意识，可从以下方面入手：

· 帮宝宝养成定时、定量进食的习惯。

· 保持宝宝进餐环境的清洁、整齐、安静、愉快，不要哄骗或强迫宝宝进食。让宝宝饿了再吃，以免宝宝产生逆反心理而拒绝进食。

· 注意培养宝宝对食物的兴趣，尽量能引起他的食欲。

· 每顿饭不应花太多的时间，宝宝饿的时候胃口特别好，要注意培养宝宝专心致志吃饭的习惯。

· 不要在宝宝面前评论食物，以免造成宝宝对食物的偏见，导致挑食。

· 培养宝宝良好的进餐习惯，注意卫生，饭前、便后要洗手，吃饭时保持安静，不说话、不大笑，以免食物呛入气管等。

· 适时地、循序渐进地训练宝宝自己喝水、自己用勺进餐，帮宝宝熟悉餐具的用途，尽早养成独立进餐的习惯。

断奶期可以添加的辅食种类

特别提示

断奶不是一个一蹴而就的过程，需逐步添加辅食直至顺利过渡到完全断奶，直至正常的一日三餐，尽可能顺其自然逐步减少喂奶的次数和量，把握好最佳时机，为宝宝创造一个慢慢适应的过程。

· 谷类食物：包括各种谷物制成的糊类食品、用各种谷物熬成的稠粥、蒸得很软的米饭等食物。它们不但能为宝宝提供能量，还可以锻炼宝宝的吞咽能力。

· 面食：包括面条、馄饨、小包子、小饺子、小块的馒头等，可以锻炼宝宝的咀嚼能力。

· 水果和蔬菜：除了葱、蒜、姜、香菜、洋葱等味道浓烈、刺激性比较大的蔬菜以外，其他各种蔬菜和当季的新鲜水果均可选择。蔬菜可以切成丝或小片，不用制作得很碎；水果可以切成小片，让宝宝直接用手拿着吃。

· 豆制品：主要是豆腐和豆腐干，可以帮宝宝补充蛋白质和钙。

· 肉类食物：鸡肉、鸭肉、猪肉、牛肉、羊肉等各种家禽和家畜的肉，可以做成肉泥和肉末给宝宝吃。

· 小点心：软面包、自制蛋糕等，可以在两餐之间给宝宝当零食吃。

逐步增加食物的硬度

经过前几个月的锻炼，宝宝的咀嚼能力得到了很大的提高，可以吃的东西也越来越多。这时候要多给宝宝添加一些固体食物，并且可以增加食物的硬度，以继续帮助宝宝锻炼咀嚼动作，促进口腔肌肉的发育、牙齿的萌出、颌骨的正常发育与塑形及肠胃功能的提高，为以后吃各类普通食物打好基础。

这时的宝宝可以吃的东西已经接近大人，但还不能吃成人的饭菜，像稀饭、熟菜、水果、小肉肠、碎肉、面条、馄饨、小饺子、小蛋糕、饼干、燕麦粥等食物，都可以喂给宝宝吃。

宝宝的主食可以由稀饭过渡到稠粥、软米饭，由面糊过渡到挂面、面包、馒头，由肉末过渡到碎肉，由菜泥过渡到碎菜。

水果和蔬菜不需要再剁得很碎或是磨碎，只要切薄片或细丝就可以，肉或鱼可以撕成小片给宝宝吃，水果类可以稍硬一些，蔬菜、肉类、主食还是要软一些，具体程度可以类似“肉丸子”的硬度。

保证婴儿的营养

由于婴儿每餐的食量不大，加之所能接受的食物种类不多，但身体的迅速发育对营养的需求又极高。因此，需要父母掌握正确的烹调方法，保证婴儿能从有限的食物中获取最多的营养。

· 主食的烹调：精米、精面的营养价值不如糙米及标准面粉，因此主食要粗细搭配，以提高其营养价值。淘大米尽量用冷水淘，最多3遍，且不要过分用手搓，以避免大米外层的维生素损失过多。煮米饭时尽量用热水，有利于维生素的保存。吃面条或饺子时，也应喝些汤，以保证水溶性维生素的摄入。

· 肉类的烹调：各种肉最好切成丝、丁、末、薄片，容易煮烂，并利于消化吸收。做骨头汤时稍加一些醋，以促进钙的释出，利于宝宝补钙。

· 荤素搭配烹调：待肉类快熟时，再放蔬菜，以保证蔬菜内的营养素不至于因烹饪过久而破坏太多。

· 蔬菜的烹调：要买新鲜蔬菜， 并趁新鲜洗好、切碎，立即炒， 不要放置过久，以免水溶性维生素丧失。注意：要先洗后切，旺火快炒，不可放碱，少放盐，尽量避免维生素丢失。

正确认识宝宝饮食的变化

10个月后，宝宝的生长发育较以前会减慢，食欲也较以前下降，这是正常现象，妈妈不必为此担忧。吃饭时不要强喂硬塞，宝宝每顿吃多吃少由宝宝自己决定，只要每天摄入的总量不明显减少，体重继续增加即可。如若不然，易引起宝宝厌食。

让宝宝爱吃蔬菜

很多宝宝都不喜欢富含维生素的绿色蔬菜，那么，父母应该怎么办呢？

隐蔽掺入法

父母可以事先不让宝宝知道，在他最喜欢吃的食物中掺入他不喜欢吃而营养又丰富的食物。比如，有的宝宝只喜欢吃肉不喜欢吃蔬菜，这时，可将蔬菜，如胡萝卜、菜花等掺在瘦肉中剁成肉泥，做成肉丸或饺子、馄饨，也可塞入油豆腐、油面筋等食物中煮给宝宝吃，也可以直接把菜剁碎加入稠粥中，这样就会减轻宝宝对蔬菜的排斥，营养的需求也就得到了补充。

经常变换花样

长期不变地吃某一种食物，会使宝宝产生厌恶情绪，所以父母应该编排合理的食谱，不断地变换花样，还要讲究烹调方法。这样，既可使宝宝摄取到各种营养，又能引起新奇感，刺激其食欲。比如说，可以把绿色蔬菜做成菜泥喂给宝宝吃，也可以剁碎了掺在别的食物里。

抑制挑食法

父母最了解宝宝，当发现宝宝不吃某种蔬菜时，可以暂时停止他们认为最感兴趣的某种活动进行“惩罚”，促使宝宝不再挑剔食物，达到矫正偏食的目的。

闻味尝鲜法

宝宝的评价能力较低，往往容易顺从成人的意见。因此，在餐桌上，大人要起表率作用，称赞蔬菜“好香”、“真好吃”，并让宝宝尝一尝、闻一闻。切不可当着宝宝讲“冬瓜没味道”、“茄子不好吃”、“萝卜太辣”等话，虽然这时候宝宝还不能完全听懂父母的话，但如果长此以往，必然会对宝宝产生不好的影响。随着宝宝的成长，他会对某种食物产生厌恶感，从而造成宝宝偏食。

开始给宝宝喂稠粥

一般来说，米、面经加工后成粥或软饭会使容积增加2.5～3倍，但1岁以内的婴儿每餐只能吃下200～300毫升的食物。所以婴儿的食物既要保证营养素的供给，还要考虑宝宝胃的容量大小，是否能接受。如果量过大，宝宝会吃不下，影响营养素的供给。

随着宝宝的长大，所需营养素不断地增加，辅食的添加过程使宝宝的胃肠道已能适应。所以10～12个月的婴儿适应了吃稀粥后，就可以食用稠粥了。稠粥是婴儿断奶期膳食中的主要角色。稠粥的制作，用粳米较好。每餐可用40～50克。

宝宝可以开始吃碎菜了

随着宝宝的消化功能逐渐增强，1周岁前后给宝宝添加的蔬菜可由菜泥改为碎菜形式。碎菜含有更丰富的膳食纤维，不仅有利于防止宝宝便秘，而且能有效地锻炼宝宝的咀嚼能力。

碎菜的具体做法：先将洗净的青菜叶去除粗茎，再用刀切碎至细末状，加入少量水煮烂，放入少许食盐调味后即可。也可以用植物油炒片刻后直接调入稀粥或烂面条中混合食用。刚开始每次加30～40克，以后逐渐增加至每次70～80克。

给宝宝烹调食物时尽量少加盐

在给宝宝烹调食物时，应尽量少加盐。因为宝宝进食过多的盐会使体内钠离子浓度增高，而宝宝的肾脏功能尚不成熟，不能排除过多的钠，会使肾脏负担加重；另一方面宝宝体内钠离子浓度过高时，会造成血液中钾的浓度降低，而持续低钾会导致心脏功能受损，所以这个时期在给宝宝制作食物时应尽量少加盐。

给宝宝选择健脑食物

如何促进宝宝的智力发育呢？从宝宝的饮食着手，给宝宝选择一些健脑益智的食物，也是一条捷径哦！

鱼肉和蛋黄是首选

鱼肉中富含多种蛋白质，还含有不饱和脂肪酸以及钙、铁、维生素B_{12}等成分，是脑细胞发育的必需营养物质。而蛋黄中的卵磷脂经肠道消化酶的作用，释放出来的胆碱可直接进入脑部，与醋酸结合生成乙酰胆碱。乙酰胆碱是神经递质，有利于宝宝智力发育，提高记忆力。

大豆及其制品促进脑部发育

大豆及其制品富含优质的植物蛋白质。大豆油还含有多种不饱和脂肪酸及磷脂，对脑发育有益。所以，让宝宝多进食一些大豆制品如豆奶、豆腐以及其他豆制品，对促进宝宝的大脑发育很有益处。

健脑要选富含微量元素的食物

牛肉、猪肝、鸡肉、鸡蛋、鱼、黑木耳、蘑菇、海带等，这些食物富含锌、碘、铜、铁、硒等微量元素，它们是大脑发育所必需的营养成分，是提高幼儿智力不可少的物质。幼儿一旦缺乏这些微量元素，尤其是缺锌，可使大脑边缘海马区发育不良，智力和记忆力将受到影响。

蔬菜、水果不可少

蔬菜、水果及干果富含多种维生素，对促进大脑的发育、大脑功能的开发等均有一定的作用。轻微的维生素缺乏需要较长时间才会出现一些明显的症状，但有些是无法观察到的，如智力发育迟缓等。较严重的维生素缺乏，会有相应的表现，如缺乏维生素A、维生素C，宝宝容易感冒、近视；缺乏B族维生素，宝宝的记忆力不好，注意力不集中，胃口差。家长要注意合理地给宝宝补充维生素，不但能很好地帮助宝宝获得全面均衡的营养，还能帮助宝宝提高食欲。

不能给宝宝吃的食物

父母应多了解宝宝饮食宜忌方面的知识，用科学的方法喂养宝宝。如果宝宝习惯了厚腻的味道，就会对清淡的食物失去兴趣。不能给宝宝吃的食物主要有以下几类。

· 刺激性太强的食物。姜、咖喱粉及香辣料较多的食物不宜让宝宝食用。

· 浓茶和咖啡。因浓茶和咖啡中所含的茶碱、咖啡因等能使神经兴奋，会影响宝宝神经系统的正常发育，还会影响宝宝肠道对铁的吸收，引起贫血，因此不能让宝宝饮用浓茶和咖啡。

· 甜味饮料和果酱。甜味饮料和果酱中的糖类含量过高，营养价值较低，可造成宝宝食欲不振和营养不良，宝宝不宜多吃。

· 不易消化的食物。糯米制品、油炸食品、花生米、瓜子、水泡饭、肥肉等不宜消化的食品，最好不要让宝宝吃。

· 太咸的食物。腌鱼、腊肉和咸菜等太咸的食物不宜喂给宝宝吃。

宝宝不宜多吃巧克力

巧克力是一种以可可豆为主要原料制成的食品，它的味道香甜，食后回味无穷，很受儿童的喜爱。但巧克力不能满足宝宝生长发育中的营养需要，吃过多的巧克力对宝宝是无益的。

过量吃巧克力会产生许多对宝宝不利的影响，巧克力的含糖量过高，通过体内的新陈代谢会转变成脂肪被贮藏，加上巧克力的脂肪成分过多，会使宝宝发胖。巧克力中含脂肪较多，不易被宝宝的胃肠消化吸收，这些脂肪在胃中停留的时间较长，宝宝就会有饱腹感而影响食欲，再好的饭菜他也吃不下去。打乱了良好的进餐习惯，直接影响了宝宝的营养摄入和身体健康。巧克力是不含纤维素的精细食品，过多食用可致便秘。巧克力中的草酸，会影响钙的吸收。巧克力中的可可碱具有强心和兴奋大脑的作用，宝宝多吃后会哭、吵闹、多动和不肯睡觉。此外，它还会诱发口臭和蛀牙，所以宝宝不宜多吃巧克力。

不要随意给宝宝吃强化食品

家庭自制的断奶期辅食一般都不是强化食品，如蔬菜汁、水果泥、胡萝卜泥、肉泥、肝泥、肉菜糊等，而食品厂生产的断奶期配方食品大部分是强化的食品。强化的营养素，大部分是断奶期婴儿比较容易缺乏的几种，如维生素A、维生素D、维生素B_2和钙、铁、锌、碘等矿物质。应注意的是，目前市售的以谷类、豆类为基础的断奶期配方食品有两类：一类是按国家标准（GB）强化的配方食品；另一类则是超标准强化的特殊食品。

婴幼儿强化食品是指为增加营养而加入了天然或人工合成的营养强化剂（较纯的营养素）配制而成的婴幼儿食品，选购时要注意包装说明、厂名、适用对象、食用方法、保存期、保存方法。要结合宝宝的情况选购，最好能在保健医师的指导下食用，不可随意添加。

关于婴儿食品和强化食品，我国已制定了标准（GB）及强化食品卫生管理法规。规定可以强化的食品范围以及允许的强化品种和剂量。对于特殊的强化食品我国目前尚未制定相关明确的法规，选购时均应严格按说明食用，不可过量，以免影响婴幼儿食欲和引起不良反应。

不要让宝宝餐前喝汤

宝宝的消化系统发育尚不完善，胃酸分泌较少，胃液酸度较低，各种消化酶的合成、分泌少、活性低。如果在餐前喝一小碗汤，容易使胃酸被稀释，消化酶的浓度也会下降，影响食物的消化，长期将使宝宝消化系统功能紊乱，引起胃肠疾病。食物的消化吸收利用率下降，也会导致宝宝营养素摄入不足，从而影响宝宝正常生长。

另外，宝宝的胃容量只有200～250毫升，仅相当于一个小碗或者一个水杯的容量。在餐前饮用一碗汤，宝宝很快就感觉肚子饱了，这样往往会使蛋白质、脂肪等营养素摄入不足。因此，不提倡在餐前给宝宝喝汤。

训练宝宝用勺吃饭

家长可以试着训练宝宝自己用勺子吃饭。用勺子吃饭对宝宝来说是一项重要的技能，同时这也是解决宝宝吃饭难的一个办法。在这里，我们为家长推荐一种训练方法：

· 在教宝宝如何使用勺子之前，先拿几把勺子给宝宝玩。宝宝可能会拿着勺子相互敲打、丢到地上，也可能放到嘴里。

· 在勺子里放一小块香蕉，送到宝宝的嘴里。再让宝宝自己拿把勺子，在勺子里也放一小块香蕉，指导宝宝把勺子喂到自己口中。

· 用别的食物做这个游戏。很快，宝宝就会用勺子自己吃饭了。

教宝宝学会用杯子喝水

健康专家建议，让宝宝从1岁开始用杯子喝水。让宝宝习惯用杯子喝水很重要，这是因为：第一，长期使用奶瓶会妨碍宝宝牙齿和下颌的生长发育。第二，虽然用奶瓶喝东西很容易，但有可能妨碍宝宝吃“真正的”食物。

从奶瓶转向杯子，不妨试试以下建议：

· 当给宝宝喝果汁时，让宝宝试着用小杯子喝。

· 为了让宝宝习惯用杯子，可以让宝宝自己挑选杯子。如可续水的塑料瓶（像运动水瓶），它有一个可盖上的瓶嘴，可随时打开。

· 如果宝宝脱离奶瓶有困难，也不必太着急，可慢慢来。

· 若宝宝只在入睡时吮吸奶瓶，并能安静地入睡，则可以适当延长宝宝使用奶瓶的时间。

日常护理，与宝宝的亲昵

经常对家中进行消毒

家庭成员与社会接触频繁，容易将细菌带入家庭，使免疫力弱的宝宝患病。因此，要经常在家中进行消毒，以防细菌、病毒侵袭宝宝。消毒可破坏病原体的生命力，切断传播。杀菌是指完全杀灭细菌，一般情况下这二者都称为消毒。家庭消毒主要包括天然消毒法、物理灭菌法和化学灭菌法三种。

家庭常用消毒的方法是用75%的酒精、肥皂液、84消毒液、来苏水消毒液等进行消毒，此外还有煮沸消毒、蒸汽消毒、日光消毒等。

定期清洁宝宝的玩具

宝宝玩耍时，常常喜欢把玩具放在地上，这样，玩具就很可能受到细菌、病毒和寄生虫的污染，成为传播疾病的“帮凶”。而且宝宝往往有啃咬玩具的习惯，所以父母应该经常对宝宝的玩具进行清洗、消毒。对于塑料玩具更应经常消毒，否则可引起宝宝消化道疾病。

· 塑料玩具可用肥皂水、漂白粉、消毒片稀释后浸泡，半小时后用清水冲洗干净，再用清洁的布擦干净或晒干。

· 布制的玩具可用肥皂刷洗后放在太阳光下暴晒。

· 耐湿、耐热、不褪色的木制玩具，可用肥皂水浸泡，然后用清水冲净后在太阳下晒干。

· 铁质玩具在阳光下暴晒6小时可达到杀菌的作用。

为宝宝提供一个安全的学步环境

在宝宝学步的初期，家庭环境中的许多不安全因素都会让宝宝面临着各种危险。因此，父母应努力为宝宝创造一个安全的环境，为宝宝学步扫清障碍。

防滑鞋袜

一般来说，穿鞋除了美观之外，最主要的功能是保护脚。当宝宝开始扶站、学步时，需要用脚支撑身体的重量，给宝宝穿一双合适的鞋就显得非常重要，选择要点如下：

- 选择硬底布鞋；
- 鞋帮要稍高一些，后部紧贴脚；
- 鞋底要宽大，并分左右；
- 在宝宝学走路时，最好给宝宝穿上防滑的鞋袜，防止跌倒。

安全的活动环境

• 家具。家具要尽量靠墙放置，有可能导致危险的物品要放在高处或其他房间，家具的尖角，要用防护软垫包好。

• 门窗。宝宝在开关门时容易夹伤手，最好在门缝处安装防夹软垫。宝宝自己动手开关门时，最好有人在旁边看护。不要让宝宝走到窗边玩窗帘绳，以防发生绳子缠绕造成窒息的危险。

• 阳台。宝宝一旦会走，阳台就应当成为妈妈特别关注的地方。阳台上不要放有小凳子之类，以免宝宝爬上去。阳台围栏要高于85厘米，阳台的栏栅间隔要在10厘米以内。

学步初期易出现的危险

• 摔倒。刚学会走路的宝宝，迈步子的时候身体重心不稳，会一直向前冲，很难及时停下步伐。所以，应该给宝宝创造一个平坦、无障碍的空间，防止宝宝走路时摔倒。

• 扭伤。刚学会走路的宝宝，最容易扭伤脚部，且又不能够清楚表达伤痛。需要妈妈细心观察宝宝的一举一动，如果发现宝宝走路时一瘸一拐，或者轻压腿部时宝宝会大声啼哭或发脾气，则提示宝宝的脚部可能扭伤了。

宝宝贪玩也要午睡

这么大的宝宝在会站、会爬以后，视野豁然开阔，好奇心也日益增强，贪玩也就在所难免。父母应从小就培养宝宝规律的生活习惯，让宝宝每天都要睡午觉，即使宝宝看上去精力很好，父母也要安排宝宝午后睡1小时以上。

养成每天午睡的习惯

给宝宝规定好一天的作息时间，吃饭、睡觉、活动都要安排好，这是培养宝宝养成良好生活习惯的重要条件。经过多次训练，宝宝会形成条件反射，午睡时间一到，就会自动产生睡意，并慢慢养成自动入睡的习惯。

营造夜晚的环境

宝宝午睡前，将室内灯光调暗或关灯，拉上窗帘，避免午间阳光直射。然后，放些舒缓的音乐，可起到催眠平稳情绪的作用。妈妈也可以试着轻轻拍打宝宝身体，或用手轻轻抚摩宝宝，以营造一个类似夜晚睡觉的安静环境。

合理安排午睡时间

宝宝接近1周岁时，白天可以只睡一次午觉，时间一般安排在午后，睡2小时左右就可以了。要保证宝宝午睡醒来至晚上睡觉前有4小时以上的清醒时间，这样才不会影响夜间睡眠。

仔细为宝宝做口腔护理

①将宝宝平放在床上，妈妈跪趴在宝宝正前方，和宝宝面对面。妈妈以双手的手肘支撑在床上，前臂可以挡住宝宝挥动的双手。

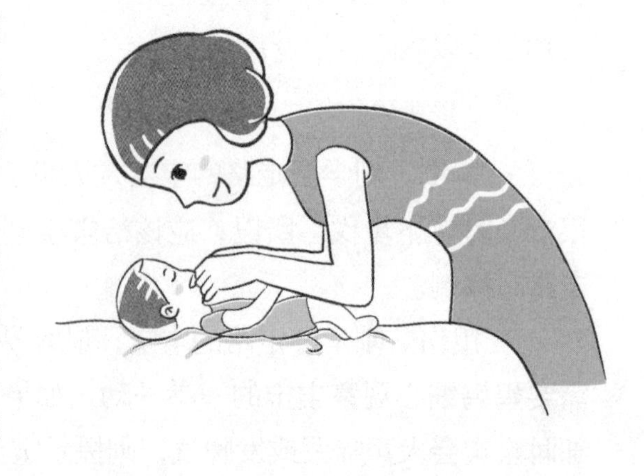

②妈妈左手手腕和手掌扶住宝宝的下巴，同时以左手食指稍微撑开宝宝的脸颊，要能看清楚宝宝的整个口腔状况。如果怕被宝宝咬伤，可在手指上套

上橡胶水管或缠上干净的纱布，也可以直接让宝宝咬住压舌板。

③妈妈用另一只手拿牙刷，或以手指缠绕纱布，依次刷下牙的外侧面、内侧面、咬合面，再刷上牙的外侧面、内侧面、咬合面，总之要做到“面面俱到”。

④给宝宝刷牙应前后来回刷，需特别留意牙齿和牙龈交界处。

⑤给宝宝刷门牙的外侧面时，可让宝宝将牙齿咬起来发“七”的声音，之后再让宝宝说“啊”，以便于刷牙齿的内侧面。

⑥最后让宝宝温开水漱口。

⑦在帮宝宝清洁口腔时，不可太深入，以免宝宝呕吐和产生不适感。

⑧在清洁的过程中，宝宝如果有任何不适感，都应停止动作。先让宝宝趴在妈妈的肩膀上，休息5～10分钟后再躺下较妥当。

不再给宝宝穿开裆裤

开裆裤确实能给护理大小便不规律的宝宝带来很大方便，但给宝宝穿开裆裤是存在不少隐患的：

· 这个阶段的宝宝已经能站立并开始学习走路，白天很少用尿布了，但由于走得不稳，容易在地上爬、坐，若将臀部和生殖器官暴露在外，很容易被感染而引发疾病。

· 随着宝宝的活动范围增大，裆部前后通风会使冷风直接灌入腰腹部和大腿根部，特别是冬天，宝宝很容易着凉，造成感冒或腹泻，甚至被冻伤。

· 宝宝穿开裆裤会暴露臀部、外阴部，活动时容易被扎伤或烫伤，女宝宝的外阴部更容易被感染，患上尿道炎、膀胱炎、泌尿系统感染等，非常不安全。

· 宝宝穿开裆裤时间过长还会养成大小便无规律或随地大小便的不良卫生习惯，男宝宝还容易玩弄生殖器而养成不良习惯。

因此， 为了宝宝的健康， 爸爸妈妈不要怕辛苦，在宝宝会坐、爬以后，应及时更换满裆裤，防止不洁物入侵小屁屁，特别是女宝宝。

正确利用学步车

学步车可为宝宝学走路提供方便，也在某种程度上为爸爸妈妈减轻了负担，但也带来了很多不利。因此，关于学步车，爸爸妈妈要谨慎对待。

学步车的弊端

· 把宝宝束缚在狭小的空间里，限制了活动。

· 剥夺了宝宝在摔跤和爬起中学会走路的锻炼机会，不利于宝宝提高身体协调性和自信心。

· 学步车滑动速度过快，宝宝被迫两腿蹬地向前走，时间长了容易使腿部骨骼变形形成罗圈腿。此外，快速滑动会令宝宝感到紧张，不利于宝宝的智力发育和性格的形成。

使用学步车需要注意的事情

· 不能过早使用。在宝宝会爬行前最好不要尝试，以免造成宝宝平衡能力发育慢和全身肌肉协调差。

· 有佝偻病的宝宝或超低体重的宝宝、适应慢的宝宝、多动的宝宝不适合使用学步车。

· 不要让宝宝使用学步车太久，每次乘坐学步车的时间约30分钟即可。

不要捏宝宝的鼻子

有些人见宝宝鼻子长得扁，或想逗宝宝玩儿，常用手捏宝宝的鼻子，这么做会给宝宝造成一定的伤害。因为宝宝的鼻腔黏膜娇嫩、血管丰富，外力作用会引起损伤或出血，甚至并发感染。

从生理构造上讲，宝宝的耳咽管粗、短、直，位置比成人低，乱捏鼻子会使鼻腔中的分泌物通过耳咽管进入中耳，极易发生中耳炎。因此，父母们最好不要乱捏宝宝的鼻子，也要及时制止其他人捏宝宝的鼻子。

冬季注意宝宝脚部的保暖

冬季气温很低，宝宝的脚部保暖工作尤其需要重视。人的双脚离心脏较远，血液循环速度慢，如果受凉，会使微血管痉挛，进一步使血液循环量减少。

宝宝脚部表面脂肪很少，保温能力很差。冬季双脚站在地面上，会散发大量的热量，使脚的温度降低，从而加剧微血管痉挛，使血液循环受阻，又进一步降低双脚的温度。这样不仅易导致冻疮，而且影响身体健康。

另外，一旦脚部受寒，可以反射性地引起上呼吸道黏膜微血管收缩、纤毛运动减慢，身体抵抗力减弱。于是潜伏在鼻咽部位和新侵入的病原微生物就乘机大量繁殖，使宝宝易患伤风感冒、气管炎等疾病。

不要忽视“小鸡鸡”的清洁

有的妈妈给儿子洗澡时，忽然看见孩子的阴茎勃起了，这会使年轻的妈妈吓一跳：这么小的孩儿怎么就这样？其实婴幼儿的勃起与成人的勃起不同，是自然反应，在他尿急时、睡觉时，都可能发生勃起。洗澡时，因宝宝的阴茎不受尿布包裹，又受到热水的冲击，这个特别敏感的器官自然就勃起了。小儿性器官敏感，是正常的反应，妈妈应放心才是。有的妈妈因怕宝宝阴茎勃起，洗澡时便不给宝宝洗。实际上因清洗引起勃起并没有关系，但不洗阴部会使包皮内藏污纳垢，易引发炎症。

教宝宝正确看电视

这个阶段的宝宝，已有了一定的专注力，而且对图像、声音特别感兴趣，看了电视以后会做出各种反应。这一时期，看电视对宝宝还是有好处的，可以锻炼宝宝的感知能力。

让宝宝看电视的正确方法是：看电视的时间不超过10分钟。要选择图像变换不太快、声音清晰的电视节目，如儿童节目、动画片、动物世界等，这些内容都可作为宝宝看电视的内容。声音大小、显示亮度要适中，以使宝宝产生愉快情绪，而且不疲劳为度。

玩具陪睡不可取

大部分宝宝现在都很喜欢整天和自己喜欢的玩具待在一起，尤其是安静的女宝宝，甚至吃饭时看着、外出时带着、睡觉时也要陪着，其实抱着玩具睡对宝宝是不好的。

不利于宝宝按时入睡

睡觉时若将玩具置于宝宝身旁，宝宝很容易玩着玩着就忘了时间，甚至兴奋得睡不着觉，不利于培养宝宝按时自然入睡的好习惯。

不利于宝宝的安全

玩具往往是布制玩具和长毛绒玩具，如布娃娃、长毛狗之类，特别容易藏入细菌，宝宝抵抗力差，睡觉时置于身边容易被感染。男宝宝喜欢的玩具，如变形金刚等，质地比较硬，棱角坚锐，宝宝睡着后可能被伤到。

不利于视力健康

通常宝宝的房间会开一盏光线较暗的灯，宝宝边玩玩具边睡觉时，眼睛与玩具的距离较近，通常不到20厘米。很容易造成眼部肌肉疲劳，眼内压力增高，眼轴容易伸长，对视力健康很不利。

为了培养宝宝良好的生活卫生习惯，保护宝宝的视力，爸爸妈妈一定不要让宝宝养成玩具陪睡的习惯。

放手让宝宝去探索

随着宝宝活动能力的增强，他要一显身手了。宝宝会在房间里或爬或走，去探索这个昔日可望而不可即的神秘环境。一个水杯、一个小瓶盖……对他来说都是一项重大的发现。他这儿摸摸、那儿拍拍、这儿抠抠、那儿推推，每有一个新发现，他都会兴奋不已。

宝宝成了探险家，他的房间里就不会像大人房间那样整洁了，同时，有些不宜让宝宝接触的物品也可能给宝宝带来伤害。所以父母应及时收拾房间，把有安全隐患的东西放到宝宝够不着的地方。不要阻止宝宝去探索房间，也不要大声呵斥宝宝，这样容易打击宝宝对外界的探索欲，也会伤害宝宝的自尊和自信。

多鼓励和表扬宝宝

随着能力的增长，宝宝非常喜欢表现自己。作为家庭成员中的核心，宝宝开始喜欢为家里所有的人表演节目，做自己新学会的动作，而且在做好新的动作以后，听到来自爸爸、妈妈、爷爷、奶奶的喝彩和称赞声，会重复做这个动作。这是宝宝通过家人的称赞，体验成功快乐的表现。而成功的快乐，是一种良性的情绪力量，能够为宝宝的智力活动提供巨大动力，形成最有利于继续学习的动力。同时，还有利于宝宝保持最优化的大脑活跃状态，使宝宝兴趣盎然，并能激发其进一步学习的动机，使宝宝形成自信的心理。这些良性的情绪刺激，对于宝宝的健康成长来说极其重要。

> **特别提示**
>
> 尽管用鼓励的方法比施加压力或批评有效一千倍，但是，父母要学会鼓励，善于鼓励，因为鼓励的方法如果不正确，有时可能会适得其反。

在家庭日常生活中，对于宝宝的进步，不管多么微不足道的成绩或进步，都要及时发现，随时鼓励，千万不要吝啬对宝宝的赞扬。

疾病防护，做宝宝的家庭医生

手足口病的预防与护理

手足口病又叫发疹性口腔炎，是以手、足皮肤疱疹和口腔黏膜溃疡为主要临床特征。由数种肠道病毒感染所致，潜伏期为3～5天。手足口病主要发生在儿童期尤其是婴幼儿期，并有周期性流行的趋势。

发病初期会出现类似感冒的症状，体温不高，38℃左右。2天后口腔周围出现疼痛性小水疱，四周有红晕，手足部位会出现米粒大小的水疱，数目不等。手足口病在1～2周内可自愈，不会留下后遗症，但也不是终身免疫性疾病。

家庭预防方法

- 要保持室内空气流通。
- 要在饭前、如厕后及时洗手。
- 要将宝宝的玩具或其他用品应常常消毒。
- 不要让宝宝到人群密集的地方去。

家庭护理方法

- 保持局部清洁，避免继发感染。
- 宝宝口腔有糜烂，吃东西困难时，可以给他喂一些流质食物，饭后要漱口。
- 局部可以涂金霉素软膏，以减轻疼痛，促使糜烂面早日愈合。
- 可以口服一些B族维生素，如维生素B_2等。
- 若宝宝发热，也可以采用物理降温。

宝宝营养不良怎么办

营养不良是宝宝婴幼儿时期常见的问题。轻者影响生长发育，重者可出现体质虚弱，继发多种疾病，甚至危及生命。对营养不良的宝宝，应采取以下措施：

· 合理喂养，调整饮食。营养不良的宝宝需要补充大量营养才能满足其生长需要，然而营养不良的宝宝消化功能差，对食物的耐受能力很差。因此，应根据营养不良程度的轻重和消化功能情况调整饮食的量及种类。

· 预防感染。营养不良宝宝的免疫功能低下，易发生呼吸道感染。因此，居住的环境应清洁舒适，室内空气新鲜，温度要适宜。营养不良宝宝皮下脂肪少，皮肤弹性差，有的宝宝还有水肿，容易发生褥疮或皮肤感染。因此，要注意保持宝宝皮肤清洁，要勤换尿布、勤给宝宝洗澡。营养不良宝宝口腔黏膜抵抗力差，再加上常伴多种维生素缺乏，容易发生口腔溃疡，所以，平时应注意加强宝宝的口腔护理，吃完饭后应用棉签蘸淡盐水进行擦拭，勤喂水也可达到清洁口腔的目的。

别让宝宝老上火

日常生活中，常常会见到宝宝有便秘、尿黄、眼屎多、口舌生疮等上火症状，那要怎样预防宝宝“上火”呢？

· 保证宝宝睡眠充足。宝宝睡眠时间较成人稍长，一般为10小时左右。人体在睡眠中，各方面机能都可以得到充分的修复和调整。

· 宝宝皮肤薄，很容易丧失体内水分，尤其是在秋天，水分的丧失更加严重。所以在两次哺乳或正餐之间给宝宝适当补充水分是预防上火的最简便的方法。

· 在饮食方面，多给宝宝吃一些绿色蔬菜，如卷心菜、菠菜、青菜、芹菜。蔬菜中的大量纤维素可以促进肠蠕动，使大便顺畅。

· 让宝宝养成良好的排便习惯。每日定时排便1～2次。肠道是人体排出糟粕的通道，肠道通畅有利于体内毒素的排出。因此，可以多给宝宝吃苹果、西瓜、香蕉等水果，全麦面包、玉米粥也要常吃，粗粮也含有丰富的膳食纤维。

当心宝宝感染麦粒肿

麦粒肿又叫“针眼”，是眼睑部的一种急性化脓性炎症。在开始的时候，局部会有红肿、疼痛，随后眼睑会隆起一个米粒大小的疱，触压时有疼痛感。红肿一段时间后会化脓，数天后会穿破出脓。父母应尽早发现宝宝出现麦粒肿，及时治疗，小心护理。

护理方法

如果患儿能很好配合，可以辅以局部热敷治疗。热敷能扩张血管，改善局部的血液循环，对促进炎症因子的吸收、缩短病程很有帮助。具体的做法是，用清洁毛巾浸热水后，稍拧干直接敷在患眼皮肤上，每天2～3次，每次20～30分钟。热毛巾的温度约45℃，家长可先用手背或自己的眼睑皮肤试温，以宝宝能接受为度。

预防方法

由于麦粒肿是由细菌感染引起的疾病，所以，首先，要注意眼部卫生，告诉宝宝不可用脏手揉眼；其次，要加强体育锻炼，增强身体免疫力；最后，还要注意休息，保证足够的睡眠，避免过度疲劳。

宝宝打呼噜是不是病

许多家长认为，宝宝睡觉打呼噜，是睡得香的表现。其实，宝宝打呼噜很可能是某种疾病的信号，最常见的原因有增殖腺肥大、慢性扁桃体肥大、支气管炎等。对于宝宝的打鼾千万不可忽视，倘若对这些病不及时治疗，对宝宝的生长和智力发育均会造成极大的影响。

打呼噜的原因

宝宝仰睡时易打鼾，是因为面部朝上而使舌头根部因重力关系而向后倒，会阻塞咽喉处的呼吸通道。宝宝本身的呼吸通道，如鼻孔、鼻腔、口咽部比较狭窄，稍有分泌物或黏膜肿胀就易阻塞。故1周岁以内的宝宝时常有鼻音、鼻塞或喉咙有痰鸣，就是这个原因导致的。当感冒造成咽喉部位肿胀、扁桃腺发炎、分泌物增多时，更易造成通气不畅而鼾声加重。

相应措施

如果宝宝出现睡觉时打鼾，首先应该查清打鼾的原因，然后针对病因采取相应的治疗措施。对于单纯腺样体肥大，不是很严重，腺样体随着宝宝年龄的增长会自己萎缩，两岁以内宝宝一般会自己康复。若是很严重的情况，必须经耳鼻喉科医生检查后，确定是否需要手术治疗。而扁桃体肥大者，除非有风湿热病史或急性肾炎、急性扁桃体炎反复发作，一般不主张手术切除，治疗措施主要是积极控制炎症，增强抵抗力。

偶尔打呼噜不是病

有的宝宝，偶尔会出现睡觉时打呼噜，可能是由于睡眠时与呼吸有关的肌肉松弛，尤其是舌的肌肉放松后造成舌根向后方轻度下垂，使呼吸时排气受到影响所致。父母不要紧张，帮宝宝改变睡眠的姿势后，呼噜声就会消失。

别让宝宝形成“八字脚”

正常行走时，双脚大致是平行的，倘若双脚呈“八”字样，就是“八字脚”，分“内八字”和“外八字”两种。宝宝学走路时形成“八字脚”的话，成年后将很难纠正。若发现宝宝有“八字脚”倾向，爸爸妈妈应及时进行纠正。

为防止宝宝形成“八字脚”，首先，要防止宝宝缺钙。爸爸妈妈要及时增加宝宝饮食中含钙丰富的物质，例如，豆制品等。其次，让宝宝多晒太阳和适当服用维生素D制剂来预防。如宝宝已经“缺钙”，则要带宝宝到医院进行检查和治疗。

如果宝宝已有“八字脚”倾向，应尽早进行纠正练习：爸爸妈妈可站在宝宝背后，两手放在他的双腋下，扶着宝宝沿一条较宽的直线行走。行走时注意，要使宝宝的膝盖始终向前，宝宝的脚离开地面时重心应在足趾上。屈膝向前迈步时，两膝应该有轻微的碰擦过程，用这个方法每天练习2次，长期坚持定能纠正。

提高宝宝的免疫力

宝宝断奶后，由于免疫系统尚未成熟，很容易受外界细菌感染而导致疾病，出现食欲下降、消化功能下降、体质瘦弱、反复生病等问题。因此，断奶前后，爸爸妈妈应全面提高宝宝免疫力，帮助宝宝健康成长。

饮食方面需要注意的事情

· 多喝白开水，水是新陈代谢的重要介质，体内水分充足，免疫力也会较强。宝宝体表面积相对于体重来说比成人更大，水分蒸发多，因此，比成人更需要水分。白天至少应给宝宝喂3次白开水，每次在50~100毫升，夏季还应有所增加。

· 每天都应补充乳制品。乳制品可以为宝宝提供足量的蛋白质、钙，这对宝宝身体及脑神经的发育非常重要。

· 多吃蔬菜、水果。蔬果是维生素和矿物质的重要来源，能很好地增强免疫力，增强宝宝的耐寒能力。

· 以五谷类为主食。宝宝断奶后应以谷类食物作为主食，谷类能为宝宝提供B族维生素和维生素E等，可加强免疫细胞的功能。

· 营养要均衡，不要让宝宝偏食、挑食，否则营养失衡会使得免疫力降低。

日常起居方面需要注意的事情

· 要合理地增减衣服。穿得多容易出汗，一吹风就容易感冒，穿太少又易着凉。出门前最好带上外套，冷的话可随时添衣。

· 增强耐寒能力。宝宝快1岁时，可以坚持给宝宝用凉开水洗脸，可以提高宝宝耐寒的能力，增强免疫力。

· 注意通风换气。白天将宝宝房间的窗户打开，交换新鲜空气，经常呼吸大自然的新鲜空气是提高抵抗力的好方法。尤其是冬天，如果长期不能呼吸外界新鲜空气，宝宝的耐寒能力会降低。

· 做做运动。爸爸妈妈可以让宝宝仰卧，抓住宝宝双腿做屈伸运动，先双腿同时做一会儿，然后分单腿再做一会儿，注意动作应轻柔，不要伤了宝宝。

亲子乐园，培养聪明宝宝

六面画盒

目的：培养宝宝的观察能力和语言理解能力。

准备：一个高45厘米的纸箱。

方法：

- 在纸箱的六个面上贴上不同的图画，如小狗、小猫等。
- 让宝宝扶着纸箱站立，当妈妈问:“小猫呢？”同时，让宝宝扶着纸箱来回转，直到找到小猫的画面为止。
- 如果找不着，妈妈可告诉宝宝爬过去寻找。

注意：一定要给宝宝营造一个良好的游戏环境，注意观察宝宝的兴趣。

宝宝推小车

目的：有助于宝宝学习走路，掌握身体的平衡，并可以使宝宝体会到成功的快乐。

准备：一个比宝宝略矮的小推车，如果没有适合宝宝推的小车，可以用比较沉重的椅子代替。

方法：

- 当宝宝能双手扶物行走时，可以让他扶住椅子的后背，推着椅子行走。
- 你会发现宝宝玩这个游戏很上瘾，他会推着椅子满屋溜达，不停地喊叫。

注意：家长在旁边保护的同时，还需要鼓励宝宝。

妈妈讲，我也讲

目的：讲故事对于提高宝宝的语言理解能力、听觉能力、倾听习惯以及语言符号识别能力都有非常重要的作用。翻书练习还可以刺激宝宝手指精细动作的发展。

准备：图画书一本。

方法：

· 妈妈拿出书对宝宝说："宝宝看，妈妈这里有一本很好看的书，书上有小兔子、小草，还有大树，宝宝快来看一看。"

· 把书先给宝宝，让他自己看，观察宝宝对书是否有兴趣。如果宝宝把书推开或翻了两下就扔了，妈妈可以把书拿过来，一页一页翻给宝宝看。

· 给宝宝看图画书的封面，告诉宝宝书的名字。妈妈抱着宝宝，边看图书边把书中内容讲给宝宝听。

注意：选择图画书时，要选择纸张不反光的，也不要有很硬的书皮，书的棱角最好是圆角，一般不要超过16页。书的画面要大，最好没有文字或者文字非常少。这个时候，宝宝不会一页一页地翻书，可能每次会翻三四页，妈妈不要着急。

打开套杯盖

目的：促进宝宝的空间感的发育。

准备：塑料杯、塑料套杯各1个。

方法：

· 拿一只带盖的塑料茶杯放在宝宝面前，向他示范打开盖再合上盖的动作。然后让他练习只用拇指与食指将杯盖掀起，再盖上，反复练习。

· 用塑料套杯，让宝宝模仿大人一个一个地套。

注意：宝宝做对了就要称赞他，亲他、抱他。

碰碰头

目的：促进宝宝语言与动作的联系，促进愉快情绪产生。

准备：在宝宝情绪好的时候，激发宝宝游戏的兴致。

方法：

· 面对婴儿扶着他的腋下，用自己的额部轻轻地触及婴儿的额部，并亲切愉快地呼唤他的名字，说："碰碰头。"

· 训练多次后，当妈妈头稍向前倾时，宝宝就会主动把头凑过来，并露出高兴的笑容。

注意：在此基础上还可再增加些其他动作，如亲一下妈妈，亲一下爸爸等。

超级分类

目的：训练宝宝的精细动作和手眼协调性。

准备：几个小碗和带盖的小容器；能用手指拿的食物。

方法：

· 用几只小碗装上宝宝爱吃的、各种颜色的、能用手指拿的食物，比如小块的水果，或煮熟的蔬菜、谷物，切成小块的熟鸡肉丁或鱼肉丁，奶酪块或煮鸡蛋。

· 再给宝宝几个空碗碟，鼓励他把各种食物混合搭配在一起，或是把食物从一个碗里移到另一个碗里。

注意：游戏前一定要给宝宝洗干净手，各种食物也要洗干净，因为宝宝在游戏的过程中难免会把食物往嘴里塞。

滚筒认物

目的：训练宝宝的视觉能力、听觉能力，提高宝宝的识别能力。

准备：一个滚筒和宝宝平常喜欢的小玩具。

方法：

· 在滚筒里放进一些塑料小球、小瓶盖、小积木等，盖好放倒，使其滚来滚去发出声响。也可以让宝宝用手推动它向前滚动，问他："是什么声音？里面有什么？"

· 打开筒盖，让宝宝把东西一件件拿出来辨认。

注意：滚筒里一次不要放太多东西，开始时最好用宝宝非常熟悉的玩具。

猜猜击打声音

目的：训练宝宝的听觉能力。

准备：一双筷子或者能敲打东西的小木棍之类的，另外还需准备一些被敲打的东西，如碗、瓶子、盆子、杯子等。

方法：

· 让宝宝用筷子敲杯子、瓶子、碗和饭盒，听一听各种声音，然后记住声音。

· 让宝宝转过身去，妈妈敲器具，让宝宝猜是哪个容器发出的声音。

· 如果猜对了，换一种器具继续猜。

· 将4个玻璃杯分别装入不等量水，让宝宝敲，并记住声音。

· 然后转过身去，妈妈敲，让宝宝猜出是哪个杯子发出的声音。

注意：宝宝猜对后要及时给予鼓励。

用一个词语表示要求

目的：训练宝宝的语言能力。

准备：一些宝宝常玩的玩具。

方法：

- 让宝宝用一个词语表示他的意思和要求。
- 如“妈妈走”的“走”可以代表妈妈走啦、去上街、自己走等意思，要鼓励宝宝说出来，并做好翻译员。
- 还要诱导宝宝联想、比较，比如，宝宝说“球”时，妈妈可把各种颜色、大小的球一个一个拿出来，告诉宝宝这是“红色的球”，那是“绿色的球”等，或这是“大球”，那是“小球”等。

注意：注意引导宝宝去联想。宝宝不高兴时，不要强迫其进行训练。

小狗有什么

目的：训练宝宝的语言与实际相结合的能力。

准备：找一条狗或一张画有小狗的图卡。

方法：

- 先让宝宝看图片，告诉他这是小狗。
- 妈妈边模仿小狗叫声边说：“小狗有尾巴，有腿，有尖耳朵，也有眼睛和嘴巴，它的鼻子最灵，用鼻子去找肉骨头吃。”
- 还可带他到街上观察小狗，帮助他指出狗的基本特征。教他念儿歌：小花狗，带铃铛，爱吃骨头汪汪汪。

注意：不要让宝宝接近狗，远看即可。

交换物品

目的：通过交换物品，训练宝宝的社交能力。

准备：宝宝的玩具和妈妈的一些物品（比如围巾、发卡等）。

方法：

· 妈妈和宝宝坐在地垫上，妈妈让宝宝帮忙递一件玩具，例如："宝宝，请把布娃娃递给妈妈吧！"如果宝宝做到，妈妈要说："谢谢宝宝！"

· 妈妈再递给宝宝一件妈妈自己的物品，如围巾或发卡，说："妈妈把围巾给宝宝玩！"宝宝拿到围巾，妈妈说："宝宝也要谢谢妈妈。"并示范宝宝做谢谢的动作。

· 可继续交换多个物品。

注意：爸爸也可以参与进来，三个人之间的交换游戏会让宝宝觉得更好玩。

数字之旅

目的：通过看、听让宝宝接触数字，从而提高宝宝的数学能力。

准备：带宝宝一起去户外。

方法：

· 让宝宝看着道路的标示牌、店铺的招牌和广告牌，看见了数字就大声地读出来。

· 在排队时数数排队的人数给宝宝听。

· 回家路上数数路两旁树的数目；或者上楼时数数楼梯的台阶数。

注意：路线尽量选择清静、整洁的地方，太小的宝宝不适合此项训练。

尺子过狭缝

目的：该游戏可以在宝宝脑子里形成一系列的连锁思维，使他初步掌握关于空间位置的概念。

准备：一张藤椅和一把尺子。

方法：

· 让宝宝站在藤椅后面（一般的“瓦片椅”——椅背和椅座之间有大约五六厘米的空隙），使他的手指能够自由地在空档中间出入。

· 母亲在椅子上竖直地（妈妈自己在前边用手不时地固定位置）放好一把长尺（或是一块长方形木条），然后让宝宝从椅子后面通过空档把尺子拿出来。

· 宝宝抓住尺子，但不知道应该把尺子横过来才能通过空档。当宝宝怎么也拿不出尺子时，妈妈再把尺子放倒，让宝宝通过空档很容易地取出尺子。

注意：第二次、第三次可以换上别的长条形玩具（其截面要能通过空档），让宝宝自己动一下脑筋取出来。

平行游戏

目的：训练宝宝的社会交往能力。

准备：妈妈需要找宝宝的同龄伙伴来帮忙。

方法：

· 让宝宝与其他小伙伴、家长一起玩。

· 找出相同玩具给宝宝们一块玩，培养宝宝友爱的思想。

· 学步的宝宝如果在一起学走，能互相模仿，互不侵犯，能加快学步的进程。

注意：妈妈要教导宝宝与小伙伴们和睦相处。

13～15个月，宝宝开始迈出人生第一步

宝宝在满1周岁后，其体格发育的增长指标明显减慢，进入了相对稳定发育时期。但是，宝宝的运动能力却在突飞猛进地发展，到1岁左右，可能就迈步子，自己走路了。

发育特点，宝宝成长脚印

身体发育指标

这时候的宝宝活泼可爱。走路越来越稳了，会说的话也更多了，而且喜欢与人打交道，这正是鼓励宝宝与别的小朋友交往的好时机。

13月宝宝

发育指标	男婴	女婴
体重（千克）	7.9～12.3	7.2～11.8
身长（厘米）	72.1～81.8	70.0～80.5
头围（厘米）	48.2	47.1
胸围（厘米）	49.4	48.2

14月宝宝

发育指标	男婴	女婴
体重（千克）	8.1～12.6	7.4～12.1
身长（厘米）	73.1～83.0	71.0～81.7
头围（厘米）	48.2	47.1
胸围（厘米）	49.4	48.2

15月宝宝

发育指标	男婴	女婴
体重（千克）	8.3～12.8	7.6～12.4
身长（厘米）	74.1～84.2	72.0～83.0
头围（厘米）	48.2	47.1
胸围（厘米）	49.4	48.2

视觉发育

这个阶段的宝宝视觉发育已经成熟，已逐渐发育出了成熟的视觉区别能力，可以玩较精细的玩具，喜欢看彩色的图片或画册。

听觉发育

宝宝已拥有较为成熟的听觉区分能力，逐步学会了倾听声音，而不是立即寻找声源。可以听懂父母的指令并执行，能配合声音的指令做出正确的动作。例如，妈妈问："眼睛呢？"宝宝可以正确地指出眼睛的位置。

动作发育

宝宝现在能直立行走了，喜欢到处走走，到处乱摸乱动，一会儿走进来，一会儿又走出去。动作不稳定，时常还会来个"小狗啃泥"。当宝宝坐下时，两只小手可不愿闲着，不是揪揪这儿，就是抠抠那儿。

语言发育

这一阶段的宝宝正处在学说话的时期，能把语言和表情结合起来。不想要的东西，他会一边摇头一边说"不"。宝宝还不能说出他理解的所有词语，只会讲简单的词句，常以词表达意思，大人很难理解，只有宝宝自己知道。例如，宝宝叫"妈妈"，可能是要妈妈与自己一块儿玩，也可能是要吃的或喝的。

心理发育

这时候的宝宝活泼可爱，但很难照看。宝宝的知识在增长，脾气也在增大，当他不如意时，会扔东西，发脾气，表示不服从。当宝宝发脾气时，可以用别的事情吸引他，宝宝的注意力很容易分散，他会很快忘掉不愉快的事情。

这个阶段的宝宝最喜欢和父母一起玩，他会用手指着物品来表达他的需要，需要帮助时，还会拉着成人或大声叫喊。这时的宝宝能听懂成人的简单指令，如"把妈妈的拖鞋拿来"、"把门关上"，他很愿意帮助爸爸妈妈做这些事情呢。

科学喂养，均衡宝宝的营养

饮食安全放第一

不注意饮食安全，会引起宝宝胃肠道疾病或食物中毒，会影响宝宝的身体和智力发育。关注宝宝的饮食安全，妈妈要注意以下几点：

· 不给宝宝吃变质、腐烂的水果、蔬菜等食物。袋装食品食用前首先要看是否过期、变味。已有异味的食物和过于油腻的点心不能给宝宝吃。

· 不要给宝宝吃剩菜、剩饭。营养丰富的剩饭菜，细菌更易繁殖，食用后会出现恶心、呕吐、腹泻等急性胃肠道症状。

· 有些熟食制品中加入了一定的防腐剂和色素，如火腿肠、袋装烤鸡等，这些食物不宜给宝宝吃。罐头食品、凉拌菜等，最好让宝宝少吃或不吃。

· 少给宝宝吃煎炸、熏制食物。肉类中的脂肪在经过200℃以上的热油煎炸或长时间暴晒后，很容易转化为过氧化脂质，而这种物质会导致大脑早衰，直接影响大脑发育。油条、油饼在制作时需要加入明矾，而明矾含铅量高，常大量食用会造成记忆力下降，反应迟钝。因此，妈妈不能让宝宝以油条、油饼作为早餐。

· 爆米花、松花蛋、啤酒中含铅较多，传统的铁罐头及玻璃瓶罐头的密封盖中，含有一定数量的铅，过量的铅进入儿童的血液后很难排出，会直接损伤大脑。所以，这些“罐装食品”，妈妈要让宝宝少吃。

五谷杂粮为主食

宝宝出生之后，一直以乳类为主食，经过1年的时间，要逐渐过渡到以谷类为主食。1岁的宝宝可以吃软米饭、面条、小包子、小饺子了，这时候，妈妈应该注意每天三餐变换花样，使宝宝有食欲。

以谷类为主食的好处

- 谷类食品包括大米、面粉、小米、荞麦等。谷类食物中含糖类营养为70%～80%，主要是淀粉多糖，能够帮助人体消化吸收，是最重要的能量来源。
- 谷类含有丰富的B族维生素，其中维生素B_1可增加食欲、帮助消化，促进宝宝的生长发育；维生素B_2可预防口角炎、唇炎、舌炎等。
- 谷类能提供一定的植物性蛋白质，这些是宝宝的生长发育必需的营养。
- 谷类的矿物质含量丰富，主要有钙、磷、钾、铁、铜、锰、锌等。
- 谷类的脂肪含量较少，大部分为不饱和脂肪酸，还含有少量的磷脂。这些都是人类大脑发育必需的营养成分，可以促进宝宝大脑的发育。

制作适合宝宝的主食

各类食物的制作没有固定的食谱。妈妈掌握了食物的选择和搭配原则，就可以根据每个宝宝的具体情况，给宝宝做出丰富多样的美味佳肴。家长一定要让主食多样化，除了要让米、面交替上桌之外，有时候花一点小心思，就能让主食变得有趣，如蒸米饭时加入一点玉米粒或葡萄干、红枣、红小豆等，都能很好地激发宝宝的食欲。

特别提示

谷类食物中人体必需氨基酸的含量低，不是最理想的蛋白质来源，而豆类中含有大量该类营养物质。因此，谷类与豆类一起吃可以达到互补的效果。

给宝宝多吃鱼和豆腐

宝宝满1周岁后，体重已经达到出生时的3倍左右了，身高也达到出生时的1倍半了。其间宝宝大脑的早期发育也最快，应该多给宝宝添加富含优质蛋白、油酸及亚油酸等不饱和脂肪酸的婴幼儿辅食，让宝宝更加健康和聪明。

优质蛋白主要存在于猪肉、牛肉、鸡肉、鱼肉等动物肉中，其中以三文鱼、金枪鱼等鱼类含量最高。优质蛋白质会让宝宝更强壮；而DHA、EPA等不饱和脂肪酸（也称“脑黄金”）则主要存在于鱼脑中，是宝宝神经系统和脑发育不可缺少的营养素，摄入足够量的脑黄金可提高脑细胞的活力，促进宝宝智力的发育。

豆腐含有丰富的蛋白质，半杯豆腐大约就能提供20克的蛋白质，并且还含有丰富的钙。对于即将迈开人生第一步的宝宝来说，无疑是再好不过的“补品”了。

从营养学的角度来讲，豆腐属于营养价值非常高的食物，又容易消化。妈妈可以将豆腐和肉类、蛋类等搭配在一起，做到营养互补，从而宝宝的营养摄入趋于平衡，便于宝宝充分吸收食物中的营养，对宝宝健康发育非常有利。但需要注意的是，豆腐不宜单独做菜，因为这样不利于豆腐中的蛋白质被人体充分吸收。

断母乳后仍应继续喝牛奶

有些宝宝断了母乳后，会拒绝喝牛奶。这主要是由于牛奶与母乳的味道不同，乳头和奶嘴的性状也不一样，宝宝不习惯。因此，在宝宝断奶以前就需要让宝宝学习用杯子喝奶，习惯配方奶的味道，这样，断奶后宝宝就不会拒绝喝牛奶。这时，除了可以继续训练宝宝用杯子喝奶以外，还可以想一些其他的办法让宝宝多吃奶制品，如用牛奶来冲调米粉，用牛奶、奶酪做菜等。

给宝宝准备营养丰富的早餐

科学的宝宝早餐应该由三部分组成，蛋白质、脂肪和碳水化合物。

星期一：鸡肉末碎菜粥

做法：在锅内放入少量植物油，烧热，把鸡肉末放入锅内煸炒，然后放入碎菜，炒熟后放入白米粥中煮开。

星期二：鱼肉松粥

做法：将米熬成粥，菠菜用开水烫一下，切成碎末，与鱼肉松、盐一起放入粥内微火熬几分钟即可。

星期三：豆腐羹+面包

做法：嫩豆腐适量加鸡蛋1个，放在一起打成糊状，再放少许盐、植物油，加1小匙水搅拌均匀，蒸10分钟即可。

星期四：挂面汤

做法：把挂面煮软后切成较短的段儿，然后放入锅内，再放入肉汤和酱油一起煮；把猪肝切碎，和虾肉、菠菜同时放入挂面锅内，将鸡蛋打好后放入锅内，煮至半熟即可。

星期五：鱼肉泥

做法：将洗净的鱼切成 2 厘米见方的块，将鱼肉放入热水中加少量盐煮开，除去刺和鱼皮后放入碗中研碎，倒入锅内。加鱼汤煮熟，把淀粉用水调匀后倒入锅内，煮至糊状停火。

星期六：鸡肉土豆泥

做法：把鸡肉末、土豆泥和鸡汤一起放入锅内，煮熟后放入容器内研碎，再放回锅内加少量牛奶，继续煮至黏稠状即可。

星期日：鲜虾肉泥+白米粥

做法：将虾仁洗净，放入碗内，加水少许，上笼蒸熟，加入适量精盐、香油，捣碎，搅拌均匀即可。

为宝宝选购健康的酸奶

目前市面上的酸奶品种较多，各种口味的都有，但所含营养成分就各不相同了。这就需要父母擦亮眼睛，为宝宝选择营养价值高、适合宝宝口味的酸奶。

仔细查看标识

在选择给宝宝酸奶时，要仔细查看产品的配料表、产品成分表和生产日期，以确保酸奶的营养价值及安全性。根据国家标准，酸奶的配料中蛋白质含量不应低于2.9%。

目前市场上有许多打着酸奶旗号的乳酸菌饮料，乳酸菌饮料中含有的牛奶量极少，其营养价值和酸奶不能相提并论。因此，家长在购买酸奶时，一定要看清楚是真正的酸牛奶，还是乳酸菌饮料。

特别提示

市售的乳酸菌饮料虽然也标明含有乳酸菌、牛奶等，并且也都冠以“某某奶”的名称。实际上，其所含的牛奶成分极少。因此，给宝宝选择酸奶时，千万不要被这些乳酸菌饮料所迷惑。

选择适合宝宝口味的酸奶

酸奶从工艺上分为搅拌型、凝固型两种，在口味上略有差异。一般来说凝固型酸奶的味道更酸一点，但营养价值没有区别，妈妈只需要选择适合宝宝口味的品种即可。

酸奶从原料上还可以分为纯酸奶、调味酸奶和果粒酸奶3种。建议妈妈给宝宝选择纯酸奶。

给宝宝喝豆浆有学问

豆浆是公认的营养饮品，长期饮用可促进身体的健康发育。但给宝宝喝时，要注意以下几点：

- 彻底煮沸。因为生豆浆里含有皂素、胰蛋白酶抑制物等有害物质，如果不彻底煮沸就给宝宝喝，会使宝宝出现恶心、呕吐、腹泻等。

· 不要在里面加鸡蛋。蛋清中的黏蛋白会与豆浆里的胰蛋白酶结合，产生不易被人体吸收的物质，使豆浆失去原有的营养价值。

· 不要加红糖。红糖里含有有机酸，它们能与豆浆里的蛋白质和钙结合，产生醋酸钙、乳酸钙等，这不仅会使豆浆失去原有的营养价值，也会影响宝宝的吸收。

· 不要用保温瓶储存豆浆。如果将豆浆装在保温瓶内保存，很容易使细菌大量繁殖，三四个小时后豆浆就会变质。

· 一次不要喝太多。婴幼儿每天饮用豆浆的量不应超过200毫升，否则容易引起过食性蛋白质消化不良。

不要用水果代替蔬菜

有的宝宝不喜欢吃蔬菜，却喜欢吃水果，有些父母便以为吃水果可以代替蔬菜，这是不科学的。应该让宝宝既吃水果，又吃蔬菜。

水果和蔬菜有许多相似的地方。如所含的维生素都比较丰富，都含有矿物质和大量水分等，但是水果和蔬菜毕竟是有差别的。

水果中所含的单糖或双糖，如果宝宝吃得过多，便容易使血糖急骤上升，产生不适感。蔬菜吃得多些，不会出现这些问题。另外，水果中的葡萄糖、蔗糖和果糖进入人体后，易转变成脂肪使人发胖。尤其是果糖，会使人体血液中甘油三酯和胆固醇水平升高，所以，用水果代替蔬菜大量喂给宝宝吃并不好。

水果和蔬菜虽然都含有维生素C和矿物质，但含量是有差别的。除去含维生素C丰富的鲜枣、猕猴桃、山楂、柑橘等，一般水果，如梨、香蕉等所含的维生素和矿物质都比不上蔬菜。

日常护理，与宝宝的亲昵

给宝宝布置一个充满童趣的房间

宝宝1岁了，妈妈要对宝宝的房间重新布置，不但能美化居室，为宝宝提供一个安全舒适、充满童趣的生活环境，而且还有助于开发宝宝的智力。

宝宝房间布置，安全放第一

· 电源。应选用特制的安全电源，同时，要注意用沉重家具或其他家具遮盖不用的插座。任何电器，特别是插线板，最好放置在宝宝不会注意到的地方。

· 门窗。尽量少在窗下放置可以攀爬的物品，以免宝宝趁大人不注意时，爬到上面发生危险。为避免上述情况，在窗上加装安全锁是必要的，同时也可以加装护栏。

· 使用锁或锁钩。每个家庭都需要使用锁来保护宝宝不接触到以下物品：家用清洁剂、漂白剂、消毒液、锐利的工具、药品等。

· 家具的选择。尽量选择圆角的家具或为尖角家具带上保护套，尽量避免选择玻璃家具，如玻璃茶几、酒柜等。

· 装饰布。尽量避免使用装饰布，如桌布。特别是不要在布上面放置某些较重或热的东西，宝宝很可能会拽下这些布并因此发生烫伤或砸伤。

合理布置宝宝房间，开发宝宝的智力

· 墙壁的布置。在墙上可以挂些幼儿故事画，这些画一般以寓言、童话、儿歌和儿童故事为题材，幼儿园里也很常见。这些画形象鲜明、色彩丰富，非常直观，因此，可以吸引幼儿的注意力。墙面也可以适当张贴可爱的卡通动物形象，切忌不要挂满墙面。墙面颜色要淡雅、干净，切忌色彩过于耀眼。适当的墙面装饰可以促进宝宝的脑部和视觉发育，而过于烦乱的墙面装饰却适得其反。

· 留一面墙壁给宝宝涂鸦。宝宝的房间可以留一面白墙，既不摆放任何家具也不做装饰，留给宝宝自己“装修”。让宝宝充分感受涂鸦的乐趣，动手的乐趣，成功的乐趣。

常给宝宝梳梳头

民间常说“多梳头，脑健康”。研究发现，妈妈经常给宝宝梳梳头，给宝宝头皮适度刺激，能促进头部血液循环，有良好的健脑作用。有目的、有规律地梳头，实际上是在对头部各个穴位进行按摩、施加刺激。通过这种刺激，可以调节大脑皮质的兴奋和抑制过程，增进头部神经的发育，促进血液循环和皮下腺体的分泌，改善营养代谢。

· 用梳子梳头，顺序为：前发际—头顶—后脑—颈部，左、中、右三行。从头顶中央作为起点，呈放射状分别梳向头角，包括太阳穴、耳上发际、耳后发际。左右相同，每天3～5次，每次至少5分钟。

· 在给宝宝梳理头发时，一定要顺着头发自然生长的方向梳，动作要保持一致，用力要轻柔，不可按照自己的喜好，强行把宝宝的头发梳到相反的方向。

让宝宝赤脚走路

赤脚走路可以让宝宝足底直接接受地面的刺激，从而增强足底肌肉和韧带的力量，促进足弓的形成，避免发生扁平足。宝宝的双脚经常裸露在新鲜空气和阳光中，还有利于促进足部的血液循环，提高抵抗力和耐寒能力，预防感冒或腹泻等病。

多让宝宝赤脚走路，能刺激脚部末梢神经，促进植物神经及内分泌系统的正常发育和调节功能，促进血液循环和新陈代谢，给大脑充足的能量，从而促进大脑发育，提高大脑的灵敏度和记忆力。

让宝宝赤脚行走时，应选择平坦、干净的路面，防止宝宝跌伤或足底被异物划伤，赤脚走路完毕后，应及时把宝宝的脚洗干净。

让宝宝按时睡觉的方法

宝宝不肯睡觉有许多原因，怕黑、害怕一个人睡觉、玩得正起劲儿、想让妈妈在身边照顾他，等等。然而，养成按时上床睡觉的好习惯，对宝宝的健康发育有很大好处。要让宝宝按时睡觉，可以试试下面几招：

- 规定睡觉时间。一旦给宝宝规定好上床睡觉的时间就不要轻意改变，即使这时爸爸刚好进家门，或者叔叔来做客，也不允许宝宝多待一会儿。睡觉时间越明确， 宝宝就越容易按时去睡觉。

- 尽量使宝宝感到安心。宝宝喜欢从某种固定的程序或物品中获得安全感，例如，同宝宝聊聊白天发生的事情，告诉他把第二天要穿的衣服准备好。也可以在睡觉前给他讲故事，每天如此，当做这些事情的时候，他们就会知道该睡觉了。

- 睡前不要进行剧烈活动。打闹和激烈的游戏会影响宝宝入睡。要提前半小时让宝宝做安静的活动，这样他才能放松。不要让宝宝睡觉前用枕头打仗或打球玩，也不要让宝宝白天玩得太疯。

- 让睡觉前的时光别有味道。例如，可以营造家庭温馨环境、舒适的气氛，让宝宝感到宁静安全。许多宝宝睡觉前喜欢听父母讲同一个故事或听同一首儿歌才会入睡。

· 让宝宝讲出他的恐惧与担忧。很多宝宝都会在晚上感到害怕和担心，妈妈要查明原因，帮宝宝排除顾虑，才能使他安心进入梦乡。

· 给宝宝奖励。在培养宝宝晚上睡觉的好习惯时，父母可采取奖励制度。如可以让宝宝积累小红花或贴画，用若干贴画或小红花换取一份大奖。奖励会使宝宝感到愉快，从而易于养成按时睡觉的习惯。久而久之，到时间他自然就会上床睡觉了。

给宝宝选择合适的衣服

宝宝会走以后，正确的着装不但有利于孩子的行走和活动，而且可以体现宝宝朝气蓬勃的精神。

穿着舒服，厚薄合适

由于宝宝皮肤娇嫩，出汗多。所以给宝宝穿纯棉的衣服最好。纯棉质地的衣服具有柔软、吸汗性好、透气性好、保暖性强、好洗等优点。宝宝的内衣要选择纯棉衣裤，轻柔暖和，洗换也方便。宝宝的毛衣不要高领的，否则会刺激宝宝的皮肤。冬季，宝宝一般都要穿棉衣棉裤，棉花要松软，不要做得太厚，太厚的棉衣、棉裤有碍宝宝玩耍活动。夏季，应给宝宝用浅色的小薄棉布做汗衫、短裤、背心，这样宝宝穿着舒服、吸汗，也容易散热。

款式简单，穿脱方便

在款式上， 要选择简单、宽松、便于脱穿和便于活动的式样，要考虑到宝宝生长发育的特点。由于宝宝的关节和骨骼正处在发育阶段，如给宝宝选择类似牛仔裤、紧身衣式的服装，会影响血液循环，不利于宝宝的发育。

训练宝宝自己大小便

排尿和排便是宝宝生来就有的能力，属于非条件反射。但要给宝宝养成好的排便习惯却需要反复训练。

接受大小便训练的最好时期

1岁多的宝宝，是接受大小便训练的最好时期。此时，他们对大小便的先兆和排泄也有了更明确的意识。不过，真要在粪便排出之前及时发出信号，把大便拉在厕所里，则有待于宝宝对肠运动的先兆产生充分的意识。而要实现这一点，不仅需要父母适时的鼓励，而且还需要一个过程。

不能太勉强

训练宝宝自己大小便，不能勉强，要在宝宝自愿的前提下进行，这样才能顺利地完成训练，不至于在以后产生大小便失禁的现象。只要宝宝大小便不在裤子和被褥上，就应当适当地表扬。宝宝不愿意坐便盆不要强迫，坐3～5分钟就应当结束，即使没排便，也不要斥责宝宝。

特别提示

若宝宝成功地将大便拉进了便盆内，要给予表扬和小小的奖励，比如一块糖或一个苹果，这将对他起到鼓舞的作用。

让宝宝对便盆感兴趣

训练宝宝自己大小便，首先要让宝宝对便盆产生印象。在刚开始的1周里，可让他穿着衣服去坐坐。要让他觉得便盆像板凳一样，并对它产生好感。如果宝宝不愿坐着玩了，那就应马上让他起来，不能让他觉得像坐牢。如果第1周还坐得勉勉强强，那就再试1周。

当宝宝对便盆有兴趣，就可以开始训练让他知道便盆与大小便的关系。这时可以让宝宝认识的大宝宝做范例，也可以告诉他，父母是怎样大小便的，对他要耐心解释。当宝宝接受了大小便与便盆之间的联系后，父母可以找个最有可能大小便的时候，把他领到便盆前，建议他坐上去试一试。如果宝宝不肯，也不要勉强。只要有一次成功了，那以后就好办了。

宝宝会走后要谨防意外发生

宝宝会走以后，对周围的一切事物都感到新鲜、好奇，他们对什么都感兴趣，都想探索一下。宝宝开始下意识地挣脱妈妈保护的手臂，自己独自摇晃着走了。但由于他还不会平衡身体重心，所以步态很不稳，经常会摔倒。因此，家长必须注意看护好他们，防止意外事故发生。

宝宝的安全意识非常淡薄，因此，大人不仅要精心看护宝宝，还要抓住时机对宝宝进行安全教育。比如，看见宝宝想触摸暖气、热饭锅或热水瓶等东西时，大人赶紧先触摸一下，随后立即把手缩回，表现出一副被烫的样子。然后告诉宝宝，这个东西很烫，会烫伤小手。

宝宝黏人不是坏习惯

宝宝长到一定阶段，会对母亲格外依恋。宝宝对他的主要照料者特别“黏”，每当照料者不在身边，他就会显得焦虑不安。心理学家称之为“依恋”。依恋是父母与孩子之间双向的情感交流过程。

宝宝黏人的原因

宝宝在婴儿时期开始形成对妈妈最初的依恋，妈妈通过对宝宝的爱抚、哺育、拥抱来满足宝宝的安全需要。随着宝宝年龄的增长，逐渐有了独立意识，他们想挣脱大人的呵护，独立面对这个世界。一方面，要实现“依恋分离”；另一方面，宝宝能力有限，还达不到“独立”的要求，于是出现了“害怕”、“担忧”。在这种矛盾心理中，宝宝会失去安全感，他会将寻求援助的手伸向最亲近的人，这就是幼儿特别“黏妈妈”的原因。

不要把孩子黏人当缺点

家庭是最能够给每个宝宝温暖和勇气的地方，而提供这些力量的人就是妈妈，婴幼儿和母亲之间有着温暖、亲密的关系。适度的依恋（也就是“黏人”现象），不仅可以促使婴幼儿找到满足感，而且还可以帮助他们享受愉悦感。

疾病防护，做宝宝的家庭医生

通过睡眠观察宝宝的健康状况

宝宝在睡眠中出现的一些异常现象，往往是在向父母报告他将要或已经患了某些疾病。因此，父母应学会在宝宝睡觉时观察他的健康状况。正常情况下，宝宝睡眠应该是安静舒适的，呼吸均匀而没有声响，有时小脸蛋上会出现一些有趣的表情。但是，当宝宝患病时，睡眠状态就会出现一些异常，妈妈要特别留心。

· 宝宝在刚入睡时或即将醒时满头大汗。大多数宝宝夜间出汗都是正常的。但如果大汗淋漓并伴有其他不适的表现，就要注意观察，加强护理，必要时去医院检查，如宝宝伴有四方头、出牙晚、囟门关闭太迟等征象，就有可能是患了佝偻病。

· 宝宝夜间睡觉前烦躁，入睡后面颊发红，呼吸急促，脉搏增快，超过110次/分。这些预示着宝宝即将发热。应该注意宝宝是否有感冒症状或腹泻症状，另外注意给他补充水分。如果宝宝真有发热症状出现，应采取酒精擦拭等物理降温方式。

· 宝宝睡眠时哭闹，时常摇头、抓耳，有时还发热。宝宝可能是患了外耳道炎或是中耳炎。应该及时检查宝宝的耳道有无红肿现象，皮肤是否有红点出现，如果有的话，及时将宝宝送医院诊治。

· 宝宝睡觉时四肢抖动。这一般是白天过度疲劳所引起的，不必担心。需要注意的是，宝宝睡觉时听到较大响声而抖动是正常反应；相反，若是毫无反应，而且平日爱睡觉，则要当心耳聋。

· 宝宝睡觉后不断地咀嚼。宝宝可能患了蛔虫病，或是白天吃得太多，消化不良。可以去医院检查一下，若是蛔虫病可用宝宝专用的驱虫药驱除；若是排除了蛔虫病，则应该合理安排宝宝的饮食。

· 宝宝睡得不安稳，经常翻动身体。宝宝入睡后在床上翻滚的现象较为常见。有时褥子垫得不舒服或被子太厚等都会影响宝宝的睡眠质量。有些父母怕宝宝睡觉时冷，让他穿着衣服睡觉，宝宝感到不适，于是翻来滚去。有的父母总是担心宝宝吃不饱，晚上睡前还让他吃很多的东西，使得宝宝睡觉后肚子总是胀得难受，所以睡觉不踏实。

· 宝宝经常在睡着后突然大声啼哭。这在医学上称为宝宝夜间惊恐症。如果宝宝没有疾病，一般是由于白天受到不良刺激，如惊恐、劳累等引起的。所以，平时不要吓唬宝宝，保持宝宝安静愉快的情绪。

如何给宝宝做酒精擦浴

酒精易于挥发，使用酒精进行擦浴，能较快地使全身的热量发散，有较好的散热降温作用，是一种简易、安全有效的降温方法，常用于高热的患儿。

擦浴步骤

· 用70%酒精或白酒加水稀释一倍备用，将门窗关好。

· 擦浴前先放一只冰袋或冷敷布于头部，既可协助降温，又可防止擦浴时由于体表血管收缩，血液集中到头部引起头部充血。

· 用纱布或软手绢浸蘸酒精后，擦颈部两侧至手背，再从双侧腋下至手心，接着自颈后向下擦背部，然后擦双下肢，从髋部经腿外侧擦至足背，从大腿根内侧擦至足心，从大腿后侧经膝后擦至足根，上下肢及后背各擦3～5分钟。

· 腋下、肘部、大腿根部及膝后大血管处应多擦些时间，以提高散热效果。

宝宝厌食，妈妈有办法

厌食症是指小儿较长时间食欲减退，食欲缺乏，甚至拒食的一种常见病症。厌食症多见于1～6岁的小儿。起病多较缓慢，病程较长，发生无季节差异，但夏季暑热时节，易于困遏脾气而使症状加重。

宝宝厌食的表现

患有厌食症的宝宝对所有事物都不感兴趣，甚至厌恶，轻者仅表现为精神差、疲乏无力；重者表现为营养不良和免疫力下降，如面色欠佳、体重下降、皮下脂肪减少、毛发干枯、贫血和容易感染等。

最佳预防措施

首先要保持合理的膳食。建立良好的进食习惯。动物食品含锌较多，须在膳食中保持一定的比例。此外可增加锌的摄入量，于100克食盐中掺入1克硫酸锌，使锌的摄入达到标准用量（约每日10毫克），食欲可以增加。如有慢性疾病和营养不良，应及早治疗。

家庭护理要点

· 膳食营养要搭配合理，如粗粮细粮搭配、荤素搭配及维生素摄入等。

· 给宝宝一个良好的进食环境，使他能轻松愉快地进食。宝宝的消化系统受情绪的影响，精神紧张易导致食欲减退。所以，在宝宝进食时，不要逗引宝宝做其他的事。

· 建立良好的饮食习惯，如平时少吃零食，不要偏食、挑食，少吃高糖、高蛋白食品，吃饭定时，在宝宝吃饭前，一定要将所有玩具收起来，不能让宝宝边吃边玩。

· 注意引导。当宝宝不愿吃某种食物时，大人应当有意识、有步骤地引导他们品尝这种食物，既不无原则迁就，也不过分勉强。

· 不要使用补药和补品去弥补宝宝营养的不足，而要耐心讲解各种食品的味道及其营养价值。

宝宝口臭是怎么回事

每天都与宝宝十分亲近的妈妈，忽然有一天在与宝宝玩耍时发现，宝宝竟然有口臭。这让妈妈担心不已，这是怎么回事呢？

宝宝口臭的原因

· 口腔内有积奶或积存的食物残渣未能及时洗净；牙齿有大龋洞，内有腐败食物；牙龈发炎、出血，或有牙龈瘘管出脓；口腔溃疡、扁桃体炎、咽炎等。食物残渣、坏死组织和脓液受到细菌作用后，产生吲哚、硫氢基及胺类，可散发出腐败性臭味。

· 胃肠功能障碍所引起的一种消化不良，常在嗳气时闻到酸臭味。进食大蒜、葱头等食物可有该类食物的特殊臭味。宝宝过多地进食甜食、高蛋白、高脂肪食品也常导致口臭。

· 患气管炎、肺炎者，呼出气体可带腐烂臭味；宝宝如患有中耳炎也会导致口臭；宝宝玩耍时把异物塞入鼻腔引起鼻炎、鼻出血而导致口臭也很常见。

如何防臭除臭

· 注意宝宝的口腔清洁卫生，稍大一点后让宝宝饭后漱口，早晚刷牙。

· 饮食要有规律。让宝宝多吃蔬菜和水果，不挑食，不偏食，不暴饮暴食，粗细粮搭配合理。

· 防止消化不良。当宝宝出现消化不良时，可适当给其服用一些助消化的药。

· 注意预防并及时治疗龋齿及牙齿排列不齐。控制宝宝吃甜食，特别是睡前不吃甜食。

· 用中药芦根、薄荷、藿香煎汁，或1%的双氧水、2%的苏打水、2%的硼酸水等含漱，有一定的缓解口臭的作用。

舌系带过短早治疗

有些家长在教自己的宝宝学习说话时，发现宝宝发出的语音不是很清晰。到医院检查，医生说是因为宝宝的舌系带过短，需要治疗。这是怎么回事?

舌系带过短导致发音不清

当宝宝的舌系带过短时，会出现发音吐字不清的情况，这是因为舌系带过短会牵拉舌头，使舌头不能上抬触到前牙、上腭或使得舌尖难以向上卷曲所致。因此，当宝宝满1周岁之后，说话吐字、发音仍有一些含混不清时，家长就应该考虑是否是舌系带过短造成的。

家庭自测方法

父母不妨叫宝宝把舌头伸出来看看，初步作一下判断。如果是比较严重的舌系带过短，宝宝的舌头往往不能伸出口外，即使勉强伸舌于口外，也可以看到舌尖部位呈“W”形，即舌尖被舌系带牵拉得向内缩进，凹陷成“W”形。

最好在1周岁左右手术

你如果发现宝宝舌系带过短，请及时带宝宝到医院治疗。

宝宝如果需要做这个手术，最佳时期是在1周岁左右。因为此时的舌系带还较薄，手术之后伤口出血会少一些，伤口愈合得也会快一些，伤口处无瘢痕，宝宝受到的痛苦较小，治疗效果好。

出牙过晚要找医生检查

凡1岁后仍未长出乳牙的宝宝，父母应带宝宝去医院，首先要排除先天无牙畸形及牙龈肿痛。在全面体检未发现异常之后，应拍摄牙床X线片，排除异常，由专科医生进行治疗。若通过全面体检找出原因，如患有营养不良、克汀病、甲状腺功能低下、维生素D缺乏症等，应积极针对病因治疗。

亲子乐园，培养聪明宝宝

亲子共读

目的：提高宝宝的语言能力，培养宝宝热爱读书、集中注意力、放松等技能。

准备：宝宝最喜欢的一两本书，还有一个可舒适坐的地方。你可以在墙角的地板上放几个松软的大坐垫和靠垫，创造一个温馨的“读书角”。

方法：

· 把读书变得更具互动性，让宝宝指出他在图片上看到的东西：“这是一条小狗，跟奶奶家养的小狗一样。”或者“那是这个宝宝的鼻子。你的鼻子在哪儿啊？”

· 你还可以一边问宝宝，一边让他指出图画上的东西，比如“月亮在哪儿？”或“你能告诉我绿色的球在哪儿吗？”

· 宝宝可能会喜欢自己翻书。如果你还没读完一句话，他就翻页了，你也别着急。重要的是读书让他感到快乐，即使你只读了故事的只言片语也没关系。也许，他学到的比你想象的要多得多。

注意：看彩色的纸板书是让你和宝宝一起享受安静时光的一个好方法，而这也是帮助你的小不点儿以后爱上阅读的最好方法。

砌积木

目的：促进宝宝思维创造力的发展，锻炼宝宝手部肌肉的力量。

准备：一些颜色漂亮的积木。

方法：

· 让宝宝随意去建桥、建屋、建隧道，设计自己喜爱的城市和模型。

· 妈妈要鼓励宝宝有探索的勇气。了解宝宝真正的意愿，不要多加阻止，让他全身心地投入快乐的游戏中。赞美的话胜于物质上的鼓励，能提高宝宝的自信心。

· 太严厉地管制容易造成宝宝自我限制，失去创作空间。不要只选择具有教育意义的游戏，以免减少宝宝发挥想象力的机会。

注意：爸爸妈妈应该参与宝宝的游戏，但是也要留足够的空间给宝宝创作。不要在宝宝玩得最投入时打断他，可以先给他个心理准备。玩游戏是宝宝真正的快乐、真正的意愿，而且在游戏的世界中是没有对与错之分的，因此最好让宝宝随意去想象、去尝试。

三个容器

目的：使宝宝了解物体体积大小的区别，提高宝宝的空间认知能力。

准备：找几个不同的容器。

方法：

· 拿出3个不同的容器，可以是杯子，也可以是碗。

· 把3个容器依次套在一起，让宝宝把较小的容器一个一个地拿出来，之后，再让宝宝一个一个地放回去。

· 反复几次，让宝宝认识到这3个容器大小的不同。

注意：不要使用玻璃容器，以免摔后划伤宝宝。

小花猫钻山洞

目的：锻炼爬行。1岁宝宝爬行的水平，直接影响到他行走和站立能力的发展。而且，变换身体方位和空间感觉的爬行游戏有助于丰富宝宝的空间知觉，为宝宝视觉空间智能发展打下基础。

准备：一些宝宝喜欢的玩具。

方法：

• 爸爸膝盖着地，手撑地，搭成一个“山洞”。

• 在爸爸身体的一侧堆放一些玩具，鼓励宝宝钻过“山洞”，向前爬，拿回玩具。

• 宝宝拿到玩具后，鼓励宝宝“往回爬”，把玩具交给妈妈。

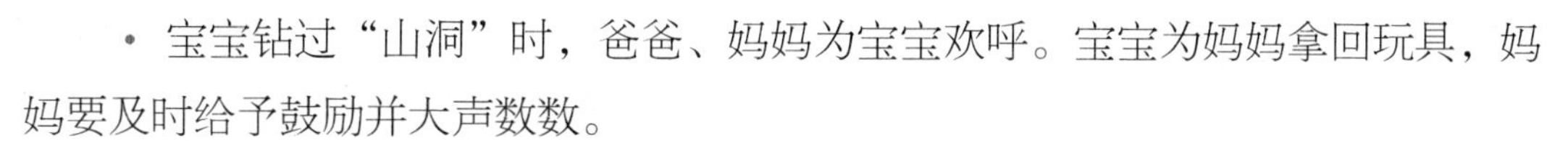

• 宝宝钻过“山洞”时，爸爸、妈妈为宝宝欢呼。宝宝为妈妈拿回玩具，妈妈要及时给予鼓励并大声数数。

注意：可以在地面铺上小毛毯或其他柔软的覆盖物，以免地板太硬硌到宝宝。

玩大积木

目的：发展宝宝的全身动作。

准备：找一些边长为20～50厘米的纸箱。

方法：

用这些不同的纸箱子，做成空心或实心大积木，让宝宝把积木叠起来，或搬运或用来攀登，使全身得到锻炼。

注意：妈妈要注意在旁边保护宝宝，防止纸箱叠得不稳砸伤宝宝。

步调一致

目的：锻炼行走能力。宝宝行走能力的发展和其他动作发展一样，经历着既有连续性又有阶段性的过程。这个游戏的作用在于进一步锻炼宝宝双手、双腿动作的协调性、随意性和灵活性。

准备：让宝宝和爸爸一起脱去鞋子，在地板或地毯上玩。

方法：

· 爸爸双脚稍分开站立，宝宝面对爸爸，双脚踩在爸爸脚背上，双手抱着爸爸的腿。

· 爸爸往前走，宝宝随之向后退。爸爸向后退，宝宝随之向前行。

· 或者爸爸双脚稍分开站立， 宝宝面对爸爸，双脚踩在爸爸脚背上，双手拉着爸爸双手，身体向后仰。宝宝跟着爸爸走，爸爸转圈，宝宝也跟着转圈。

注意：爸爸移动脚步的幅度要小，以免宝宝跟不上而跌倒。

三指捏球

目的：训练手指动作的精确度。捏光滑的球，可提高宝宝手指捏东西的精确度、力度及手眼协调能力，让宝宝的小手指更加灵活，动作更加精确。

准备：一盒玻璃跳棋子。

方法：

· 让宝宝先练习用三根手指捏住玻璃棋子，把玻璃棋子一个一个摆放在棋盘上。

· 告诉宝宝棋子“会跳”，在棋盘上练习用两根手指捏住玻璃棋子移动位置。

注意：和宝宝一起玩的时候除了要有耐心之外，还要有一颗童心，同时还要不断地丰富自己的知识，学会用宝宝的思考模式来玩和解决问题。同时要注意安全，不要让宝宝把棋子放入口中。

放小珠

目的：增强宝宝的自信心，培养动手能力。

准备：一些珠子和一个盖上有一小孔的盒子。

方法：

· 把珠子放在宝宝面前的桌上，再把盖上有一小孔的盒子放在珠子旁边，妈妈捡起一颗珠子放在孔口处停一下，然后放入孔内，并对宝宝说："看到没有，它们从这儿进去了，宝宝（或叫宝宝名字）把它们全放进去。"

· 如他不知怎样开始，可以先指着珠子，然后再指孔，同时用合适的语言引导他。如果他仍然不开始，就再放进一颗珠子并说："看到没有，现在宝宝来做，把它们全放进去。"

注意：宝宝放对时，父母要给予及时的鼓励。

抓小鱼

目的：锻炼宝宝的反应能力，增进亲子感情。

准备：爸爸、妈妈、外公、外婆、爷爷、奶奶等亲戚，人越多越好玩！

方法：

· 爸爸妈妈面对面双手对握成拱桥状，让宝宝和外公、外婆、爷爷、奶奶等一起列队从拱桥下经过，宝宝可能还走不稳，可由大人拉着走。

· 在宝宝走过来的同时，与宝宝一起唱儿歌："小鱼游来了游来了，快快——快快抓住它！"等宝宝站在"拱桥"下的时候，立即把"拱桥"放平，抓住正在经过"拱桥"的"小鱼"。如此反复。

注意：一定要注意宝宝的安全。

给布娃娃喂饭

目的：培养关心、爱护他人的情绪。

准备：一把小勺子。

方法：

· 宝宝这时已经能很好地握持小勺子了。

· 做游戏时，教宝宝做给布娃娃喂饭的动作，嘴里一边说：“不哭不哭，好宝宝，好好吃饭，长得高。”

注意：还可引导宝宝做抱娃娃看医生的游戏。

玩拖拉玩具

目的：锻炼行走能力。

准备：一个能发出声音的拖拉小鸭或火车。

方法：

· 妈妈在前面牵引能发出响声的拖拉小鸭或火车，边走边说：“宝宝追上小鸭了!”

· 让宝宝在后面慢慢追着玩具走。你可以故意停下脚步，让宝宝捉到玩具，并给予鼓励。

· 还可以让宝宝和你互换位置，让宝宝拉着玩具在前面走，你在后面追：“小鸭、小鸭，等等我!”

注意：此阶段宝宝独立行走的能力还不强，应选择平坦地面让宝宝玩。

拍一拍

目的：锻炼宝宝的动手能力，使宝宝将声音与动作结合起来，促进手脑协调。

准备：妈妈和宝宝对坐。

方法：

· 妈妈伸出左手，让宝宝伸出右手，拍掌；妈妈再伸出右手，让宝宝伸出左手拍掌，妈妈唱："你拍一，我拍一，一个宝宝坐飞机。"

· 重复前面的动作，妈妈唱下面儿歌："你拍二，我拍二，两个宝宝骑马儿；你拍三，我拍三，三个宝宝爬高山；你拍四，我拍四，四个宝宝写大字；你拍五，我拍五，五个宝宝在跳舞；你拍六，我拍六，六个宝宝滚雪球；你拍七，我拍七，七个宝宝坐滑梯；你拍八，我拍八，八个宝宝吹喇叭；你拍九，我拍九，九个宝宝玩气球；你拍十，我拍十，十个宝宝来剪纸。"

注意：拍手的节奏要与儿歌的节奏相符。

采蘑菇

目的：训练宝宝走和蹲的动作，从而提升宝宝的肢体平衡能力。

准备：1个小提篮、1只玩具兔子、一些彩色硬纸剪成的蘑菇。

方法：

· 将彩色纸蘑菇散落在地。妈妈取出玩具小兔，说小兔子饿了，让宝宝给小兔子采一些蘑菇吃。

· 让宝宝提着篮子采完蘑菇，再走回妈妈身边。

注意：蘑菇不要太多，宝宝蹲的时间不要过长。蘑菇放得不要太集中，让宝宝在采蘑菇时四处找找，训练宝宝的观察力，提醒宝宝忽略的蘑菇。家长可和宝宝一起采蘑菇，以增加宝宝的兴趣。

16 ~ 18个月，宝宝开始有自己的小主见

宝宝在16～18这段月龄特别喜欢和人玩耍，愿意替父母拿这拿那，喜欢和父母玩追逐打闹的游戏，喜欢父母和他玩搭积木的游戏，已会背诵几首儿歌、诗词，会很卖力地在人前人后背诵。这个月龄的宝宝差不多都特别喜欢玩水。

发育特点，宝宝成长脚印

身体发育指标

这时候的宝宝人见人爱。不仅会走，而且对大人的简单指令能听懂了，随着宝宝能够自由行走之后，宝宝更加愿意做帮父母拿拖鞋、关门之类的事情了。

16月宝宝

发育指标	男婴	女婴
体重（千克）	8.8～13.5	8.2～12.6
身长（厘米）	74.6～86.3	72.9～84.8
头围（厘米）	48.2	47.1
胸围（厘米）	49.4	48.2

17月宝宝

发育指标	男婴	女婴
体重（千克）	9.0～13.7	8.3～12.9
身长（厘米）	75.5～87.4	73.8～86.0
头围（厘米）	48.2	47.1
胸围（厘米）	49.4	48.2

18月宝宝

发育指标	男婴	女婴
体重（千克）	9.1～13.9	8.5～13.1
身长（厘米）	76.3～88.5	74.8～87.1
头围（厘米）	48.2	47.1
胸围（厘米）	49.4	48.2

视觉发育

这个阶段的宝宝对新奇的事物更加关注，开始辨认物体简单的形状、颜色和大小，对彩色图画很感兴趣，会用手摸上面的图画。随着记忆力不断增强以及空间概念的形成，宝宝可以将东西做简单的归类。

听觉发育

这个阶段的宝宝开始了语言的学习。宝宝能寻找不同高度的声源，听懂成人简单的语言，听懂叫自己的名字。能按听到的语言做出反应，当问到“鼻子”、“眼睛”、“嘴巴”在哪儿时，会用小手指出来。

动作发育

宝宝走路越来越稳，不但会向前走，还会退着走。虽然学会了走路，但宝宝有时还是喜欢爬，特别喜欢爬上爬下楼梯、钻爬桌底和床底。随着宝宝身体协调能力的增强，肌肉力量也日渐增加，宝宝开始两臂用力，拉着栏杆一步一步上楼梯。宝宝的两只小手开始出现越来越多的配合性动作，比如一手握瓶，一手盖瓶盖。

语言发育

这个年龄段的宝宝开始认真地学习语言，翻动书页，选看图画，能够叫出一些简单物品的名称；能够指出方向；能够说二三个词汇连在一起的句子，如“在桌上”；会有目的地说“再见”；能够按照要求指出眼睛、鼻子、嘴巴等。

心理发育

这时的宝宝能听懂成人的简单指令，非常喜欢“逞能”，在宝宝熟悉的环境中，可训练他多做一些事情。当某种事情做不好、不顺心时，他还会发脾气、哭闹。当宝宝按成人的要求完成任务时，应给予鼓励，以增强他的自信心。

这时宝宝的注意力集中的时间仍很短，会对陌生人表示新奇，很喜欢看小朋友们的集体游戏活动，但并不想参与，爱单独玩；喜欢自己所喜爱的玩具。

科学喂养，均衡宝宝的营养

放手让宝宝自己吃饭

自己吃饭是良好饮食习惯中的重要一项内容。1～2岁是培养宝宝自己吃饭能力的最佳时机，尤其是1岁半以后。父母应放手让宝宝自己吃饭。

让宝宝享受自己吃饭的愉悦

当宝宝成功地学会自己吃饭之后，自主意识也随之增强了，他会把吃饭当做自己的事，愉快地体会自主的乐趣，由自己掌握进食的节奏，而不再被动地让别人喂，这种成就感也使宝宝更愿意学习新的本领。

要允许宝宝用手拿饭

尽管宝宝已经学习拿勺甚至会使用勺子了，他有时还是愿意用手直接抓饭，好像这样吃起来更香。父母应该允许宝宝用手抓取食物，并且提供一定的手抓食品，如小包子、馒头、花卷、面包、熟肉片、黄瓜条等，提高宝宝自己吃饭的兴趣。

不要强制宝宝坐在餐桌前

虽然家长为宝宝准备了吃饭的小饭桌，但是他通常是不能坐在那里老老实实吃完一顿饭的，特别是他刚学习自己吃饭的时候，常会离开饭桌一会儿。这当然不是好习惯，不过对于1岁多的宝宝来说，不宜过分强求，不要为此造成很大的不愉快，更不要急于求成，可以告诉他应该如何做。

给宝宝适当吃些硬食

通常，父母在给宝宝安排饮食时比较注意食物成分的搭配，十分注意每种成分的营养价值，却容易忽视食物质地的软硬搭配。尤其是宝宝的奶奶、姥姥，经常认为宝宝还太小，乳牙还没有长齐，会不会吃不了硬东西？对不会咀嚼的宝宝，当然只能吃一些软的、烂的东西。实际上，这种做法是不妥当的。

长期吃细软的食物不利于宝宝练习咀嚼

把食物做得很软很烂，这样的饭菜宝宝吃起来用不着咀嚼就可以大口大口地往肚子里吞咽，宝宝经常是“囫囵吞枣”。长此以往地吃这种软饭，对宝宝练习咀嚼是十分不利的。

宝宝若长期吃细软食物，会影响牙齿及上下颌骨的发育。因为宝宝咀嚼细软食物时费力小，咀嚼时间也短，可导致咀嚼肌的发育不良，结果上下颌骨都不能得到充分的发育，而此时牙齿仍然在生长，会出现牙齿拥挤、排列不齐及其他类型的牙颌畸形。

如何为宝宝选择硬食

1岁半左右的宝宝已经有能力接受那些具有一定硬度的小块食物了，父母在给宝宝准备食物的时候，应当考虑食物的质地，使其与宝宝自身的生理需要相适应。父母在为宝宝安排食谱的时候，可以适当提供一些固体食物，也可以稍硬一些，例如：吃一点硬的面包干、甘薯片、馒头干、水果块等，它们既可以帮助宝宝磨牙床，增加咀嚼力，促进咀嚼肌的发育，使牙周膜更结实，还会促进颌骨的发育。口腔中的乳牙、舌、颌骨都是辅助说出语言的主要器官，它们的功能实施又靠口腔肌肉的协调运动，对宝宝发音和学习说话都有重要作用。此外，适当吃些硬食，对面部肌肉及视觉发育是不可缺少的。

特别提示

一定不能给宝宝吃蚕豆、桃核、松子等宝宝根本咬不动的东西。万一这些小东西误入气管，造成气管异物，堵塞了呼吸道，还会危及宝宝的生命，父母千万不可掉以轻心。

宝宝吃粗粮，长得更强壮

所谓粗粮，是指除精白米、富强粉或标准粉以外的谷类食物，如小米、玉米、高粱米等。父母可以适当给宝宝吃些粗粮。具体来说，宝宝吃粗粮有如下几个好处：

· 清洁体内环境。各种粗粮含有大量的膳食纤维，这些膳食纤维具有平衡膳食、改善消化吸收和排泄等重要生理功能，起着“体内清道夫”的特殊作用。

· 控制宝宝肥胖。吃粗粮容易产生饱腹感，这样进食减少，利于控制体重。

· 预防骨质疏松。宝宝吃肉类及甜食过多，可使体液由弱碱性变成弱酸性。为了维持人体内环境的酸碱平衡，就会消耗大量的钙，导致骨骼因脱钙而出现骨质疏松。因此，常吃些粗粮、瓜果蔬菜，可使骨骼结实。

· 维护牙齿健康。经常吃些粗粮，不仅能促进宝宝咀嚼肌和牙床的发育，而且可将牙缝内的污垢清除掉，达到清洁口腔、预防龋齿、维护牙周健康的效果。

夏天不要给宝宝吃太多的冷饮

冷饮在消暑、补充体内水分等方面有一定作用，但因为冷饮有一定益处就不节制宝宝食用的行为易造成宝宝吃冷饮过量，饮食过量轻者引起食欲变差、腹泻，严重者影响宝宝的身体发育。

· 在炎热的夏天吃大量冷饮，会引起胃肠道血管的突然收缩，血流减少，胃肠道正常的生理功能会发生紊乱。由于大量液体成分入胃，胃内的酸度会有所降低，杀菌作用减弱，更易诱发胃肠道炎症。

· 大量吃冷饮，会使咽部血管收缩，血流减少，使局部抵抗力降低，上呼吸道的病菌会大量繁殖，引起咽喉部炎症。

· 冷饮中主要成分不外乎糖、奶类，这些物质热量较高，可以补充人体对热能的需要，但其他营养物质却比较少。因而，大量吃冷饮以后，宝宝的食欲会降低，正常饮食规律被打乱，大量甜食入口还易造成营养的不平衡。

让卵磷脂保护宝宝的记忆力

卵磷脂是生命的基础物质。它存在于人体的每个细胞中，以大脑、神经系统、血液循环系统、免疫系统以及心、肝、肾等器官中的含量最多。在人的生命过程中，自始至终都离不开卵磷脂的滋养和保护。卵磷脂具有调节人体代谢、促进大脑和中枢神经发育、增强体能、调节血脂、保护肝脏等重要生理功能。

婴幼儿期是宝宝大脑发育的关键时期，此时神经组织发育所需的营养是否充足，将直接影响宝宝的大脑发育及日后的智力开发。在众多的营养素当中，卵磷脂对大脑及神经系统的发育起着非常重要的作用，被称为高级神经营养素。

在蛋黄、大豆、鱼头、芝麻、蘑菇、山药和黑木耳、谷类、鱼、动物肝脏、鳗鱼、红花籽油、玉米油、葵花籽等食物中都有一定量的卵磷脂，其中以大豆、蛋黄和动物肝脏为优。妈妈可以适当多给宝宝吃这些食物。

宝宝主食应粗细搭配

这一阶段，宝宝的主食一般以谷类食物为主。于是有些父母认为，宝宝的消化能力差，给宝宝吃的主食越精细越好。其实不然。食品加工过程中会损失很多对身体有益的营养成分，而且加工越精细，损失就越多。如果适当给宝宝吃些粗粮，做到粗细搭配，并花些心思做出不同的花样，不仅可以提高宝宝吃东西的兴趣，而且可以补充全面的营养，对宝宝的健康成长更有利。

把粗粮磨成面粉、压成泥、熬成粥或与其他食物混合加工成花样翻新的美味食品，使粗粮变得可口，如八宝稀饭、腊八粥、玉米甘薯粥、小米山药粥，大豆配玉米或高粱面做的窝窝头，小麦面配玉米或甘薯面蒸的花卷、馒头，由黄豆搭配黑豆、青豆、花生米、豌豆磨成的豆浆等，都是很好的混合食品，既增加了营养成分，又有利于胃肠道对其的消化吸收利用。

平时让宝宝多吃绿豆芽

绿豆本身就富含植物蛋白，经过处理生成绿豆芽后，不仅维生素C等营养成分的含量会加倍增长，同时还具有清热解毒、甘凉祛火的功效，对宝宝的生长发育非常有益。

营养学研究发现，绿豆在生成绿豆芽的过程中，蛋白质中的氨基酸将会重新组合，所形成的蛋白质更加适宜人体的需要。而且，绿豆中原本并不含有维生素C，但在生成绿豆芽后就变成了一种富含维生素C的蔬菜。

不过很多宝宝都不喜欢吃绿豆芽，因为他们觉得绿豆芽不好咀嚼，也难以咽下去。因此，给宝宝吃绿豆芽一定要注意烹调方法，可以把绿豆芽切碎做成馅，包成饺子或小包子给宝宝吃，这样宝宝就会喜欢吃绿豆芽了。

也可以把绿豆芽与蛋、肉、鱼类搭配在一起，做成宝宝喜欢吃的菜肴，这样既可以避免宝宝不爱吃绿豆芽的尴尬，还可以弥补其他菜肴中缺乏的氨基酸，不失为一举两得。

不要在宝宝玩的时候喂饭

有些宝宝食欲尚好，却有边吃边玩的坏习惯，不肯坐下吃，而喜欢四处走动。这是因为宝宝爱动，有引起他兴趣的东西，他就会去碰它。所以在宝宝进餐时，要营造一个好的进餐环境，不要把会吸引宝宝注意的东西放在他旁边。不过，当宝宝真正肚子饿时，应该不会乱动才对，既然边吃边玩，也许并不是真正饿了，父母可试着把一天三次的进餐时间稍稍延后看看，让宝宝在真正饥饿时吃也许会好一些。

如何纠正宝宝挑食和偏食

宝宝完全可能喜欢吃一种食物而不喜欢吃另一种食物，有的宝宝由于不喜欢某些食物的味道而很少吃某些食物，宝宝对各种食物的不同喜好，对某些食物的挑剔和拒食，我们称之为挑食和偏食。

宝宝挑食和偏食的危害

长期挑食、偏食不仅会引起宝宝营养比例失调而造成消瘦、贫血、抵抗力低等，严重影响宝宝的生长发育，还容易使宝宝形成任性、依赖、神经质等性格倾向。偏食、挑食习惯更是导致宝宝成年人后患许多疾病的病因，绝对不可轻视。

如何纠正宝宝挑食、偏食

· 尽量避免因家长自己的饮食选择对宝宝潜移默化的影响，不要当着宝宝的面取此舍彼，或随意议论“什么好吃，什么不好吃”之类的话。

· 要有意识地用语言对宝宝进行积极的心理暗示。如“今天的凉拌菜真好吃，又鲜又脆”等。

· 抓住宝宝的心理特点，用游戏的方法激发宝宝尝试不经常吃的食物。如“我们来当小白兔吧，小白兔最爱吃胡萝卜了”。

· 不要强迫宝宝吃东西，不哄骗、不威胁，更不要乞求宝宝吃，否则会加深宝宝对某种食物的反感，不如暂时停一餐，待宝宝肚子饿了，情绪愉快后，再引导宝宝进食。

不必追求每一餐都营养均衡

1岁多的宝宝开始表现出对某种食物的偏好，也许今天吃得很多，明天只吃一点儿。父母不必为此过分担心，也不必刻板地追求每一餐的营养均衡，甚至也不必追求每一天的营养均衡，只要在一周内给宝宝提供尽可能丰富多样的食品，那么宝宝一般就能够摄取足够的营养。

宝宝不爱吃米饭的对策

米的主要营养成分是糖类和植物性蛋白，如果不吃米而吃面包、馒头和面条等面类食品，也可以充分地摄取糖类。在鱼、鸡蛋、肉中，含有比植物性蛋白质量更好的动物性蛋白质，所以宝宝即使不吃米饭或米饭吃得少，父母也不必为之苦恼。只要给宝宝面食类食物、鸡蛋、鱼、肉等食物，也是可以的。

实际上，只要宝宝精神状态良好，每天都高高兴兴地玩耍，就不必太在意吃的米饭多与少。不喜欢吃米饭的宝宝，如果喜欢吃水果，妈妈也可以给宝宝吃一些。

饮食习惯是可以慢慢培养的。对于不爱吃米饭的宝宝，妈妈也要尽量想一些办法，让宝宝变得爱吃米饭。毕竟主食种类吃得越全面，营养才越均衡，对宝宝的生长发育越有利。比如，平时家里可以适当地增加吃米饭的次数；或者父母有意识地在宝宝面前表现出吃米饭的香甜；也可以做可口的菜肴增加米饭的味道等，宝宝慢慢就会爱上大米饭的。

让宝宝爱上吃水果

水果口味酸甜、富含营养，是非常适合宝宝食用的营养食物，妈妈一定要注意给宝宝多吃水果，这对宝宝的健康成长十分有好处。如果宝宝不喜欢吃水果，妈妈应想办法提高水果对宝宝的吸引力。

- 把水果做出花样。妈妈可以开动脑筋，把水果切成各种不同形状，如心形、花形、三角形、正方形等，这样会使宝宝对水果更感兴趣。
- 混合搭配。可将酸、甜不同口味的水果搭配在一起给宝宝食用，这样可有效地改变不同水果的特定口感，使宝宝更易接受。
- 做成沙拉。可将水果与蔬菜如胡萝卜、紫甘蓝、土豆（要煮熟）等搭配在一起做成美味的沙拉，并变换沙拉酱的口味，宝宝会更喜欢吃。

日常护理，与宝宝的亲昵

让宝宝养成洗手的好习惯

手接触外界环境的机会最多，也最容易沾上各种病原菌，尤其是手闲不住的宝宝，哪儿都想摸一摸。如果再用这双小脏手抓食物、揉眼睛、摸鼻子，病菌就会趁机进入宝宝体内，引起各种疾病。病菌无处不在，对付病菌最简单的一招就是让宝宝养成洗手的好习惯!

宝宝正确的洗手方法

· 用温水彻底打湿双手。

· 在手掌上涂上肥皂或倒入一定量的洗手液。

· 两手掌相对搓揉数秒钟，产生丰富的泡沫， 然后彻底搓洗双手至少10～15秒钟；特别注意手背、手指间、指甲缝等部位，也别忘了手腕部。

· 在流动的水下冲洗双手，直到把所有的肥皂或洗手液残留物都彻底冲洗干净。

· 用纸巾或毛巾擦干双手，或者用干手器吹干双手，这一步是很重要的。

让宝宝爱上洗手

· 做好榜样。妈妈洗手的时候，让宝宝坐在一边看着，让宝宝感觉到洗手是妈妈愿意做的事情，而且听到流水的声音，宝宝会被吸引，慢慢地凑过来。

· 给玩具娃娃洗手。和宝宝一起玩洗手游戏，让宝宝抱着玩具娃娃，然后妈妈用水给玩具娃娃洗手，告诉宝宝，洗完手之后，玩具娃娃就会干干净净的，不会生病了。让宝宝渐渐地喜欢上洗手。

循序渐进的冷水浴锻炼

1～3岁的宝宝，除了进行户外活动、做操，进行空气浴、日光浴以外，用冷水浴锻炼身体，也是增强体质、防病抗病的好方法。

· 冷水洗手、洗脸、洗脚。水温以20～30℃为宜。但晚上盥洗时仍要用32～40℃的温水，避免刺激宝宝神经兴奋，影响睡眠。宝宝身体的局部受寒冷刺激，会反射性地引起全身一系列复杂的反应，能有效地增强宝宝的耐寒能力，少得感冒。

· 冷水擦身。先把毛巾在冷水中浸透，稍稍拧干，先摩擦宝宝的四肢，再依次擦颈、胸、腹、背部。擦过的和尚未擦过的部位都要用干的浴巾盖好。湿毛巾擦完后，再用干毛巾擦。开始摩擦时的水温，最好与体温相等，每隔2～3天降低1℃，冬季一般降至22℃，擦身时室温以16～18℃为宜。夏季可随自然温度用冷水擦身。

冷水浴锻炼必须采取循序渐进的方法：包括洗浴部位的"由局部到全身"、水温的"由高渐低"以及洗浴时间的"由短渐长"。

宝宝走路不好不要急

刚刚学习走路的宝宝，常常是左右摇摆，像个不倒翁，满15个月的宝宝大多能够自如地行走了。但并非所有的宝宝到了这个月都能够很自如地行走，有的宝宝直到1岁半还不能达到这个水平。如果16个月的幼儿还不会走路，属于发育滞后了。如果父母工作很忙，无暇顾及宝宝，整天把宝宝困在学步车或小床中，宝宝的运动能力就会比同龄宝宝延迟，站立和走路的时间都会晚些。宝宝不会走路的原因有很多，家长应细心观察，寻找原因，对症施治。

· 应考虑宝宝大脑的发育有没有问题，腿的关节、肌肉有没有病。

· 看看宝宝的脚弓是不是扁平足。扁平足是足部骨骼未形成弓形，足弓处的肌肉下垂所致，父母可以帮他按摩，并帮他站站跳跳。

· 有的是脚部肌肉无力，无法支撑全身重量，家长要帮助他进行肌肉力量的训练。

宝宝爱出汗，妈妈巧护理

引起宝宝多汗的原因主要有两方面：生理性多汗和病理性多汗。

生理性多汗

宝宝多汗大多是正常的，医学上称为生理性多汗。这是因为婴幼儿的皮肤含水量以及皮肤表层微血管的分布都更多，这样宝宝皮肤新陈代谢更旺盛，使得皮肤蒸发的水分也多了。

如果是生理性多汗的话，妈妈不必过分忧虑，只要除去外界导致宝宝多汗的因素就可以了。及时给出汗的宝宝擦干身体。有条件的家庭，应给宝宝擦浴或洗澡，及时更换内衣、内裤。宝宝皮肤娇嫩，过多的汗液积聚在皮肤皱襞处如颈部、腋窝、腹股沟等处，可导致皮肤溃烂并引发皮肤感染。此外，出汗多的宝宝，体内水分的流失也较多。因为出汗会使宝宝失去一定量的钠、氯、钾等电解质，特别是宝宝发热的时候，如果出汗多，就很容易发生脱水。因此，爸爸妈妈可以常给爱出汗的宝宝喝些淡盐水，这对维持体内电解质平衡、避免脱水有帮助。

病理性多汗

宝宝由于某些疾病引起的出汗过多，表现为安静时或晚上一入睡后就出很多汗，汗多可弄湿枕头、衣服，称之为“病理性出汗”。如婴幼儿活动性佝偻病、小儿活动性结核病、小儿低血糖、吃退热药过量及精神因素，如过度兴奋、恐惧等。有的宝宝有内分泌疾病（如甲状腺功能亢进等），也可引起病理性出汗。每种疾病除了出汗多以外，还有多种其他疾病表现，发现宝宝多汗，妈妈应仔细观察有无其他并发症状，及时去医院就诊。

不要随便给宝宝掏耳朵

不少父母都喜欢给宝宝掏耳朵，其实，给宝宝掏耳朵对宝宝是不好的。耳朵里的耳屎又叫耵聍，对耳膜有保护作用，可以防止异物及小虫直接侵犯耳膜，保护外耳道的皮肤。在正常情况下，小块耳屎可以随着头部的活动而自行掉到耳外。给宝宝掏耳朵可能造成以下的伤害：

- 容易损伤外耳道皮肤。掏耳朵时如果耳屎坚硬或比较多，容易把皮肤划伤，细菌便会进入伤口引发感染。或因来回搔刮，把细菌挤入毛囊、皮脂腺管，会引发炎症、流水，严重者还会发生外耳道疖肿。

- 使皮肤瘀血。由于经常刺激外耳道皮肤，使皮肤瘀血，造成耳屎分泌增多，堆积严重。也就是说，耳屎越掏越多。

- 经常掏耳朵刺激鼓膜容易发生慢性炎症，鼓膜发红、变厚，外耳道也会流出少量脓液。

- 如果掏耳朵不小心，还有刺伤鼓膜的危险。在给宝宝掏耳朵时，如果宝宝突然挣扎或刺激外耳道出现咳嗽反射，这种意外就更难免。

不要抱宝宝在路边玩

在这个阶段，多去户外玩可以增长宝宝的社会知识，开阔眼界，促进运动功能和智力发展。我们提倡宝宝多到户外玩，但不赞成抱宝宝在路边玩。

- 马路上车多人多，宝宝爱看，大人也爱看。家长们认为，只要把宝宝看好，不碰着宝宝，在路边玩要很省事。其实马路两边是污染最严重的地方，对宝宝、对大人都极为有害。

- 汽车在路上跑，汽车排放的废气中含有大量一氧化碳、碳氢化合物等有害气体，马路上空气中汽车尾气含量是最高的、污染是最严重的。马路上的扬尘，含有各种有害物质和病毒、微生物，易损害宝宝的健康。马路上各种汽车鸣笛声、刹车声、发动机轰鸣声等造成严重噪声污染，会影响宝宝的听力发育。

- 马路上车来车往，潜伏着不安全的因素。如果宝宝会蹒跚迈步，父母稍不注意，宝宝就有可能跑到马路中间去了，从安全角度考虑，也不宜在马路边玩。

给宝宝立个规矩

父母对宝宝娇惯溺爱、百依百顺，会失去作为教育者应有的威信，使宝宝变得任性、不听话；但是，若走向另一个极端，父母对宝宝的要求不合理、不一致，宝宝便会无所适从；或者父母的要求不明确、不具体，宝宝不明白对他的要求究竟是什么，也会表现出不听话。最好的办法是，从1岁半开始，给宝宝立些明确而又切实可行的规矩，用这些既定的规矩来指导他的行动，使他逐渐习惯于按规矩约束自己不合理的欲望。

这一阶段的宝宝，已经具有初步的道德行为判断能力了，宝宝可以听懂“对”与“不对”、“应该”与“不应该”。在这时候，家长就可以告诉他“公园里的花好看，但不可以摘来玩”，“好孩子不应该说脏话”，“接受别人的东西要说：‘谢谢’”，“玩完玩具应该放回原处”等。

只要家长耐心教诲，坚持一贯要求，宝宝就能形成初步的条件反射，对“可以”与“应该”的要求他能照着做，而“不可以”与“不应该”的规则本身就能帮助他控制自己那些不符合要求的愿望和行为。

在教育宝宝守规矩时，要求父母的态度一致，规则一旦提出，就不要轻易破例。对2岁以内的宝宝来说，只能给他们提出一些简单的、数量有限的、宝宝能够做到的规则。在要求宝宝时，要多给他提出正面规矩，把禁令减少到最低限度。

纠正宝宝打人的不良习惯

宝宝也是人，也有喜怒哀乐，生气时也要有发泄的渠道和方式。既然不允许宝宝打自己，也不能打别人，那么父母就应该教给宝宝合适的发泄方式。

· 纠正宝宝打人的不良习惯，可以让宝宝打枕头、沙袋之类的软的东西，或是买一些小的气球让宝宝去踩等一些无害的方式。

· 给他讲道理。待宝宝气消后一定要对宝宝说：以后生气时不能打自己的头，也不能打妈妈或是别人。

· 训练语言能力。随着宝宝的年龄增大，语言功能的逐步完善，应该训练宝宝通过言语来表达他的感受和需要，告诉宝宝：有什么要求和不快就说出来，妈妈和你共同解决。

· 父母要注意自己生气时的表达方式，不能动手打宝宝或是打别人。1岁多的宝宝已经有很强的模仿能力，许多行为很可能就是从周围成人那里学来的。

宝宝不听话的处理方法

抗拒性行为是宝宝成长中的正常表现，是宝宝心理发展的外在行为表现之一。宝宝不听话时，如果家长用简单粗暴的方法制止，不但效果不好，而且还容易挫伤宝宝的自尊心、自信心，抑制了独立自我意识的发展。如何对待孩子的抗拒行为，这里有几点给爸爸妈妈的建议：

· 适当地赞扬宝宝的行为，如“你搭的塔真大！”等。这种赞扬应该准确、真诚，避免言过其实。

· 不要提问或发布命令。父母的任务只是观察，说出自己的意见，而不是去控制或指导宝宝。

· 当宝宝开始调皮时警告或提醒他，这是培养宝宝自我控制能力的最佳办法。

· 用表扬或欣赏来肯定好的行为，以此塑造积极的行为，对宝宝故意吸引大人注意的行为不要去理他。

疾病防护，做宝宝的家庭医生

换季时节谨防“小儿急性肾炎”突袭

小儿急性肾炎的发病率随着气温的降低会逐渐升高，其原因是夏季天气炎热，小儿容易患脓疱病、扁桃体炎、咽炎、猩红热等由链球菌引起的疾病，机体对链球菌毒素发生变态反应，从而引起小儿急性肾炎。小儿肾炎有来势汹汹的特点，家长切不可掉以轻心，如果发病早期处理不当，发展成严重的病例，则可转为慢性肾炎甚至出现肾功能衰竭，而危及宝宝的生命。

小儿急性肾炎症状

宝宝在发病前1～4周常有急性扁桃体炎、皮肤脓疱病等感染病史，同时出现低热、头晕、恶心、呕吐、食欲减退等症状，与一般的感染很难区别。水肿和少尿是本病的特点。一般情况下，水肿从宝宝的眼睑开始逐渐扩展到全身，指压不凹陷。宝宝水肿后，尿量明显减少，甚至没有尿。1～2周后，尿量逐渐增多，水肿也逐渐消退。大部分宝宝患病后的血尿是肉眼看不见的。

如何预防小儿急性肾炎

- 帮助宝宝锻炼身体，增强体质，提高宝宝身体的抗病能力。
- 注意宝宝的皮肤卫生，勤给宝宝换内衣、被褥，勤洗澡，还要防止宝宝被蚊虫叮咬以及皮肤感染。
- 对于扁桃体炎反复发作的宝宝，可考虑进行扁桃体摘除术。因为扁桃体如果反复发生炎症，成为一个病灶，易诱发其他疾病。
- 注意根据气候的变化，及时给宝宝增减衣物。

不让过敏性鼻炎危害宝宝健康

宝宝的鼻子通常都比较娇气，近年来由于环境的污染，过敏性鼻炎的发病率也在逐年上升。

过敏性鼻炎对宝宝的危害

· 诱发其他疾病。过敏性鼻炎发展到严重程度后，就会产生很多并发症，如鼻窦炎、中耳炎、支气管哮喘等。

· 扰乱宝宝生物钟。过敏性鼻炎会影响到宝宝的睡眠，使宝宝的睡眠质量下降，导致宝宝的生物钟紊乱，引起宝宝哭闹。

· 影响宝宝面容。过敏性鼻炎引发的并发症像支气管哮喘、鼻窦炎、过敏性咽喉炎等病，使宝宝鼻腔堵塞，必须经常用口呼吸，这样宝宝的上颌骨就会发育不良，颧骨变小，影响宝宝的面容。

过敏性鼻炎的治疗和预防

目前为止还没有根除过敏性鼻炎的特效药品，应以提高宝宝体质、预防过敏性鼻炎为主。

· 加强宝宝平时的锻炼，避免灰尘长期刺激，积极防治急性呼吸道疾病，提高宝宝的身体免疫力，这是防止过敏性鼻炎发作的根本所在。

· 预防季节过敏性鼻炎最理想的方法，就是尽量找到过敏原，避免宝宝与这些过敏原接触，平时与花粉、宠物等应保持一定的距离，出现流鼻涕、打喷嚏等症状时应及时就诊。

· 宝宝的房间内空气要流通，保持空气新鲜。

· 宝宝可以在医生的指导下，采用全身和局部抗过敏药物的治疗，来缓解症状。

特别提示

过敏性鼻炎经常伴随着感冒发作，感冒有时也会直接导致宝宝过敏性鼻炎的发病。另外，宝宝在一些疾病中使用的抗生素等药品也会间接引起宝宝过敏性鼻炎的发作。

宝宝皮肤瘙痒别乱抓

一到冬季，很多宝宝常会感到皮肤瘙痒难耐，情急之下宝宝自然用手随意抓挠。殊不知这种做法很危险，随意抓挠会使皮肤肥厚、粗糙，反而更痒，还容易继发感染。

宝宝皮肤瘙痒的一般原因

· 过敏。各种原因引起的皮肤敏感都可伴有瘙痒，如花粉、食物、药物、毛绒玩具等。

· 干燥。宝宝肌肤过于干燥也会引起瘙痒。皮肤表面有一层皮脂，对保暖、防止感染和外部刺激都有很重要的作用。如果频繁给宝宝洗澡，反复使用沐浴露或肥皂擦洗身体，都会除去这层皮脂，导致宝宝皮肤干燥、瘙痒，严重者甚至还可能造成宝宝长大后成为皮肤敏感人群。

给宝宝的除痒攻略

· 正确给宝宝止痒。宝宝的自控力较差，爸爸妈妈可以尝试用冰袋隔着干布，帮宝宝冰敷，或是轻轻拍打瘙痒的部位。急性反复发作的湿疹或有抓伤的皮肤炎症，建议带宝宝去医院检查。

· 减少环境过敏原。灰尘和尘螨是最常见的过敏原，也是引起宝宝皮肤瘙痒的关键因素之一。因此家中最好不要用地毯，注意保持环境清洁，减少灰尘，室温最好保持在25~28℃，起居室内湿度也应维持在30%~60%之间。让宝宝远离毛绒玩具、家中宠物、二手烟等。清洁剂、洗衣粉、消毒水等化学物质，也不可与宝宝的肌肤直接接触。在饮食上，父母要留心，避免给宝宝吃容易导致宝宝过敏的食物。

· 选择全棉衣物。衣物的选择最好是宽松、柔软的棉质衣物。化纤布料对宝宝的皮肤有刺激性，也容易引起皮炎、瘙痒等过敏现象。

· 掌握洗澡要领。水温要适中，以33~40℃为佳。水温过高容易冲刷掉宝宝肌肤上的油分，越快洗完越好；冬天较少流汗的时候，选择腋下、手脚等部位清洗即可。尽可能减少碱性肥皂的使用，不可用毛巾、刷子或海绵搓洗宝宝皮肤。

宝宝出水痘，妈妈别着急

水痘是由水痘-带状疱疹病毒引起的急性传染病，多见于冬、春季。

宝宝出水痘的症状

宝宝患了水痘当日可见头部发际中、面部、身上有红色皮疹出现，一天左右这些皮疹大部分变为大小不等的圆形疱疹，内含透明液体，3～4天后疱疹逐渐结痂。由于陆续又有新的皮疹出现，所以呈现新旧同时存在的情况，病程一般需要10～14天，大部分皮疹痂脱落痊愈，不留瘢痕。

宝宝出水痘后如何护理

· 出水痘的部位有点痒，宝宝会烦躁不安，易哭闹。因为瘙痒难耐，宝宝常常用手去抓挠。宝宝的指甲和手部有许多细菌污染，细菌极有可能进入水疱中，引起疱疹糜烂化脓，留下瘢痕。因此，爸爸妈妈护理出水痘患儿的关键是不要让宝宝用手抓水疱，要给宝宝剪短指甲，保持手的清洁，必要时可戴上手套或用布包住手，以防宝宝抓破后感染。如果个别的水疱已抓破，应咨询医生，调配消炎药膏，避免感染。

· 多让宝宝休息，多喝水，给宝宝吃些清淡的食品，不要吃鱼虾等刺激性的食物。

· 保持室内卫生，室内要常通风换气。不要给宝宝洗澡，要勤换内衣。水痘患儿应严格隔离2～3周，待水痘完全干燥结痂，又未见新的皮疹出现时，方可解除隔离。

· 由于出水痘，宝宝的食欲很差，因此，爸爸妈妈应给宝宝吃易消化的食物，并多吃维生素C含量丰富的水果、蔬菜，比如苹果、桃、西红柿等。宝宝出水痘期间，妈妈不要带宝宝去公共场所，不去别人家中串门，以防止宝宝发生其他感染或传染给其他人。如果宝宝出现高热、咳嗽、抽搐等现象，应尽快到医院诊治。

宝宝痢疾的预防

细菌性痢疾简称菌痢，是一种急性肠道传染病。菌痢的主要表现是发热、腹泻、大便脓血，伴有腹痛，重者可出现脱水、休克、抽搐等症状，甚至危及生命。

怎么预防细菌性痢疾

· 注意宝宝饮食卫生。细菌性痢疾传播的途径是“粪—口”传播，是因为宝宝吃了被痢疾杆菌污染的食物而引起的。因此，为预防细菌性痢疾的发生必须注意饮食卫生。食品必须新鲜，不吃变质、腐烂、过夜的食物，存放在冰箱的熟食和生食不能过久，熟食应再次加热后再吃。生吃的蔬菜及水果要清洗干净，最好再用开水洗烫。苍蝇是传播痢疾的媒介，苍蝇性喜栖息在脏物上，脚上沾满成千上万的病菌，可将细菌带到食物、餐具、物体上。当宝宝吃了这些食品或手接触了被污染的物品，都可以感染上痢疾。所以家里门窗要安上纱帘，防止屋内有苍蝇。

· 养成好的生活习惯。在预防肠道传染病方面，手的清洁卫生应该重视，由手将病菌带入口内也是宝宝患痢疾的主要途径。因此，饭前便后要彻底清洗宝宝双手，改掉宝宝吃手指的不良习惯。有些宝宝患痢疾是由家里人传染的。有时大人患了痢疾，症状比较轻，仅有腹泻，没有注意大便的性状，未能及早发现，往往成为传染的来源。还须注意对痢疾患儿的粪便消毒，应用1%漂白粉溶液或沸水消毒后再倒入便池。不能让宝宝随地大小便。

患痢疾要及时到医院检查治疗

如果宝宝患了痢疾要及时到医院检查治疗，按医嘱服药，千万不要吃几次药觉得腹泻好一些了就自行停药。最好在服药3天后复查大便，使常规检查正常后再服2～3天药。一般疗程为7天。除用药之外，还要注意适当休息，吃易消化的食物，如果宝宝高热，可服用退热药和物理降温。若发生中毒性痢疾，则应住院治疗。

亲子乐园，培养聪明宝宝

泡泡乐

目的：锻炼宝宝的跑动能力。跑动对宝宝有很多好处，可以促进骨骼生长，令肌肉结实，增强腿部力量，跑动还能加强呼吸系统、循环系统和消化系统功能。

准备：泡泡液、吹泡泡的工具。

方法：

· 带宝宝到户外去，爸爸吹泡泡,给宝宝演示如何追泡泡并戳破泡泡，然后鼓励宝宝和爸爸一起做。

· 如果宝宝兴奋，在爸爸吹泡泡时就想去戳破它，告诉宝宝要耐心等待。如果宝宝对吹泡泡感兴趣，可以教宝宝吹泡泡的方法，鼓励他自己吹。

· 让周围的宝宝一起来追泡泡吧！

注意：宝宝追泡泡的时候，爸爸一定要注意周边可能出现的危险，不要让宝宝跑到马路上去。宝宝吹泡泡时，提醒宝宝不要用嘴接触或喝下泡泡液。

串项链

目的：训练手指的小肌肉运动，提高手指的灵活性。

准备：一些木制的小珠子或纽扣。

方法：

给宝宝一根细丝绳或玻璃丝绳，让宝宝把珠子或纽扣都串起来，做成项链。

注意：妈妈可先做示范，再让宝宝做。

小马，小马快快走

目的：锻炼宝宝走步的能力，根据指令改变速度，增强身体的平衡性。

准备：1根松紧带。

方法：

• 在平整宽敞的场地上，妈妈将松紧带套在宝宝的腰上，请宝宝当小马，妈妈站在宝宝身后，用手拉着松紧带，和宝宝一起做游戏。

• 妈妈发指令“小马快走”“小马慢走”，请宝宝听指令做动作。

注意：妈妈要掌握宝宝走步的速度，以免在宝宝走路过程中摔倒，产生恐惧心理。

把球滚回来

目的：锻炼宝宝的手臂肌肉和手眼协调能力。

准备：一个小皮球。

方法：

• 1岁半的宝宝都喜欢玩球，能弹跳起来的球最适合在户外玩，软的塑料球则是非常棒的室内玩具。

• 和宝宝一起玩的最好的球类游戏，就是简单的“接球”游戏。

• 妈妈和宝宝面对面坐在地上， 双腿分开。脚尖挨着脚尖。可以把球来回滚给对方，不让球出边界。

注意：当宝宝厌倦的时候就停下来休息一会儿。

走圆圈

目的：通过训练，锻炼宝宝的身体平衡能力，提高宝宝的肢体协调能力。

准备：粉笔，一杯水。

方法：

· 妈妈先用粉笔在地上画一个大圆圈或椭圆。

· 让宝宝沿着这条线行走，精确地在画线上将一只脚放在另一只脚的前面，直到他可以很好地掌握平衡。

· 然后鼓励他端着一杯水走，不让水溅出来，或是身上带着铃铛，不让铃铛发出声音。

注意：妈妈也可以让宝宝自己操纵一个带轮子或可以骑的小玩具跑来跑去，帮助宝宝掌握平衡。

送玩具回家

目的：让宝宝克服困难，训练宝宝不依赖他人、自己动手的意识和能力。

准备：宝宝平时喜欢的玩具。

方法：

· 家长把宝宝的玩具放在不同的地方，如地上、沙发上、床上、桌子底下等。

· 告诉宝宝，玩具累了，该让它们回家了。引导宝宝自己去收拾玩具，并将玩具放到玩具箱内。

· 玩具应放在既能让宝宝取到又需要动脑筋思考怎样去取的地方。

注意：家长在这一训练过程中，应始终积极地鼓励宝宝自己去拿玩具。出现困难时给予适当的启发和引导。当宝宝克服了困难和障碍依靠自己的能力拿到玩具时，应及时给予表扬和称赞。注意宝宝的安全。

一样多

目的：锻炼宝宝的分类能力。按颜色和形状给积木分类，可以促进宝宝对色彩和形状的辨识能力，引导宝宝形成分类、集合概念，让宝宝初步感知“一样多”的概念。

准备：各种颜色积木或大粒木质串珠。

方法：

· 选形状、颜色各异的积木，和宝宝一起进行分类游戏。先将积木按颜色分类，再按形状分类，教宝宝认识各种颜色和形状。

· 将相同颜色的积木摆成一排，让宝宝看看各种颜色的是否“一样多”。

· 再将相同形状的积木摆成一排，让宝宝看看各种形状的是否“一样多”。

注意：选择无异味、不伤害宝宝身体健康的积木或串珠。

骑大马

目的：发展宝宝的平衡能力及动作的协调性，训练宝宝的想象力。

准备：为宝宝准备扫帚或小板凳代表马。

方法：

· 妈妈先做一遍骑马的动作，再问宝宝：“妈妈是怎样骑马的呀？”然后启发宝宝想象并模仿出妈妈骑马时的样子。

· 妈妈针对宝宝的反应和动作表现，进行适当的引导和帮助，使宝宝逐渐学会骑马奔跑的动作。即两只脚始终是一只脚在前、另一只脚在后做轮流向前跑动的动作；同时，一只手拿着竹竿，另一只手臂屈肘置于身体的一侧，手微握拳，像手握住马的缰绳一样，配合两脚做协同一致的上下颠簸动作。

注意：妈妈可以带着宝宝一起做骑马的动作。注意动作幅度不要太大，以防宝宝受伤。

摸一摸，跑回来

目的：培养宝宝的规则意识和注意力，并锻炼宝宝的身体协调能力。

准备：将家具摆放整齐。

方法：

- 妈妈念儿歌：“小宝宝，真好玩，摸摸桌子跑回来。”
- 引导宝宝向桌子跑去，摸摸桌子后跑回妈妈身边。
- 如果宝宝开始时不愿跑动，妈妈可以和他一起跑。

注意：选择宝宝熟悉、容易摸到的家具。

画个太阳，红彤彤

目的：宝宝正处在涂鸦阶段，不一定按照成人的要求作画。这个时期重点是训练宝宝手眼协调能力，只要宝宝能专心涂涂画画，就值得赞赏。通过图画，宝宝可以感受到线条、色彩和形状的变化。

准备：水彩笔一盒，白纸若干张，太阳挂图一幅。水彩笔一盒，白纸若干张，太阳挂图一幅。

方法：

- 妈妈妈准备好水彩笔和白纸、太阳挂图，让宝宝说出太阳的形状和颜色。
- 妈妈拿水彩笔在白纸上画一个圆，鼓励宝宝拿起笔来像妈妈这样画。
- 如果宝宝还不会握笔，妈妈可先握住宝宝的小手，在纸上画圈，再让宝宝自己画。妈妈帮助宝宝完成太阳图画，并给太阳涂上鲜亮的红色。

注意：光线要适宜，以免影响宝宝的视力。要选择无异味的水彩笔。要注意宝宝的握笔姿势，防止宝宝把笔放进嘴里，确保安全。

认字

目的：让宝宝学会把身边的东西和文字联系起来。

准备：便笺纸、彩色笔、胶带。

方法：

· 在纸上画一些日常生活中的物品，如桌子、椅子、钟表、宝宝喜欢的玩具等，交给宝宝。

· 妈妈可以用带有旋律的声调唱着问："桌子，桌子在哪里？"让宝宝找到桌子，也用有旋律的声调回答："在这里，在这里。"

· 宝宝找到妈妈要求的东西后，把手中画有同样物品的纸用胶带贴在该物品上。

注意：当宝宝对事物与文字对应不上时，爸爸妈妈要耐心提示。

画曲线和山水

目的：培养宝宝画画的兴趣，进一步提高手眼协调能力。

准备：画笔和纸。

方法：

· 宝宝学会了画直线，但在画直线时，经常会出现一些小小的曲折，妈妈可用欣赏的口吻对宝宝说："像河里的波纹。"

· 让宝宝多画几次，如果宝宝画的坡度较大，妈妈说："像不像小山坡？"使宝宝感到自己画得很好。

· 妈妈还可以示范，在纸的中间画出一两个山峰，在纸的上方或下方再画一两个山峰，让宝宝看看像不像远一些和近一些的山峰。

· 在更近的地方添上几条曲线，如同河水的波纹，这样就成山水画了。

注意：妈妈要鼓励宝宝画画，宝宝能获得一点儿成功，就会更加有兴趣地动笔画画。

彩色的小皮筋

目的：发展宝宝小肌肉动作的灵活性。

准备：5 根彩色的小皮筋，自制纸筒一个。

方法：

· 妈妈向宝宝展示彩色皮筋，让宝宝随意地玩，引导宝宝认一认皮筋的颜色，再拉一拉皮筋。

· 妈妈将皮筋套在小纸筒上，然后示范用拇指和食指合作将皮筋摘下来，再鼓励宝宝模仿将皮筋摘下来的动作。

· 鼓励宝宝把彩色的皮筋一一在纸筒上摘下来。

注意：皮筋套在纸筒上不能过紧，以免伤害到宝宝的手指。

丢沙包

目的：训练宝宝的平衡能力、手眼协调能力。

准备：大弹跳球、沙包、网篮。

方法：

· 在安全的地面上进行此活动，让宝宝坐在弹跳球上。

· 宝宝双脚离地，妈妈从旁边稍微扶着大球，并拿沙包给宝宝，要求他往前丢入网篮中。

注意：根据宝宝的平衡能力，妈妈可以适当调节扶大球的力度。

踩虫虫游戏

目的：增强宝宝腿部肌肉的力量，提高身体平衡能力。

准备：画着虫子的卡片，找一块平坦有栏杆的场地。

方法：

• 妈妈在栏杆周围放好虫子卡片，或者用粉笔在地上画好“虫子”图案，说：“哎呀，地上有什么？宝宝快帮我找一找。”

• 引导宝宝找到“虫子”的图案。找到“虫子”图案以后妈妈给宝宝做示范，可以手扶栏杆单脚站立，另一只脚对准虫子用力踩下去，边踩边说：“踩、踩、踩，踩虫虫。”引导宝宝踩“虫子”。

注意：妈妈应掌握适当的运动强度和时间，防止宝宝的腿部肌肉过于疲劳。妈妈放虫子卡片的时候要注意放在栏杆旁边，让宝宝在踩虫子的时候可以用手扶着栏杆。

茶会

目的：训练宝宝的手眼协调能力，教宝宝了解水的一些特性。

准备：一套塑料茶具和水。

方法：

• 天气晴朗时，带一套塑料茶具到户外去，并在一个塑料大碗里装上水。

• 假装爸爸妈妈是来“喝茶”的，鼓励宝宝把茶壶装满，给爸爸妈妈倒茶。

• 这个有趣的游戏对宝宝的手眼协调能力是个挑战，也有助于让他了解一些水的特性，譬如，水总是向下流而不会逆流。

注意：爸爸妈妈要有耐心，即使宝宝弄脏了衣服或打翻了茶碗也没有关系。

19～21个月，宝宝忙忙碌碌闲不住

随着身体发育的进展，宝宝开始喜欢爬上爬下，还喜欢随着音乐跳舞，喜欢念儿歌，听父母讲童话故事，还喜欢数数字。

在思维方面， 宝宝会对新事物有很强的好奇心，喜欢观察新鲜的物体，开始唱较长、旋律简单的歌曲。

总之，宝宝现在每天都忙忙碌碌的，是个名符其实的“小忙人”。

发育特点，宝宝成长脚印

身体发育指标

19～21个月的幼儿肚子仍比较大，腹部向前突出。这个年龄段的宝宝，身体比例发生了根本变化，腿、颈都比原来长了，头、胸、腹三围也比较接近了。

19月宝宝

发育指标	男婴	女婴
体重（千克）	9.2～14.1	8.6～13.3
身长（厘米）	77.1～89.5	75.7～88.1
头围（厘米）	48.2	47.1
胸围（厘米）	49.4	48.2

20月宝宝

发育指标	男婴	女婴
体重（千克）	9.4～14.4	8.8～13.5
身长（厘米）	77.9～90.6	76.7～89.2
头围（厘米）	48.2	47.1
胸围（厘米）	49.4	48.2

21月宝宝

发育指标	男婴	女婴
体重（千克）	9.5～14.6	9.0～13.8
身长（厘米）	78.7～91.6	77.4～90.2
头围（厘米）	48.2	47.1
胸围（厘米）	49.4	48.2

视觉发育

19～21个月的宝宝开始注意观察父母的一些动作并努力模仿，不过其日常注意仍以无意注意为主。此时的宝宝已经能够认识多种颜色，喜欢看图画书。

听觉发育

19～21个月的宝宝已经拥有较为成熟的听觉区分能力，宝宝喜欢模仿听到的各种声音，并能配合声音的指令做出正确动作，

动作发育

这个时期的宝宝已经能够独立行走了，会跑，但有时还会摔倒。能够扶着栏杆一级一级地上台阶，却常常喜欢四肢并用往楼梯上爬。让他下台阶时，他就向后爬或用臀部着地坐着下。宝宝会用力地扔球；会用杯子喝水，洒得很少。能够比较好地用匙开始自己吃饭。给他玩积木，他能把3～4块积木叠在一起。

语言发育

19～21个月的宝宝开始认真地学习语言，在与大人日常生活、做游戏、交流的同时，学会了不少词句，会说20～30个词语，能够叫出一些简单物品的名称；能够指出方向；独自玩玩具时喜欢自言自语。

心理发育

19～21个月幼儿的活动范围、活动花样又较以前丰富了许多，喜欢爬上爬下，喜欢模仿大人做事，喜欢模仿着做广播操等。因不用奶瓶吃奶，有些宝宝更喜欢吸吮手指了，特别在睡觉之前，躺在床上，一边吸吮手指，一边东张西望。

会说话的宝宝不再满足于只说话，而是要唱儿歌了。这时的宝宝常常像唱歌一样地说话，又像说话一样地唱歌。喜欢跟在妈妈的身后问这问那，宝宝想知道所有他目所能及的事物，这是宝宝强烈的求知欲和探索精神的体现。妈妈可不要不耐烦，应尽量以宝宝能理解的方式向他讲解，以满足他的好奇心。

科学喂养，均衡宝宝的营养

要给宝宝补充适量的糖类

糖类也称为碳水化合物。碳水化合物与蛋白质和脂肪共同构成人体的能量来源。按照中国的膳食习惯，成人所需总能量的60%～80%来自碳水化合物，儿童则在50%以上。

糖类对身体的重要作用

糖类能促进宝宝的生长发育，如果供应不足会出现低血糖，容易发生昏迷、休克。糖类的缺乏还会增加蛋白质的消耗而导致蛋白质营养素不能良性利用。但是饮食中糖类的摄取过量而又会影响蛋白质的摄取，而使宝宝的体重猛增，肌肉松弛无力，常表现为虚胖无力、抵抗力下降，从而易患各类疾病。

宝宝对糖类的需求量

糖类的摄入量与主副食结构、膳食习惯及消费水平等因素有关，因而不同家庭所摄入的糖类的量可有较大差别。日供给量通常以糖类所产生的能量占当日总能量的百分比来表示。

对幼儿、儿童来说，三种产热营养素所提供的能量之间应维持一定的比例，即蛋白质、脂肪、碳水化合物所提供的能量的比分别为：12%～15%、25%～30%及50%～63%，三者简化比则为1：2.5：（4～5）。膳食中糖类能量大于总能量的80%或低于40%是不利于健康的两个重要界值。

糖类含量丰富的食品

糖类含量丰富的食品有很多：米类、面粉类、红糖、白糖、粉条、黑木耳、海带、土豆、甘薯等。

宝宝宜吃的脂肪食品

现在，因为害怕养出个小胖墩，不少父母片面地把脂肪当敌人，认为要让宝宝少吃脂肪。这是十分错误的，对宝宝身体生长发育很不利。

宝宝的生长离不开脂肪

脂肪、蛋白质、碳水化合物是人们饮食中提供热量的三种营养素。蛋白质是生命的基础，具有重要的生理功能。碳水化合物的每克供能值只有脂肪的一半，如果仅从碳水化合物中来获取热量，则儿童必须增加食量，这不但会加重胃肠道的负担，减少其他营养素的获得，而且对于儿童得到全面均衡的营养不利；同时，大量糖分的摄入还易使儿童患龋齿、肥胖症、糖尿病等疾病。

脂肪是产热量最高的营养物质，当人体从食物中摄入能量过多时，可以在体内转化为脂肪，并且以脂肪组织的形式贮存起来，成为体脂。可以这样说，脂肪组织是贮存能量的燃料，在人体营养物质供应不足或需要突然增加时，就可以随时动用它，以保证对机体能量的供给。

脂肪组织还有保暖作用，皮下脂肪层可以防止身体热量的散失，维持人体的正常体温。脂肪组织还具有保护组织和器官的功能，例如心脏的周围、肾脏的周围、肠管之间都有较多的脂肪组织，它可以防止这些器官受到外界的震动和损害。脂肪还是一种良好溶剂，促使人体吸收脂溶性维生素（如维生素A、维生素D、维生素E）等。

脂肪能够增加人的食欲，如果膳食中缺乏脂肪，宝宝往往食欲不好，体重增长减慢或不增长，皮肤干燥、脱屑，易患感染性疾病，甚至发生脂溶性维生素缺乏症。

让宝宝进食适宜的脂肪食品

父母要督促与鼓励宝宝适当进食些肥肉、奶油等，做菜时要适量放些植物油及少量猪油（一般可放7份植物油、3份猪油），调配婴儿食品时，宜放些新炼的猪油、麻油。这不但能使食品更加鲜香，增进宝宝的食欲，又能补充部分脂肪。当然，脂肪摄入过多则有害无益，宝宝易发生肥胖症。

宝宝可常吃点猪血

猪血是一种良好的动物蛋白，猪血中的血浆蛋白被人体的胃酸分解后，可产生一种能消毒、滑肠的分解物。这种物质能与侵入人体内的粉尘和有害金属起生化反应，最后经消化道排出体外。所以猪血是抗癌保健佳品。

猪血具有补血功能，每100克猪血中含铁8.7毫克，比猪肉松、羊肝、牛肝的含量都高。其中所含的微量元素铬，可防治动脉粥样硬化；钴，可防止恶性肺病的生长。

猪血中还能分离出一种“创伤激素”的物质，这种物质可将坏死和损伤的细胞清除掉，使受伤组织逐渐痊愈。这种激素对器官移植、心脏病、癌症的治疗都有重要作用。

所以，父母可给幼儿一些猪血吃，对其生长发育和成年后健康都有益处。

如何将蔬菜吃得更营养

为了保证宝宝的健康、营养，妈妈在选择、烹调蔬菜的时候应注意以下几点。

选择蔬菜的要点

· 首选无污染的蔬菜。野外生长或人工培育的食用菌及人工培育的各类豆芽菜都没有施用农药，是非常安全的蔬菜；果实在泥土中的茎块状蔬菜，如鲜藕、土豆、芋头、胡萝卜、冬笋等也很少施用农药；有些蔬菜因抗虫害能力强而很少施用农药，如圆白菜、生菜、苋菜、芹菜、菜花、番茄、菠菜、青辣椒等；野菜营养非常丰富，一般没有农药污染。

· 多吃新鲜时令蔬菜。反季节蔬菜主要是温室栽培的大棚蔬菜。虽然外观很吸引人，体积也很大，但营养价值与新鲜时令蔬菜是不一样的。反季节蔬菜不如新鲜时令蔬菜营养价值高，味道也差一些。无论什么季节吃蔬菜都应以新鲜为主，因为，所有蔬菜中都含有维生素C，它的含量多少与蔬菜的新鲜程度密切相关，蔬菜存放时间越长，维生素C丢失越多，所以，蔬菜最好是现吃现买。

· 各种蔬菜都要吃。蔬菜主要有绿色、黄色、红色等几种颜色。蔬菜的颜色与营养含量有直接关系。一般来讲，绿色蔬菜优于黄色蔬菜，黄色蔬菜优于红色蔬菜。但不同颜色蔬菜的营养价值也各有所长，妈妈要让宝宝吃各种蔬菜，补充各种营养。

烹调蔬菜的要点

· 家庭烹饪时最好使用铁制或铝制的锅、铲炊具，不要使用铜制炊具。

· 蔬菜尽量采用急火快炒。不要把菜煮过后捞出或挤去菜汁后再入锅炒，那样营养成分已大部分丢失，只留下纤维素了。

· 有些妈妈喜欢给宝宝做蔬菜汁，但有些蔬菜含有草酸，会影响宝宝对钙的吸收，如菠菜、牛皮菜、葱头等蔬菜就含有比较多的草酸，不宜做成汤。可选用油菜、芥蓝等钙含量比较高，而且机体容易吸收的蔬菜。

· 根茎类蔬菜应先洗后切，洗切时间与下锅烹调时间间隔不要过长。

给宝宝吃冷食要适量

冷食虽能防暑降温，但宝宝吃冷食过多会使胃肠骤然受凉，引起胃肠不规则收缩，导致腹痛。冷刺激也会使胃肠蠕动加快，血流减少，使食物未能很好地吸收便被排出体外，容易引起宝宝消化不良。冷食中的牛奶、糖、淀粉等营养成分进入消化道以后，需占用一定量的消化液进行消化，从而影响宝宝正常饮食的消化吸收。另外，冷食还会影响咽喉部位的血液循环，降低咽喉的抵抗力，容易使宝宝发生呼吸道感染。

炎热的夏天，父母要为想吃冷食的宝宝选择优质、专为儿童制做的冷饮。父母特别要注意不要让宝宝多吃冷饮，以免影响健康。

每天吃鸡蛋不要过多

鸡蛋除含优质蛋白质和脂类外，还含有大量的维生素A、胡萝卜素、卵磷脂及矿物质等，对宝宝的健康有益。因此，幼儿每天都要吃鸡蛋。

每天吃鸡蛋的量

1～2岁的宝宝，每天需要蛋白质40克左右，除普通食物外，每天添加1～1.5个鸡蛋就足够了。如果食入太多，宝宝胃肠负担不了，会导致消化吸收功能障碍，引起消化不良和营养不良。

鸡蛋的最佳吃法

一般而言，用清水煮鸡蛋是最佳的吃法，但要注意让宝宝细嚼慢咽，否则会影响消化和吸收。

对于幼儿来说，蒸蛋羹、蛋花汤也非常好，因为这两种做法鸡蛋的蛋白质更容易被消化吸收。

鸡蛋含有维生素D，可促进钙的吸收，豆腐中含钙量较高，若与鸡蛋同食，不仅有利于钙的吸收，而且营养更全面。

鸡蛋一定要煮熟

鸡蛋很容易受到沙门菌和其他致病微生物感染，生食易发生消化系统疾病。因此，鸡蛋必须煮熟后再食用。煮鸡蛋的时间一定要掌握好，一般煮8～10分钟即可。

煮得太生，鸡蛋中的抗生物素蛋白不能被破坏，影响机体对生物素的吸收，易引起生物素缺乏症，发生疲倦、食欲下降、肌肉疼痛，甚至发生毛发脱落、皮炎等，也不利于消灭鸡蛋中的细菌和寄生虫。鸡蛋煮得太老也不好，由于煮沸时间长，蛋白质的结构变得紧密，不容易消化。

宝宝吃零食，妈妈要把关

零食是宝宝的最爱，但供给的方式不当，不但对宝宝的身体健康不利，还会养成宝宝一闹就要拿零食来哄的坏习惯。在此，要把握几个给宝宝零食的原则。

吃零食不能影响正餐

如果在快要开饭的时候让宝宝吃零食，肯定会影响宝宝正餐的进食量。因此，零食最好安排在两餐之间，如上午10点左右、下午3点半左右。如果从吃晚饭到上床睡觉之间的时间相隔太长，这中间也可以再给一次。这样做不但不会影响宝宝正餐的食欲，也避免了宝宝忽饱忽饿。

不可无缘无故地给宝宝零食

有的父母在宝宝闹时就拿零食哄他，也爱拿零食逗宝宝开心或安慰受了委屈的宝宝。与其这样培养宝宝依赖零食的习惯，不如在宝宝不开心时抱抱宝宝、摸摸他的头，在他感到烦闷时拿个玩具给他解解闷。

少吃油炸、过甜、过咸的食物

油炸食品含有较多的脂肪，会增加肥胖的危险；过甜的食物残留口中会增加患龋齿的风险；咸味过重的零食会增加成年后患高血压的风险。

吃零食要适量

零食食用量不能超过正餐， 而且吃零食的前提是孩子感到饥饿。吃零食一天不要超过3 次。次数过多的话， 即使每次都吃少量零食也会积少成多。

不在玩耍时吃零食

在玩耍时，宝宝往往会在不经意间摄入过多零食，严重者会被零食呛到、噎到，所以吃零食就要停止玩耍，吃完后再跑动玩耍。

注意纠正宝宝进食时"含饭"

有的宝宝吃饭时爱把饭菜含在口中，不嚼亦不吞咽，俗称"含饭"。这种现象往往发生在婴幼儿期，最大可达6岁，多见于女孩，以家长喂饭者为多见。原因是家长没有从小给宝宝养成良好的饮食习惯，不按时添加辅食，宝宝没有机会练习咀嚼功能。

这样的宝宝常因吃饭过慢过少，得不到足够的营养素，全身营养状况差，甚至出现营养缺乏的症状，生长发育也迟缓。家长只能耐心地慢慢训练，可让其与其他宝宝共同进餐，模仿其他宝宝的咀嚼动作，随着年龄增长慢慢进行矫正。

宝宝吃太多易损智力

这个阶段的宝宝特别贪吃，无论看见什么食物都馋，有些父母还错误地认为，宝宝吃得多就长得快，殊不知，宝宝一味贪吃也会影响宝宝的智力。

人在进食后，要通过胃肠道的蠕动推动食物下行，通过消化液来消化吸收，如果一次进食过量或一刻不停地进食，会把人体里的大量血液，包括大脑的血液调集到胃肠道来。而大脑充足的血液供应是成长发育的基础，如果大脑经常处于缺血状态，其发育必然会受到影响。

宝宝吃得过饱，其食入的热量就会大大超过其消耗的热量，使热能转变成脂肪在体内蓄积。如果脑组织的脂肪过多，就会引起"肥胖脑"。研究证实，人的智力与大脑沟回皱褶多少有关，大脑的沟回越明显，皱褶越多，智力水平越高。而"肥胖脑"使沟回紧紧靠在一起，皱褶消失，大脑皮质呈平滑样，而且神经网络的发育也差，所以，智力水平就会降低。

特别提示

如果宝宝吃得过多，则发生肥胖的可能性将显著增高。而儿童时期肥胖今后患肥胖症的概率极高，各种慢性疾病的发病风险也会大幅度增加。

日常护理，与宝宝的亲昵

不要让宝宝养成憋尿的习惯

不少宝宝有过憋尿的经历，有的是迫不得已，有的则是形成了习惯。而这种坏习惯一旦养成，久而久之会严重危害宝宝的健康。

宝宝憋尿的危害

· 宝宝正处于生长发育时期，憋尿更容易对神经功能产生不良影响，从而也会产生一系列病症。对于女孩来说，由于尿道短，憋尿将给病菌的感染提供机会。

· 少数宝宝由于经常憋尿，还会发生精神性遗尿，即膀胱内尿液不多时也想小便，或者一听到滴水声音、一看到厕所就想马上小便。

· 宝宝憋尿现象严重时，尿液中的病菌可以向上沿着输尿管到达肾脏，引起肾盂肾炎，甚至影响肾功能。

如何不让宝宝憋尿

· 让宝宝养成及时排尿的好习惯。如在宝宝看电视和玩游戏前，让宝宝先去厕所，以免玩到入迷忘了排尿，并为宝宝定好排尿的时间，尽管有时宝宝还没到尿多的时候，也还是让他排尿。这样坚持下去，宝宝便会习惯成自然。

· 及时发现宝宝憋尿的“先兆”。比如当宝宝精神紧张、坐立不安、夹紧或抖动双腿时，就要赶快问问宝宝是不是想排尿。对于有憋尿习惯的宝宝，父母应经常提示，催促宝宝排尿。如睡前宝宝饮水较多或吃大量的含水量较多的水果时，夜间应叫醒宝宝起来排尿。

· 如果发现宝宝经常憋尿，妈妈就要带宝宝去医院检查，看看宝宝的生殖系统是否发生了畸形，因为有些宝宝憋尿的原因跟生殖系统畸形有关。

如何让宝宝自己睡觉

这个时期的宝宝晚上睡觉越发喜欢缠着妈妈，对妈妈撒娇。要培养宝宝独自睡觉的习惯，让宝宝顺利摆脱对父母或照顾者的依赖。妈妈一定要掌握一些有效的方法。

给宝宝布置一个他喜欢的“窝”

如果宝宝有单独的房间，最好把房间装点得色彩丰富、明亮有趣，墙上贴一些宝宝的照片和他喜欢的动画人物。妈妈还可以在小床及周围独具匠心。比如把小床布置成小船、军舰、大汽车或胖胖熊等有趣的形状，周围挂上卡通小动物、带有悦耳声音的小玩具、漂亮的贴画等做装饰，再把宝宝平时喜欢的玩具摆在床边，告诉他，小动物是他的保护神。童趣弥漫的温馨小屋，可以给宝宝自己睡的勇气和信心。

进行一套简单的查看程序

如果宝宝在睡觉时哭了，妈妈回到他的房间，轻轻拍宝宝的后背，告诉他没事，不过现在是睡觉时间，不要把他抱起来或搂着他。妈妈的态度要温柔，同时立场坚定。然后离开，等上大概5分钟，再进去查看。重复以上步骤直到宝宝入睡，每次回去查看的时间间隔逐次延长。还要记得查看好，确保宝宝不是因为太热或睡衣太紧，或有什么其他不舒服而哭闹的。

在这一年龄段，宝宝的分离焦虑仍然存在，同时他想要自己做主的渴望也开始强烈起来，妈妈可以让他在临睡前有一些选择，比如穿哪件睡衣或听哪个故事，或者让他抱一个替代物，为他留一盏小夜灯或开着房间里的灯，这些做法都可能有帮助。

给宝宝固定的睡眠时间

坚持白天和晚间睡眠的固定模式，不要让宝宝愿意什么时候睡就什么时候睡。用一套固定的睡前程序来强化他应该上床睡觉的时间。

宝宝被动吸烟危害大

宝宝被动吸烟可能招致与吸烟者同样的病症，承受与吸烟者相似的危害：

· 增加宝宝下呼吸道感染的机会。爸爸吸烟，宝宝容易患支气管炎、细支气管炎或肺炎，发生率与爸爸的吸烟程度成正比。

· 易发哮喘。虽然吸烟不是导致宝宝哮喘的直接原因，却能增加哮喘的发作次数和频率。因为香烟燃烧时释放出来的化学物质会增加呼吸道黏膜的敏感性，造成哮喘的发生。

· 诱发厌食。宝宝被动吸烟后很难将吸入体内的有害物质排出。如果爸爸在宝宝进餐时吸烟，很容易影响宝宝的食欲，当宝宝将吃饭与吸烟联系起来，就可能出现厌食。

· 诱发中耳炎。烟雾缭绕的家庭环境会增加宝宝患急性（或慢性）中耳炎的可能性。

· 影响智力发育。即使是一点点“二手烟”都会对宝宝的智力造成伤害，尼古丁在体内分解的产物，会影响宝宝的智力发育。

一定要给宝宝穿内裤

好多妈妈为宝宝如厕方便而不给他穿内裤，这是没有意识到穿内裤的好处。从安全、卫生角度讲，穿内裤既能避免外来物损伤宝宝的生殖器官，又能减少细菌侵入，有利于培养宝宝的自我保护意识。

对于男宝宝来说，穿上内裤则可避免宝宝玩“小鸡鸡”。

宝宝吹空调，原则要遵守

炎热的天气一到，空调也将大派用场。然而，体质较弱的宝宝在空调房里待久易着凉、感冒，甚至出现过敏性鼻炎、结膜炎，为防患于未然，父母在夏季需学会科学用空调，这样宝宝才能安然度夏。

· 空调的温度不要调得太低，以室温26℃为宜；室内、外温差不宜过大，以3～5℃为佳。另外，夜间气温低，应及时调整空调温度。

· 开空调每6～8个小时应通风换气，最长也不要超过12小时，每次换气20～30分钟。尤其是傍晚开空调一直到晚上睡觉，在睡觉前应该换一次气。开空调的房间可以开一道小窗，有利于空气交换。换气时不想关空调可以把空调制冷温度调至最高。大人应避免在室内吸烟。如宝宝是过敏体质或呼吸系统有问题，可在室内装空气净化机，以改善空气质量。

· 宝宝皮肤娇嫩，出汗较多，服装用料应具有柔软、吸湿、透气性好的特点，以浅色的纯棉织物为宜。在空调房里宝宝的衣服要比成人多一件。出入空调房，要随时给宝宝增减衣服。晚上睡觉要给宝宝盖好被子，不要太厚，要把肚子、胸、肩膀、关节等敏感部位盖上。

· 由于空调房间内的空气较干燥，应及时给宝宝补充水分，并加强对干燥皮肤的护理。可以使用加湿器，时刻保湿。

· 空调的冷气出口不要直对着宝宝吹。每天至少为宝宝测量一次体温。

· 大约每隔半个月，父母要用大量的清水冲洗空调的空气过滤网（过滤膜），这样室内空气质量才能有所保障。同时，空调器中的冷却盘也要定期清洗。

教宝宝学穿脱衣服

1.5~2岁的宝宝应该学习自己穿衣、脱衣了，这是宝宝走向生活自理的一个重要的方面，妈妈不要操之过急，可以先让宝宝学会脱衣，再让宝宝学会穿衣。

从布娃娃开始练习

当宝宝表示要自己穿衣服、脱衣服的时候，可以让他用布娃娃做练习，先让宝宝分清衣服的正反面，然后给布娃娃脱去衣服，最后再穿上。他每完成一步就要表扬他，并让他有机会多练习。让他练习扣扣子、拉拉链、勾裤钩和解纽扣，最后练习系鞋带。家长要有耐心，不要期望宝宝很快就能学会，因为他还小，但最终会学会的。

从简单到复杂

在最开始， 妈妈要为宝宝选择穿脱起来都很简单的服装。对宝宝来讲，有松紧带的裙子和裤子，套头衬衫既好穿又好脱，而系扣子的大衣或带拉链的滑雪服就比较难对付。当他把简单的服装应付自如后，再逐渐让他穿式样较复杂的服装。

父母做好示范

宝宝凡事都喜欢照父母的样子做。如果你一边给宝宝穿衣服，一边做示范，宝宝便会喜欢去学。这样不仅可使宝宝学会正确穿法，而且也可使他习惯迅速穿衣服。

给予一定的提示

一旦发现宝宝遭遇困难，父母可以提供适时的指导与协助。比如说，教宝宝扣纽扣时，叮嘱宝宝要从下往上扣，这样会顺手一点，并要宝宝用一只手先扒开扣眼，再用另一只手捏紧纽扣，最后把纽扣扣进扣眼里。教宝宝穿袜子时，先让宝宝弄清袜跟不能穿到脚面上，而是应该正好套住脚后跟，并且帮助宝宝先把袜子卷起来，再让他把脚趾伸进袜筒内，然后一边伸一边拉袜口，这样穿起袜子来就容易多了。宝宝学得也会快很多。

培养良好的排便习惯

孩子在1岁半到2岁时，白天需要大小便，就已经知道主动喊大人协助了。因为，这时孩子的大脑中枢神经系统和外周的自主神经系统功能已经相对成熟，大脑能够发出指令，提示他的排泄器官控制大小便。因此，对1岁半以上的宝宝，家长可以通过训练他定时坐便盆来培养他建立良好的排便习惯。

掌握规律

听到尿流声音，看到自己的粪便，明白这是他自己的排泄物时，才是训练约束大小便的最佳时机，是最容易获得训练成功的阶段。所以家长需要找到自家宝宝排便的规律，因势利导，才能取到事半功倍的效果。

因势利导

宝宝一般是在早饭以后排大便，在这个时间段里，家长就不要用其他事情去干扰宝宝，按时鼓励他自己主动去坐便盆，既不要催他，也不要强迫他。每当宝宝自己排便成功时，他会表现出成功后的轻松和自豪感，此时父母必须及时地予以肯定，加以表扬和鼓励。

正面强化

由于宝宝约束大小便的能力尚需要一定时间去进行锻炼，所以在练习的过程中也会出现反复。遇到宝宝自己坐了一会儿便盆却又无功而返时，或者在宝宝无任何示意的情况下随意排泄，弄脏衣物或环境时，家长不要惩罚或批评他，要一面及时给他换干净的衣裤；一面告诉他这样管不住大小便是很臭、很脏、很不卫生的，宝宝也是很不舒服的。如果宝宝把臭的大小便排泄到盆里，就不会这么不舒服了。

总之，训练过程不会是一帆风顺的，要允许宝宝出现反复，遇到挫折不能心灰意冷，否则难免适得其反。

别让宝宝成了电视迷

宝宝的好奇心越来越强，开始对电视中变幻的画面表现出兴趣。如果父母为了摆脱宝宝的纠缠，用电视吸引宝宝的注意力，甚至长时间待在电视机前，就有可能培养出一个“小电视迷”。

宝宝的注意力很短

小儿注意的能力是随着年龄的增长而不断增强的。1.5～2岁的宝宝已开始能集中注意看图片、看电影、看电视、玩玩具、念儿歌、听故事等。但是，集中注意的时间较短，一般在15分钟左右，且以无意注意为主。因此，在宝宝看电视时，宝宝对电视屏幕中的影像注视时间很短。对电视中播放的内容也难以维持较长时间的注意力和注视兴趣。这就解释了宝宝为什么喜欢看变化快、色彩鲜艳的电视广告，而不喜欢看变化缓慢的画面。

宝宝对电视机的兴趣

有些父母认为，自己的宝宝确实爱看电视，实际上宝宝真正的兴趣不在电视内容上，而是能够和父母在一起，有父母和看护人陪伴是宝宝最大的满足。宝宝的兴趣也许在电视机遥控器上，按一下按钮就会有新的画面出现，是宝宝感兴趣的地方，宝宝把遥控器当做玩具玩了。

父母的引导很重要

宝宝不会从一开始就对电视节目产生浓厚兴趣，成为“电视迷”。如果宝宝真的在某一年龄段成了不可救药的“电视迷”，也是父母和看护人培养的结果。

就这一阶段宝宝的语言、思维、理解能力而言，电视中的绝大多数内容宝宝是看不懂的。因此，宝宝不可能对他看不懂的东西保持长时间的兴趣。事实上，爱看电视的不是宝宝，而是我们成人。成人看电视时是无暇顾及宝宝的，宝宝唯一的选择就是看电视了。如果父母能够为宝宝提供更适合其发育的游戏，宝宝就不会迷恋电视了。

疾病防护，做宝宝的家庭医生

宝宝小便发白怎么办

正常的尿液是无色或淡黄色透明的，如果出现尿白——淘米水样、石灰水样或牛奶样白色混浊的尿液，应该追究其发生的原因。

盐结晶尿

宝宝在进食含有草酸盐和碳酸类的食物，如菠菜、苋菜等绿叶蔬菜或香蕉、橘子和柿子等水果时，尿液中的盐类就增多，当这些物质随小便排出体外，遇冷就会有碳酸盐或磷酸盐等盐类结晶排出而使尿液变得混浊。此类情况多见于寒冷的季节，细心的父母如能将混浊的尿液加温煮沸，尿液也就转为澄清，真相也就大白了。一般这种尿液对宝宝的健康无害处，只要平时注意多给宝宝补充水分或口服维生素C，几天后淘米水样的小便就会自然地消失。

脓尿

尿色白，好像淘米水一样，常悬浮有絮状物，静置后有较多白色沉淀物，此类尿白者常常伴有尿急、尿频、尿痛、排尿不畅、发热等症状。如果出现这种情况，父母应该带宝宝到医院做进一步检查，确定感染部位和原因，进行针对性的治疗。

乳糜尿

尿色白，好像牛奶一样，有时混有白色凝块或血液。90%以上是由血丝虫病引起的，非丝虫性乳糜尿可因肿瘤压迫和腹后壁淋巴引流梗阻所致。

一旦发现宝宝尿色不正常，上医院就诊请教医生是十分必要的。

鼻窦炎给宝宝带来的危害

假如宝宝鼻涕不断，父母先不要着急，如果一般感冒愈后一周仍持续鼻塞、脓涕不断，就要考虑是否患上了鼻窦炎，应到医院耳鼻喉科检查确诊。

鼻窦炎的症状

宝宝一旦患了急性鼻窦炎，就会出现鼻塞、大量脓鼻涕，有些还会出现发热、拒食、咽痛、咳嗽、呼吸急促、烦躁不安，较大儿童可能会诉说有头痛，一侧面颊痛等症状。急性鼻窦炎治疗不彻底或反复发作。就会转变为慢性鼻窦炎，反复脓鼻涕、鼻塞、张口呼吸，甚至打鼾、头晕、头痛、注意力不集中、记忆力下降等现象多有出现。

由于宝宝的身体发育未完善，抵抗力弱，鼻窦炎可以引起多种并发症。如鼻涕可以倒流入气管、支气管，引起支气管炎、肺炎；鼻窦炎与邻近肥大的腺样体、扁桃体相互作用影响，导致长期慢性缺氧，影响颌面、胸廓及智力发育，其他还可引起中耳炎、上颌骨骨髓炎等。

防治鼻窦炎的方法

· 锻炼身体，营养平衡，增强体质，提高抵抗力，衣着保暖适度，减少感冒及其他急性传染病的发生，避免鼻窦黏膜肿胀，影响通气引流。

· 纠正宝宝喜欢抠鼻子的坏习惯，减少鼻外伤。

· 不要带宝宝到不清洁的水中游泳，以防止细菌流入鼻窦。

· 有特异体质的宝宝，如患哮喘、过敏性鼻炎等，要尽量避开过敏原，积极治疗原发病。

· 父母在家可以给宝宝进行局部热敷或采用鼻腔蒸汽吸入的方法，改善鼻窦炎的症状。

· 对于迁延不愈的儿童鼻窦炎，还可以进行上颌窦穿刺术，并置管5～7天进行窦腔冲洗。如果合并鼻腔其他疾病，如鼻中隔偏曲、鼻息肉等，应听从医嘱，选择适当时机进行手术治疗。

不让蛔虫再掠夺宝宝的营养

蛔虫病是宝宝常见的肠道寄生虫病。大量蛔虫寄生不仅消耗营养，而且妨碍正常消化与吸收，即使宝宝食量较大，也常造成营养不良、贫血，甚至发生生长发育迟缓、智力发育较差等现象。其并发症较多，有时可危及生命，所以必须积极防治。

宝宝有肠道寄生虫的症状

肠道蛔虫病可无任何症状，仅有食欲不佳和腹痛，疼痛一般不重，多位于脐周或稍上方，痛无定时，反复发作，持续时间不定。痛时揉按宝宝腹部，多无压痛，亦无肌紧张。

防治措施

应教育宝宝养成良好的卫生习惯，保持手的清洁，常剪指甲，不吸吮手指。无症状的感染，不必急于治疗，除非发生再感染，虫体一般于一年内可自然排出体外。对于感染较重或症状明显的，应给予治疗。

蛔虫卵主要通过手和食物传播。生吃瓜果不洗净，饭前便后不洗手，喜吃生凉拌菜和泡菜，喝不洁生冷水特别是河水，都是感染蛔虫的重要原因。宝宝玩物不洁、吮指、喜用嘴含东西也能带进蛔虫卵。

别让结膜炎找宝宝麻烦

结膜炎俗称红眼病，是一种宝宝经常会患的眼部传染病，是由于受到细菌、病毒的感染或眼睛中不慎落入灰尘和异物等原因造成的。这种疾病看似并不严重，如果不及时医治的话，细菌或病毒还会进一步侵袭大脑，从而对智力造成的影响。

宝宝患结膜炎如何护理

一旦宝宝感染上了红眼病，应及时带他去医院请眼科医生诊治，如果治疗不彻底可能变成慢性结膜炎。除了接受医生治疗外，还要学会自我保健。

· 保持眼部清洁。由于患急性结膜炎时眼部分泌物较多，所以不能单纯依靠药物治疗。护理眼部，保持清洁很重要。父母可以给宝宝用生理盐水或3%的硼酸液洗眼或眼浴，再滴入眼药才能充分发挥其药效。不论眼药水还是眼药膏均应专人专用，以免交叉感染，滴眼后应洗手。

· 初期冷敷，慎用激素类眼药。急性结膜炎初起时眼部宜做冷敷，有助于消肿退红。在炎症没有得到控制时，忌用激素类眼药。

· 避光避热，少用眼。父母带宝宝出门时，可让宝宝戴上太阳镜，以避免阳光、风沙、灰尘等刺激。此外，要让宝宝少用眼，不要勉强看书或看电视，多闭眼休息。为了使眼部分泌物排出通畅、降低局部温度、抑制致病菌繁殖生长，眼部不可包扎或戴眼罩。

· 饮食清淡，多食蔬菜、新鲜水果等，保持大便通畅。

结膜炎如何预防

红眼病好发于春季，而且传染性极强。在春季的时候，父母对宝宝红眼病的预防工作要格外重视。红眼病是通过接触传染的眼病，如接触患者用过的毛巾、洗脸用具、水龙头、门把手、游泳池的水、公共玩具等。因此，尽量不要或少带宝宝去人群密集的公共场所，比如游泳池、电影院、商场超市等，以免宝宝被传染。平时要教宝宝注意个人卫生，不用脏手揉眼睛，要勤剪指甲，饭前便后要洗手。

别让疳症影响宝宝的生长发育

祖国医学中的“疳症”有两层含义：其一“疳者，甘也”，是指小儿无节制地吃肥甘厚腻，损伤脾胃，形成疳症，说明它的病因；其二“疳者，干也”，是指气液干涸，形体消瘦，说明它的症状。宝宝疳症最早出现的症状是体重减轻，消瘦，皮下脂肪减少，皮肤毛发干涩、弹性小，面色焦黄，精神不振，活动减少，肌肉无力。轻度疳症对宝宝的早期发育影响不明显，长期尤其重度疳症则可影响宝宝的生长发育。

小儿疳症的家庭预防

· 定期健康检测。定期检查宝宝各项生长发育指标，如身高、体重、乳牙数目等，早期发现小儿在生长发育上的偏离，尽早加以矫治。

· 积极防治疾病。积极预防治疗各种传染病及感染性疾病，特别是肺炎、腹泻，保证胃肠道正常消化吸收功能，腹泻时不应该过分禁食或减少进食。腹泻好转即逐渐恢复正常饮食。

· 执行合理的生活制度。保证宝宝睡眠充足，培养良好的饮食习惯，防止挑食、偏食，不要过多地吃零食。经常带宝宝到户外，呼吸新鲜空气，多晒太阳，常开展户外活动及体育锻炼，增强体质。

小儿疳症的中医疗法

中医治疗疳症，首先考虑调整饮食。患病较轻的宝宝，父母可在医生的指导下改进喂养宝宝的方式方法，患儿可以及时治愈。患病较重的宝宝，需要更换饮食，给予减龄饮食，如幼儿吃婴儿的饮食，大龄宝宝吃小龄宝宝的饮食，等消化系统的情况好转后，再逐渐增加热量和蛋白质，逐步过渡到同龄饮食。

中医治疗疳症有独到之处且效果好，下面介绍两种方法：

· 鸡内金30克，用瓦片焙黄，研成细末开水冲服。

· 山楂、麦冬各30克，萝卜250克，共煎汤，加入适量白糖调味，饮汤食萝卜。

亲子乐园，培养聪明宝宝

我知道

目的：宝宝1岁以后记忆力有了很大发展，能记住生活中的一些事情，这个游戏可以帮助宝宝调动自己的记忆储存，强化其记忆能力。

准备：宝宝识物图片和字卡若干张，内容包括宝宝鞋、图画书、眼镜、摇篮、奶瓶、手表、电脑、报纸、女式服装、手提包、领带等。

方法：

· 妈妈出示图片，让宝宝说说这些东西是什么，哪些东西是宝宝用的，哪些是爸爸、妈妈用的。

· 教宝宝认识相应的字卡。妈妈拿出一张图片，让宝宝找出相应字卡。

· 宝宝学会后可以增加难度，多准备一些图片，爸爸和宝宝一起找，让家庭游戏充满乐趣。

注意：选择宝宝比较熟悉的物品图片。当宝宝不能顺利把图片与字卡对应上时，妈妈不要急躁，以免挫伤宝宝的积极性。

对应游戏

目的：了解事物简单的对应关系。

准备：4块宽为5厘米的硬纸片，以及一些小狗、小猫、小兔子等的图片。

方法：

把这些图片贴到硬纸上，然后问幼儿“小狗最爱吃什么？”“小兔最爱吃什么？”等，让幼儿根据动物的习性，把食物与动物对应起来。

注意：随着训练的发展，可逐渐增加动物及物品的数量。

认识上、下

目的：通过让宝宝认识“上”、“下”等方位概念，提高宝宝的观察思考能力和逻辑思维能力。

准备：两件不同的玩具，如一只玩具狗、一只玩具猪。

方法：

· 妈妈先把小狗放在椅子上面，告诉宝宝：“小狗在椅子上面。”

· 再把小猪放在椅子下面，告诉宝宝：“小猪在下面。”

· 让宝宝根据妈妈的要求，分别将小狗、小猪放到椅子的上面或下面。

注意：下一次进行这项训练时，可以换一些不同的玩具，也可以将玩具放在桌子、茶几、床等家具的上面或下面。前后、左右、高低等空间概念也可以用类似的方法教给宝宝。

小小降落伞

目的：可以锻炼宝宝抛接物体的技能，培养宝宝的观察能力。

准备：小手帕、线、小石头。

方法：

· 引导宝宝自己动手，在一块手绢的四个角上拴上四根等长的线，然后把这四根等长的线绑在小石头上。

· 让宝宝举起手中的“降落伞”，把它往下放，降落伞在空中张开，慢慢落下来，宝宝再用手接住。

注意：鼓励宝宝调节四根线的长度，观察降落伞在降落的时候会有什么变化。

石头、剪刀、布

目的：刺激宝宝左右脑同时运作，反过来又同时刺激左右脑发展。

准备：妈妈需熟悉这个活动，还要给宝宝讲解基本规则，在室内室外均可。

方法：

· 当妈妈出示“石头”（拳头）时，宝宝要想“战胜”妈妈，必须要学会快速出“布”（手掌）。

· 此时，他右脑的图像呈现将快速形成。而左脑的逻辑思想（即布是可以包“石头”的）必须同时迅速做出判断。此时右脑又“命令”手立即做出“布”的动作。

· 于是宝宝的大脑出现右——左——右的交替运动，如此反复多次，就是很好的大脑体操。

注意：随着宝宝对游戏更熟练，妈妈可以逐步加快做手势的速度。

走木板

目的：提高宝宝的平衡能力为宝宝以后平稳走路打好基础。

准备：一块20厘米宽、1米长的木板。

方法：

· 将木板放在地上，然后让宝宝踏上木板的一端，慢慢在上面行走到另一端。

· 宝宝要在上面走，两脚就需要略微并拢，这样就能帮助宝宝练习身体的平衡性。

· 如果宝宝能顺利地走完，妈妈要奖励宝宝，比如奖给宝宝他爱吃的东西或一个玩具等，从而让宝宝更有兴趣将游戏进行下去。

注意：2岁前的宝宝在学走木板时，还是有点困难的，但是只要宝宝集中精力还是能走下来的。

捉尾巴

目的：让宝宝练习追逐跑，提高宝宝的大动作和反应能力。

准备：2条彩带或其他物品当做尾巴。

方法：

- 用彩带（或其他物品）在宝宝和家长身后各系一条尾巴。
- 捉到宝宝的尾巴时，要让他大声学小猫叫。
- 在训练的过程中，家长要提醒宝宝在捉对方尾巴的同时，还要保护好自己的尾巴不被对方捉到。

注意：这个训练可以一家人一起玩，以促进亲子感情。

扮鸭子

目的：培养幼儿的模仿能力。训练幼儿念简短的儿歌，促进语言发展。

准备：不需要特别的准备，选择在宝宝情绪好的时候游戏。

方法：

- 父母扮作鸭妈妈，让宝宝当小鸭。鸭妈妈领着小鸭边找东西边走，并发出“呱呱呱”的叫声，头一摇一摆，模仿小鸭吃食。
- 让宝宝跟着模仿，可以随口念儿歌：“嘎嘎，我是小小鸭。”让宝宝跟着模仿。
- 玩过几遍后，让幼儿尝试做鸭妈妈，父母在适当的时候给宝宝以提示或帮助，让宝宝体验扮演不同角色的快乐。
- 随便更换模仿动作，锻炼幼儿学说简单句的能力。

注意：学说简单句很重要， 它能够帮助幼儿掌握标准的语音，调动幼儿想说话的积极性。

往爸爸身上爬

目的：这个时期的宝宝虽然学会了走路、跑跳，但爬行对他们来说仍然是一个很重要的活动项目。这个游戏可以训练宝宝的爬行和翻越能力，促进其大脑的发育。

准备：床上或地板上。

方法：

· 爸爸俯卧在床上，腰略拱起，让宝宝在爸爸的腿部和背部爬上爬下。

· 多次练习后，爸爸用手臂支撑在床上，跪下，使体位抬高，引导宝宝从爸爸腿部向背部爬行。

· 当宝宝爬到爸爸背部时，让宝宝将双臂绕在爸爸的颈部，爸爸背着宝宝来回爬行，然后将宝宝从背上滑放到床上。

· 在家中准备一块较大的活动场地，让爸爸和宝宝比赛，看谁爬得快。

注意：在游戏过程中要鼓励宝宝大胆向上爬，增强宝宝战胜困难的勇气。宝宝爬的时候，妈妈要在旁边保护，以免宝宝玩得兴起，出现意外。

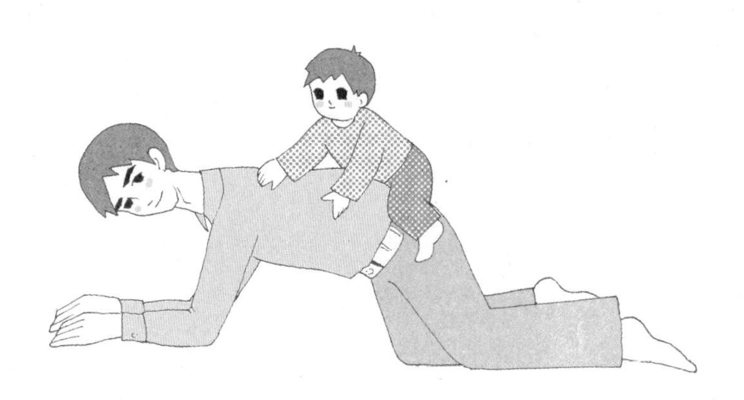

小兔子乖乖

目的：这个游戏，可以提高宝宝的警惕性，让宝宝明确“不能给陌生人开门”的简单道理。潜移默化的教育可以使宝宝分辨好坏的能力得到提高，为今后的学习和生活打下良好的心理基础。

准备：家中或室外较大的游戏空间。

方法：

· 妈妈教宝宝唱《小兔子乖乖》的歌谣，让宝宝了解故事情节。“小兔子乖乖，把门儿开开，妈妈回来，快点开开。不开不开，不能开，妈妈没回来，谁来也不开。”

· 宝宝装扮成兔宝宝，妈妈扮作兔妈妈去采蘑菇，和宝宝说“再见”。爸爸装扮成大灰狼，捏着嗓子说：“小兔子乖乖，把门儿开开，我是妈妈。”宝宝说：“啊，是妈妈回来了！”跑去“开门”。“大灰狼”一进门，就把宝宝“吃”了。

· 再进行第二遍，宝宝就说：“你不是妈妈，不给你开门。”

注意：家人要和宝宝多接触，让宝宝能够分辨家人、朋友与陌生人。

舀豆子游戏

目的：锻炼宝宝手眼协调能力。

准备：2个小碗、汤勺、豆子等物品。

方法：

· 妈妈用2个小碗、汤勺、各种大小的豆子，先把各种豆子分类放入碗内。

· 然后，用勺子示范舀的动作，并鼓励宝宝尝试用勺子去舀豆子。

注意：妈妈在做这个游戏的时候，请注意不要让宝宝误吞豆子。

数一数

目的：培养宝宝的计算能力，提升宝宝的数学能力。

准备：在自己家里即可。

方法：

· 如妈妈可以先提问："电灯在哪里？"

· 宝宝找着电灯后，告诉宝宝："数数看，咱们家有几盏灯？"让宝宝自己伸出小指头一边点一边数。

· 数完后让宝宝说出数词或量词。

· 然后可以再提问"椅子在哪里？""玩具在哪里？"等。

注意：在数之前可以先练习口头数数。

模仿操

目的：锻炼动作模仿能力，培养宝宝的愉快情绪。

准备：找一些人和物做动作的模型或图片。

方法：

· 开飞机：让幼儿两臂伸直举平作机翼，在地上小跑或弯腰直起做飞机下降、俯冲状。

· 开火车：让幼儿两臂提起做跑步状，左右交替前伸后撤，做开火车动作。

· 划船：教幼儿右脚在前，两臂半握拳，屈曲于体侧，由前向后转动，做划船的动作。

· 洗手：让幼儿两臂弯曲，两掌相对前后摩擦。

注意：也可随儿歌节奏，学各种动物的动作。

22～24个月，宝宝的独立意识越来越强

这个阶段，宝宝的独立性发展表现突出，常喜欢“自己干”，尽管他常常“干”不好，但在父母帮助或“干涉”他时，会闹脾气。当宝宝高兴时，他会积极主动地与父母“沟通”、“交流”感情。宝宝独立意识的增强还表现在他会改变甚至自己发明玩具的玩法。

发育特点，宝宝成长脚印

身体发育指标

2岁左右的幼儿腹部前突已不如之前明显。宝宝变得越来越淘气，做事喜欢重复，并开始有了一定的顺序和规律性。父母会发现他总是闲不住。

22月宝宝

发育指标	男婴	女婴
体重（千克）	9.7～14.8	9.1～14.0
身长（厘米）	79.4～92.0	78.3～91.1
头围（厘米）	48.2	47.1
胸围（厘米）	49.4	48.2

23月宝宝

发育指标	男婴	女婴
体重（千克）	9.8～15.0	9.3～14.2
身长（厘米）	80.2～93.5	79.1～92.1
头围（厘米）	48.2	47.1
胸围（厘米）	49.4	48.2

24月宝宝

发育指标	男婴	女婴
体重（千克）	9.9～15.2	9.4～14.5
身长（厘米）	80.9～94.4	79.9～93.0
头围（厘米）	48.2	47.1
胸围（厘米）	49.4	48.2

视觉发育

2岁左右的宝宝两眼协调能力较好，视力已达到0.5。宝宝对自己感兴趣的事物开始有意注意并能记住，观察图片的能力也有了很大的提高。

听觉发育

宝宝对各种各样的声音越来越敏感，能区别不同高低的声音，而且还能复述或模仿一些声音。2岁的宝宝特别喜欢听节奏感强的音乐和诗歌。

动作发育

将近2岁的宝宝走路已经很稳了，能够跑，还能自己单独上下楼梯。如果有什么东西掉在地上了，他会马上蹲下去把它捡起来。这时的宝宝很喜欢大运动量的活动和游戏，如跑、跳、爬、跳舞、踢球等，并且很淘气，常会爬到椅子上去拿东西。宝宝用一只手就可以拿着小杯子很熟练地喝水了，使用匙的技术也有很大提高，能把6～7块积木叠起来，会把珠子串起来，还会用蜡笔在纸上模仿着画画。

语言发育

将近2岁的幼儿记忆力提高了，大约已掌握了300个词汇。能够迅速说出自己熟悉的物品名称，会说自己的名字，会说简单的句子，能够使用动词和代词，并且说话时具有音调变化。开始学着唱一些简单的歌曲，还喜欢猜一些简单的谜语。

心理发育

2岁左右的幼儿喜欢看图片，喜欢听故事，喜欢看电视动画片，喜欢大运动量游戏，也很喜欢模仿大人的动作。他会学习把玩具收拾好，并且对自己能独立完成一些事情感到很骄傲。2岁左右的幼儿很爱表现自己，也很自私，不愿把东西分给别人。这时他还不能区分什么是正确的，什么是错误的。

2岁左右的幼儿，胆量大一些了，不像以前那样畏缩，不再处处需要父母的保护，他不再像以前那样时刻依赖着大人，能够较独立地活动。

科学喂养，均衡宝宝的营养

宝宝饮食不可过于鲜美

一些年轻的父母在宝宝厌食或胃口不好而不愿吃饭时，往往会在菜肴中多加些味精，以使饭菜味道鲜美来“刺激”宝宝的食欲；或让宝宝一次进食大量美味的鸡、鸭、鱼、肉，而不加控制，这种做法是不可取的。

宝宝饮食过于鲜美会导致宝宝缺锌

味精的主要成分的是谷氨酸钠，味精（即谷氨酸钠）进入人体后，在肝脏中被谷氨酸丙酮酸转移酶转化，生成谷氨酸后再被人体吸收。过量的谷氨酸能把婴幼儿血液中的锌逐渐带走，导致机体缺锌。因为大量食入谷氨酸钠，能使血液里的锌转变为谷氨酸锌，随尿排出体外。

锌是人体内重要的微量元素，具有维持人体正常发育生长的作用，对于婴幼儿来说更是不可缺少的。而婴幼儿一旦缺锌，便可出现味觉迟钝甚至厌食，日久可造成智力减退、生长迟缓、性晚熟等不良后果。

宝宝饮食过于鲜美会导致美味综合征

一味追求鲜美会使宝宝产生美味综合征。美味综合征的病因是，鸡、鸭、鱼、肉等美味食品中含有较多的谷氨酸钠，它是味精的主要成分，食入过多会使新陈代谢出现异常，导致疾病的发生。美味综合征的表现一般是在进食后半小时发病，出现头昏脑涨、眩晕无力、心慌、气喘等症状，有些宝宝表现为上肢麻木、下肢颤抖，个别的则表现为恶心及上腹部不适。

“耍花招”让宝宝吃出营养

让宝宝吃得营养又健康，是每个做父母的心愿。但是，在宝宝吃饭的问题上，妈妈们常常遇到宝宝任性的时候——不喜欢吃花菜，喜欢吃甜食，喜欢吃冰冷的东西……这时候，妈妈不妨试试一些“小花招”让宝宝吃出营养！

给宝宝吃“混合饭”

将家里常吃的白米饭换成由黑米、白米和小米组成的“混合饭”。黑米富含大于白米三倍的粗纤维，仅1/4茶杯的黑米就包含约1克重的粗纤维。另外，主食的色彩变得丰富后更能吸引宝宝的注意力，刺激食欲。

自制冰激凌

在巧克力全麦饼干上撒些低脂奶酪，经冷冻之后，即可用来代替宝宝想要的冰激凌三明治。这样做的好处是既能降低70%的脂肪，又可增添谷物的摄入量。

冰爽水果

妈妈可以将一些小块的菠萝、甜瓜和香蕉穿成水果串，冻在一起，制成冰爽水果，让宝宝摄入更多的高纤维水果。

美味肉酱

对于不喜欢吃瘦肉的宝宝，如果将瘦肉切成小块，与芝麻、花生酱混合在一起制成美味的肉酱，他们也会狼吞虎咽的。由此，宝宝们可以得到每日所需的蛋白质和钙质。另外甜酸酱、烤肉酱也可尝试。

蔬菜汉堡

很多宝宝都不喜欢那些闻着有“怪味”、表面有粗糙纹路，或者看上去颜色深绿的蔬菜。妈妈可以偷偷地将蔬菜藏在宝宝的比萨饼或汉堡包中，即将洋葱和菠菜切成适合宝宝咀嚼的小块，在加番茄酱和乳酪之前先将它们撒在饼上。宝宝们不会尝出有何不同，更不会拒绝和抱怨它。

给宝宝喝果汁的误区

几乎所有宝宝都爱喝果汁，但是在给宝宝喝果汁的过程中，妈妈可能不知不觉便踏进了误区。

拿果汁当水喝

适当喝些果汁固然对宝宝身体健康有好处，但绝不能让它影响甚至代替一日三餐的正常饮食、饮水。进餐前，父母不应让宝宝饮果汁，否则会影响食欲，尤其是在夏天，一般每天以不超过300毫升的果汁摄入量为宜。长期过量饮用果汁可能导致肾脏病变，产生一种称作“果汁尿”的病症。另外，过多摄入果糖会引起消化不良和酸中毒现象。

将果汁过度加热

不少妈妈有将水果榨汁加热后再给宝宝饮用的习惯，特别在冬季更是如此，殊不知，水果在榨汁过程中会在一定程度上破坏维生素，而过度加热则加剧了这种对维生素的破坏程度。因此，加热果汁时温度不宜过高，时间不宜过长。

喝完果汁不漱口

有的妈妈在给宝宝喝完果汁后，常常不注意给宝宝清洁口腔，这很容易对宝宝的口腔健康造成不良影响，如易导致龋齿形成等。每次给宝宝喝完果汁后，特别是临睡前，妈妈应给宝宝喝少量白开水，以帮助宝宝清洁口腔。

药物和果汁同服

果汁中含有大量维生素C，呈酸性，如将一些不耐酸的或碱性的药物与果汁同服，不仅会降低药效，还会引起不良反应。如磺胺类药与果汁同服会加重肾脏的负担，对患者健康不利。

根据宝宝的体质选食水果

给宝宝选食水果时，要注意与体质、身体状况相结合。舌苔厚、便秘、体质偏热的宝宝，最好选择吃寒凉性水果，如梨、西瓜、香蕉、猕猴桃、芒果等，它们可以起到“败火”的作用。

· 当宝宝缺乏维生素A、维生素C时，多吃含胡萝卜素的杏、甜瓜及葡萄柚，能给身体补充大量的维生素A和维生素C。

· 秋冬季节宝宝患急、慢性气管炎时，吃柑橘可疏通经络，消除痰积，有助于治疗。但柑橘不能过多食用，吃多了会引起宝宝上火。可以给宝宝经常做些梨粥喝，或是用梨加冰糖炖水喝，因为梨性寒，可润肺生津、清肺热，从而止咳祛痰。但宝宝腹泻时不宜吃梨。

· 宝宝消化不良时，应该给他吃煮熟的苹果。在幼儿排便不通畅的时候，生食苹果最适宜。如果宝宝咳嗽且声音嘶哑，可用苹果榨汁给宝宝喝，能起到润肠止咳的功效。

常吃果冻会影响营养的吸收

果冻布丁，晶莹剔透、味道鲜美、口感好，为许多小宝宝所喜爱。实际上，果冻类食品并非来源于水果，而是人工制造物。常吃果冻影响宝宝的营养吸收。

果冻的主要成分是海藻酸钠。虽然其来源于海藻与其他植物，但它在提取过程中，经过酸、碱、漂白等处理，许多维生素、矿物质等成分几乎完全丧失，而海藻酸钠、琼脂等都属于膳食纤维，不易被消化吸收。如果吃得过多，会影响宝宝对蛋白质、脂肪的消化吸收，也会降低对铁、锌等无机盐的吸收率。

果冻里的添加剂损害宝宝身体健康。一般来说，果冻中都会加入人工合成色素、食用香精、甜味剂、酸味剂等。而且，有些“果味”果冻中并没有果汁、果肉，而是添加了果味香精和色素，这样的果冻不仅营养价值不高，而且对宝宝身体健康有害。

适当吃坚果让宝宝更聪明

适时适量地给宝宝吃一些坚果类食物，能使宝宝更聪明、更健康。

这个年龄段是宝宝脑部和视力发展的黄金时期，而坚果类食物中还含有丰富的钙、铁、锌等矿物质以及维生素E和B族维生素，其中还含有人体自身不能合成、必须由食物提供的必需脂肪酸如亚油酸、亚麻酸等，这些是构成脑细胞的重要成分。由于脂肪含量高，并且含有糖类，故坚果类食物可提供较高的热量，有些坚果类食物比谷类食物所含的热量还要高很多。

坚果食物包括花生、核桃、莲子、栗子等，其中蛋白质的含量较高，而这些食物恰恰是儿童较易缺乏的营养物质。因此，有选择地适当吃些坚果类食物有益于宝宝的健康。

给缺锌的宝宝重点补锌

有些宝宝属于容易缺锌的高危人群，应列为补锌的重点对象。

罹患佝偻病的宝宝

这些宝宝因治疗疾病需要而服用钙制剂，而体内钙水平升高后，就会抑制肠道对锌的吸收。同时，宝宝食物中的锌摄入减少，很容易发生缺锌。

过分偏食的宝宝

宝宝从小拒绝吃任何肉类、蛋类、奶类及其制品， 这样非常容易缺锌。

过分好动的宝宝

不少宝宝尤其是男宝宝，过分好动，经常出汗甚至大汗淋漓，而汗水也是人体排锌的渠道之一。

如何给宝宝补锌

妈妈首先要改善宝宝的饮食习惯，设法帮助宝宝克服挑食、偏食的毛病。在宝宝饮食中添加富含锌的天然食物，如海鱼、牡蛎、贝类等海产品，动物肝脏、花生、豆制品、坚果、麦芽、麦麸、蛋黄、奶制品等。一般禽肉类，特别是红肉类动物性食物含锌多，且吸收率也高于植物性食品。

粗粉含锌多于精粉；发酵食品的锌吸收率高，也应多给宝宝吃一些。

宝宝可以喝的健康饮料

虽然专家指出，白开水才是婴幼儿的最好饮料，但苦于宝宝大多不喜欢喝白开水，于是不少父母只好为宝宝提供一些美味的饮料。确实，适当让宝宝喝一些饮料，不仅可以达到补水的目的，而且还可以补充随汗和小便排出的矿物质及一些营养素。不过，适合宝宝饮用的饮料并不多，这就需要父母为宝宝做出明智的选择。

矿泉水

矿泉水是天然物质，包含有儿童需要的矿物质，是一种很好的饮料。但必须注意，一些不合格的人工矿泉水，其中的铅、汞、镉等有害物质常常大量超标，这样的矿泉水决不能给宝宝喝。

原味鲜果汁

妈妈可用新鲜的水果（如橘子、番茄、柠檬、猕猴桃、西瓜等）自制果汁，其中都含有大量的维生素C和丰富的钠、钾等矿物质，常喝对宝宝的健康有益。应用温开水稀释后再给宝宝喝。

消暑饮料

最常见的消暑饮料当属绿豆水和酸梅汤了。另外，用红枣皮、绿豆花、扁豆花、杨梅等一起熬煮成汤，加一点冰糖，也是消暑的好饮料。

不要让宝宝养成边吃边玩的坏习惯

宝宝一边吃饭一边玩是一种很坏的进食习惯，它既不科学又不卫生。正常情况下，人体在进餐期间血液会聚集到胃部，以加强对食物的消化与吸收。如果一边吃饭一边玩，就会使一部分血液被分配到身体的其他部位，从而减少了胃部的血流量，这样必然影响到各种消化酶的分泌，还会使胃的蠕动减慢，妨碍对食物的充分消化，必然造成消化功能减弱，导致宝宝食欲缺乏。

另外，如果宝宝吃几口就玩一阵子，必然使进餐的时间延长，使饭菜变凉，还容易被污染，也会影响胃肠道的消化功能，还会加重孩子的厌食。

边吃边玩的毛病不仅损害了宝宝的身体健康，也会使宝宝从小养成做什么事都不专心、不认真、注意力不集中的坏习惯。

要改变宝宝边吃边玩的坏习惯，就要重视培养宝宝定时、定地点吃饭的良好饮食习惯，同时还要注意饭前1小时内不要给宝宝吃零食。

为什么宝宝吃得多却长不胖

宝宝吃得多，摄入的营养素多，就应该长胖，这是有一定道理的。但是现实生活中，往往有的宝宝吃得多却总长不胖，这是为什么呢？

· 快2岁的宝宝活动量加大，在饮食方面要求也更高，如果每天所摄取的营养素跟不上宝宝运动量的需要，就会长不胖。

· 宝宝对食物的消化吸收差，吃得多，拉得也多，食物的营养素没有被人体充分吸收利用。如果宝宝所吃的食物其主要营养素蛋白质、脂肪等含量低，长期吃这类食物，就算吃得再多，宝宝的体重也不会增加。

· 如果宝宝消化道有寄生虫，如蛔虫、钩虫等摄取和消耗了营养物质，这样宝宝也不能长胖。

日常护理，与宝宝的亲昵

教宝宝学刷牙

要想让宝宝拥有健康的牙齿，父母除了要学会科学地帮宝宝选择牙刷、牙膏，还要教宝宝正确的刷牙方法。

宝宝应从何时开始刷牙

2岁后的小宝宝就可以开始学习刷牙了。父母可以为宝宝购买儿童专用的牙刷和漱口杯。每天父母刷牙时，让宝宝学习模仿，父母要非常耐心地教宝宝正确的刷牙方法。同时要培养宝宝的刷牙兴趣。经过大约1年的练习，宝宝基本可以学会刷牙了。在宝宝3岁后，就可以自己独立刷牙了。

正确刷牙的方法

· 科学刷牙的最佳次数和时间要遵循“三、三、三”原则，也就是每天刷牙3次，每次都在饭后3分钟后刷牙，同时每次刷牙2～3分钟。刷牙时间过长或力度过大反而会损害牙齿上的牙釉质。

· 科学的、符合口腔卫生保健要求的刷牙方法是竖刷法，即顺牙缝方向刷。先刷牙齿的表面，将牙刷刷毛与牙齿表面成45°角斜放并轻压在牙齿和牙龈的交界处，轻轻地做小圆弧的旋转，上排的牙齿从牙龈处往下刷，下排的牙齿从牙龈处往上刷。然后刷牙齿的内外侧。用正确的刷牙角度和动作清洁上下颌牙齿的内侧和外侧。刷前牙内侧时，要把牙刷竖起来清洁牙齿。最后刷咬合面，将牙刷头部毛尖放在咬食物的牙面上旋转移动。这种方法基本上可以把牙缝内咬合面上、牙齿的里外、面上滞留的食物残渣黏结物刷洗干净。

正确为宝宝擤鼻涕

这个阶段宝宝自理能力还很差，还不知道该如何处理鼻涕，有的宝宝用衣袖一抹弄得到处都是，有的宝宝鼻涕多了也不擤，而是使劲一吸，咽到肚子里，这样很不卫生，还会影响身体健康。因此教宝宝学会正确擤鼻涕很有必要。

在日常生活中最常见的一种错误擤鼻涕方法，就是捏住两个鼻孔用力擤。这样做不卫生，容易把带有细菌的鼻涕，通过咽鼓管（即鼻耳之间的通道）擤到中耳腔内，引起中耳炎，易致宝宝的听力减退。严重时，由中耳炎引起脑脓肿而危及生命。因此家长一定要纠正宝宝这种不正确的擤鼻涕方法。

正确的擤鼻涕方法是，教宝宝用手绢或卫生纸盖住鼻孔，先用一指压住一侧鼻翼，使该侧的鼻腔阻塞，让宝宝闭上嘴，用力将鼻涕擤出，后用拇、食指从鼻孔下方的两侧往中间对齐，将鼻涕擦净，两侧交替进行。

戒除宝宝对奶瓶的依恋

有的宝宝2岁多仍离不开奶瓶，这有习惯和依恋两方面的原因。如果只是习惯，对宝宝来说比较容易改为用杯或碗喝奶。但如果是依恋，则比较难撤掉奶瓶，因为这样的宝宝往往安全感差，总要寻找一个亲切、熟悉的东西作为依恋的对象，而奶瓶往往就是最易被宝宝依恋的一件东西。

如果这时硬性撤掉奶瓶，会对宝宝产生较强的心理打击，使他恐惧不安，反而影响以后良好性格的建立。如果宝宝依恋奶瓶，父母可以逐渐改变奶瓶里的东西，使宝宝对奶瓶慢慢失去兴趣。如逐渐稀释奶瓶里的奶，最后只装白开水，宝宝对只装水的奶瓶很快就会失去兴趣。

如果宝宝还需要奶瓶作为护身符，不必非撤掉它，父母也不必太过着急。当宝宝与外界接触增多，自立能力增强时，他会自动放弃奶瓶的。

让宝宝健康度夏

夏天，宝宝（特别是2岁以前的婴幼儿）调节体温的中枢神经系统还没有发育完善，对外界的高温不能适应，加上炎热天气的影响，使胃肠道消化液分泌减少，造成消化功能下降，很容易患病。所以妈妈要注意夏天的保健工作，让宝宝健康地过好夏天。

夏季衣着

宝宝夏季的衣着要柔软、轻薄、透气性强。衣服的样式要简单，像小背心、三角裤、小短裙，既能吸汗又穿脱方便，容易洗涤。衣服不要用化纤的料子，最好用棉布、纱、丝绸等吸水性强、透气性好的布料，宝宝不容易患皮炎或生痱子。

每天都要洗澡

每天可洗1～2次温水澡，用少量儿童专用香皂。为防止宝宝生痱子，妈妈可用马齿苋（一种药用植物）煮水给宝宝洗澡，防痱子效果不错。

保证宝宝足够的睡眠

无论如何，也要保证宝宝有足够的睡眠时间。最好养成每天中午睡午觉的习惯。夏天宝宝睡着后，往往身上会出许多汗，此时切不要开电风扇，以免宝宝着凉。既要避免宝宝睡时穿得太多，也不可让宝宝赤身裸体睡觉。睡觉时应该在宝宝肚子上盖一条薄的小毛巾被。

夏季饮食

食物应既富有营养又讲究卫生。夏天，宝宝宜食用清淡而富有营养的食物，少吃油炸、煎烹等油腻食物。给宝宝喂牛奶的饮具要消毒。鲜牛奶要随购随饮，其他饮料也一样。另外，生吃瓜果要洗净、消毒，水果必须洗净后再削皮食用。

补充水分

夏天出汗多，妈妈要给宝宝补充水分。否则，会使宝宝因体内水分减少而发生口渴、尿少。西瓜汁不但能消暑解渴，还能补充糖类与维生素等营养物质，应给宝宝适当饮用一些，但不可喂得太多而伤脾胃。

让宝宝学会配合洗头

培养宝宝洗头发的习惯，是令一些母亲头疼的事情。因为有些宝宝害怕将头放进水里甚至害怕靠近水。那么如何才能让宝宝配合呢?

可以用喷头来洗头发，让宝宝站在板凳上，用洗脸盆洗，也可以让宝宝在卫生间用淋浴的喷头来洗头发。

如果宝宝刚剪过头发，在洗头时，你可以先和他玩理发的游戏，假装要把你和宝宝的头发修剪成各种发型，用这种游戏来激起宝宝爱洗头的兴趣。

宝宝如果怕泡沫流进眼睛里，你最好用那种不刺激眼睛的洗发精，最好不要让他的眼睛和脸部有洗发精泡沫存留。

在洗头发时，给宝宝一块毛巾，让他保护好鼻子和眼睛，然后给宝宝抹上洗发精，慢慢地将热水冲到他的头顶和枕后部。

男宝宝爱玩“小鸡鸡”的对策

有些1～2岁的男宝宝平时爱玩自己的“小鸡鸡”，这边妈妈刚把他的小手拿开，那边他的小手又不自觉地伸了过去。这么小的宝宝还没有性的概念，玩自己的“小鸡鸡”就同他玩自己的小手、小脚一样，没什么觉得特别的。妈妈没有必要把事情看得那么严重。当然，宝宝爱玩自己的“小鸡鸡”确实不是一个好习惯，妈妈应想办法予以纠正。

转移注意力

当宝宝再玩“小鸡鸡”时，妈妈不要对他大声呵斥，更不要打骂。宝宝并不知道这样做不好，妈妈应尽可能转移他的注意力，如给他新换的玩具、和他一起玩他喜欢的游戏等。

正确引导

妈妈不要以为宝宝还不懂事就什么都不教，要告诉宝宝，不可以当着别人的面摸“小鸡鸡”，背后偷偷地摸也不好，因为可能让“小鸡鸡”生病。或者告诉宝宝，“老摸小鸡鸡，它会害羞和不高兴的”。

过分溺爱不利宝宝的成长

父母都希望自己的宝宝好。因此，就尽力给宝宝提供优越的生活条件。殊不知这样反而抹杀了孩子的独立性，阻碍了孩子的健康发展。

过度保护损害宝宝自信心

父母对蹒跚学步的幼儿进行保护固然是必要的，但过分的保护却有害无益。对宝宝过分地保护，没有挫折教育，只会引起宝宝对环境产生不必要的恐惧心理，损害他对处事时的自信。

父母只需要为孩宝宝提供一个安全的活动空间，如果不可能有危险发生，就该放手让宝宝自己去摸索，而不是时时刻刻都守在他身旁。

娇生惯养损害宝宝的大脑

婴幼儿的各种本领都是大脑对周围环境的条件反射能力，这种反射只能通过高级神经中大脑皮质来完成，客观环境越复杂，反射功能越强。而人为使宝宝局限于衣来伸手饭来张口的下意识活动之中，只需要大脑低级部位调节即可。因而降低了皮质部位的功能，甚至会损害大脑神经功能。即使生活在异常舒适的环境里，也可能产生异常行为，引起小儿神经质，出现以性格改变为主的高级神经功能失调的各种症状。

有些家长出于对子女的疼爱，精心设计安排了特定的环境，以防宝宝受委屈。对待宝宝的要求更是百依百顺，即使蛮横无理的要求也百般迁就。如此娇生惯养，使宝宝丧失了许多成长过程中必要的锻炼，变得娇弱无能，这样对宝宝健康成长，以及培养其勇敢、独立的精神极为不利。

逗宝宝不要打击他的信心

有时父母逗宝宝玩，表示要给宝宝玩具，在宝宝用双手来拿玩具时又突然拿走，反复好几次，直到宝宝急得大哭，这样做不好。

因为这个阶段的宝宝是直观动作思维，他只能在动作中进行思维，不可能先想好了再去做，也不可能预想到事情的结果。宝宝不认为这是在逗他，只明白通过自己的努力不能拿到他想得到的东西，宝宝就会认为自己不行，对自己产生怀疑，丧失了信心。经过几次的努力达不到目的，宝宝就不愿意再去尝试，也就失去了学习的机会。

宝宝缠人的对策

一般说来，有个性、活动能力强、会玩的宝宝较少缠人。相反，过于娇生惯养，则会使宝宝养成离开爸爸妈妈就无法生活的习惯。这种依赖性反映在情绪上，就是围着爸爸妈妈胡搅蛮缠，并显出很严重的分离焦虑。这是宝宝行为不独立、内心情绪不安定而采取的一种发泄，越是自卑的宝宝越容易缠磨大人。那么，如何解决宝宝缠人的问题呢?

· 要使宝宝不缠人，爸爸妈妈就不应常逗宝宝。一些爸爸妈妈忙时嫌宝宝缠住自己不放，但闲时却主动逗宝宝，这反映出这些父母对宝宝的表率作用较差。

· 如果宝宝是因为要达到某些目的而缠人，爸爸妈妈要分清情况，如果是不能同意的事，态度要坚决，不给宝宝以可乘之机。

· 如果宝宝是因为缺乏与爸爸妈妈的感情交流，感到孤独而缠人，那爸爸妈妈应该从两方面去做：一方面应注意安排时间与宝宝多讲话、玩耍，增加感情交流；另一方面要引导宝宝学会自己学习、游戏，逐步学会感情独立。

宝宝总要别人的东西怎么办

这么大的幼儿要别人的东西是一种普遍现象，同样的东西总觉得别人的好。这主要是因为宝宝缺乏日常生活经验和好奇心所致，没有什么不良动机。在宝宝长大后这种现象就会消失，但父母的引导仍然非常重要。

增加宝宝有关的知识

通过比较使宝宝知道自己手里的东西到了别人手里还是那个样子，不会变。如果明明家里有，可宝宝偏要别人的，此时妈妈不要阻止，在接受了别人的东西后和自己家里的作对比，让宝宝亲身体会到两样东西是一样的，以后宝宝就不会再犯同样的错误了。

转移宝宝注意力

当宝宝要别人的东西而这种东西自己家确实没有时，如经济条件允许，可以答应给宝宝买一个并一定要做到。如果条件不允许，应该把宝宝的注意引向别处。

要引导不要压制

压制会使宝宝产生“抗拒心理”，即产生更强烈的要得到和了解它的愿望。在宝宝要别人的东西时，妈妈可以温和地提醒宝宝，让他回忆之前接触这种东西（即回忆起曾吃过或玩过的某种东西），因为在宝宝的认识活动中表象很活跃，这种做法有助于解除宝宝的急迫感。

互换物品法

当宝宝想要别的小朋友的东西时，父母可让宝宝用玩具或零食来交换。这能满足他的好奇心，还可防止宝宝独霸和占有欲的产生。如宝宝想要别人的玩具，就让宝宝拿自己喜欢的玩具去和小朋友交换着玩，并教宝宝用商量的口吻、友好的态度征得对方的同意。如果对方不愿意，就要及时转移宝宝的注意力。

疾病防护，做宝宝的家庭医生

男宝宝包茎的防治

包茎是指包皮口过于狭小，包皮不能上翻显露龟头，包皮外口狭窄或包皮与龟头粘连使包皮无法上翻外露龟头，排尿时包皮口“鼓泡”是包茎的重要表现之一。包皮过长是指包皮全部覆盖于阴茎头和尿道口，但能够上翻。

宝宝包茎危害大

· 妨碍阴茎发育。由于阴茎头被包皮紧紧包住，得不到外界的应有刺激，阴茎头的发育受到很大束缚，致使性器官发育成熟后的阴茎头冠部的周径明显小，宝宝长大结婚后还会影响夫妻性生活和谐，给幸福家庭蒙上阴影。

· 阴茎发炎。包皮内有丰富的皮脂腺，能分泌大量的皮脂。包茎或包皮过长时，使包皮内皮脂腺的分泌物不能排出，皮脂和尿中的沉淀物合成乳酪状奇臭的“包皮垢”。

· 损害肾脏功能。由于阴茎发炎，可以引起尿道口或前尿道狭窄，不但影响排尿，还会对上尿路构成危害，长期排尿困难，肾脏的功能就会受到损害。

宝宝包茎治疗不宜迟

如果宝宝的包皮从外面看硬结（包皮垢）比较多，提示有可能会造成感染，要引起家长注意。再就是给宝宝洗澡时要注意观察宝宝包皮的颜色，如果经常红肿，就可能有感染了，应该去医院看医生。

包茎切除属于微创的小手术，安全无痛苦，也不需要住院，不仅有益身心健康，还有益于宝宝的生长发育。

如何预防宝宝扁平足

扁平足，就是脚掌比常人要平且扁，导致宝宝扁平足的原因主要有两个，一是宝宝的韧带力量不够，二是足底肌肉发育不良。正常宝宝脚掌的内侧及中间部分隆起向上，形成了纵、横两个弓。没有足弓的宝宝，今后的运动能力和劳动力将受到影响。

宝宝扁平足的危害

对于大脑的发育来说，足弓有“天然减震器”之称。足弓起着支撑宝宝全身的重量，减少运动对大脑的震荡的作用。同时，它对保护脊椎、胸腹器官的作用也很大。

预防扁平足的主要措施

· 鞋子要合适。要选用布底鞋，后跟稍微高一些（一般高2厘米就可以），鞋的大小要合适，鞋底要有一定的弯曲，以便能够托住足弓，鞋要轻便、舒适，宝宝不能穿拖鞋，拖鞋不仅不能托护足弓，还会使宝宝成“八”字脚。胖宝宝足部的肉比较多，如果鞋子小，肉挤在一起，时间长了就可能诱发扁平足。因此，胖宝宝尤其要注意预防扁平足，可以早点在鞋子里垫一个足弓垫，宝宝鞋一般3～5个月左右就应该更换了。

· 教会宝宝用脚尖走路、站立。训练宝宝光足在高低不平的地上行走，如沙滩上、沙砾地上，让小宝宝踮起足尖站立等，这样能有效地锻炼足部肌肉。三四岁的宝宝则可以练习用足跟、足尖、足的外缘走路，这些都是预防和纠正扁平足的好方法。

特别提示

有的扁平足是先天的，这在宝宝开始走路后可以观察出来。一般来说，婴幼儿足部脂肪丰满，大多为扁平足，这是正常现象，爸爸妈妈不要担心。但是，宝宝在3岁时就已经可以看到比较明显的足弓了，如果那时脚底板还是平平的，就有可能是扁平足了。

宝宝腹痛的处理

腹痛是幼儿常见的一个症状，多由于腹部器官病变所引起，大体上有两种病理形式造成，一种腹部的管状器官如胃、肠、胆道、输尿管等痉挛或梗阻引起阵发性腹部绞痛；另一种是腹部肝、肾等脏器肿胀，引起其被腹膜牵扯，而产生持续性的钝痛。

引起宝宝腹痛的一般原因

· 喂养不当。掌握饮食的量、温度、间隔时间以及进食速度等非常重要，要因个体差异等因素进行合理调节。

· 护理不当。父母普遍让宝宝衣被过厚或是穿得上厚下薄，即上半身穿衣多而下半身则明显过少；另一方面是晚上睡觉不注意宝宝腹部保暖而导致局部受凉而致腹痛。

· 寒邪直中。同样是风寒感冒，宝宝绝大多数会出现胃肠道症状而成人则不会或很少。这是由于宝宝肺虚卫外不固导致寒邪直中太阴，脾胃受寒则腹痛。

宝宝腹痛的家庭处理

宝宝出现腹痛后，在未弄清原因前暂不要给宝宝吃东西，因为进食会增加肠道蠕动，加重腹痛，有的疾病如肠梗阻更应严格禁食。不要乱用止痛药，以免掩盖病情。

宝宝腹痛，若为功能性的，一般不必急于就诊，父母一方面不要让宝宝玩得太累，少食冷饮；另一方面，当宝宝出现功能性腹痛时，可以用多种方式转移其注意力，若仍不能缓解时，可做腹部热敷或以暖手按摩。

· 热敷。用热毛巾或热水袋置于脐腹部（温度适宜），此法主要用于寒性腹痛。

· 按摩。使宝宝平卧于床上，妈妈用手掌按顺时针方向按揉腹部，直到宝宝放屁，再观察宝宝腹痛是否缓解。

警惕幼女夹腿综合征

夹腿综合征是一种以夹腿为主要特征、并不断摩擦会阴部的习惯性的不良动作。1～3岁的幼女最为多见。一般几天发作1次，个别幼儿可一天发作几次。

夹腿综合征的原因

· 局部刺激。如蛲虫、尿布潮湿或裤子太紧等刺激引起局部外阴瘙痒，继而摩擦，在此基础上发展而成。

· 心理因素。有些幼儿因家庭气氛紧张、缺乏母爱、遭受歧视等，感情上得不到满足，又无玩具可玩，通过自身刺激来寻求宣泄，从而产生夹腿动作。

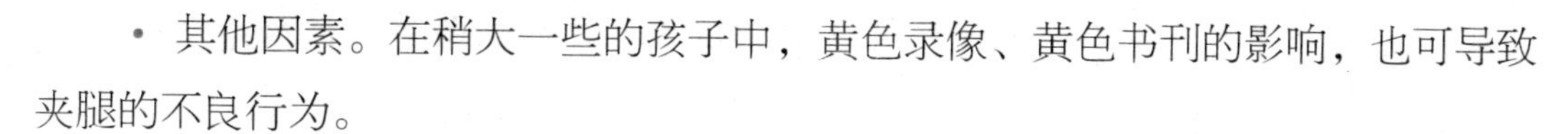

· 其他因素。在稍大一些的孩子中，黄色录像、黄色书刊的影响，也可导致夹腿的不良行为。

夹腿综合征的家庭矫治

· 提高认识。防治本症的关键在于早发现、早诊断。父母一旦发现幼儿有夹腿迹象，应及早向儿童心理学专家咨询。父母要了解此症的性质，对患儿不责骂，不惩罚，也不强行制止其发作。

· 及时转移。当患儿将要发作或正在发作时，父母应装作若无其事的样子将患儿抱起来走走，或给患儿玩具玩玩，或和患儿“逗逗乐”，或领患儿出去玩耍，转移患儿的注意力。如能持之以恒，一般均能奏效。

· 按时作息。要养成按时睡眠的好习惯，晚上不要过早上床，早晨不要晚起赖床，以减少幼儿“夹腿”发作的机会。

· 去除原因。要注意患儿会阴部卫生，去除各种不良刺激。还要注意给患儿营造一个良好的家庭环境，给幼儿充分的温暖和爱抚。如果患儿感染蛲虫或患湿疹等，要及时请医生治疗。

· 药物治疗。对于病程较长、病情顽固的患儿，可在医生的指导下使用小剂量泰必利。

宝宝关节脱位怎么办

关节脱位是这个阶段的宝宝比较容易出现的意外，以肩部脱臼比较多见。如果宝宝的一侧上肢不能碰触，或者一碰就哭，就要怀疑宝宝关节脱位，要及时带他去医院检查并采取相应的复位措施。

发生脱位后的急救措施

- 观察有无休克发生，并在抢救休克后，用夹板及布带等固定受伤的关节。
- 对开放性关节脱位，需尽早做脱位处的包扎。对无破口的关节脱位，可用冷湿布敷于伤处。
- 在单纯脱位的早期，局部无明显肿胀，可摸到脱位之骨端，救护者可施行手法让其复位。但如果对骨骼组织不太熟悉，就不可随意整复脱位部位，以免引起血管或神经的损伤。
- 若脱位时间较长，周围软组织肿胀，难以判断脱位，则不宜盲目做手法复位，应在X射线检查后，在麻醉下施行复位。
- 单纯脱位在复位后局部必须加以固定，一般固定时间上肢为2～3周，下肢为4～6周。

关节脱位的护理要点

- 帮助患儿活动未被固定的肢体及关节。伤处解除固定后，也应当加强受累关节的主动功能锻炼，以防止肌肉萎缩和关节僵硬等。
- 为脱位患儿脱衣服时，一定要先从健康的一侧脱起；穿衣服时，由患部的一侧先穿。要减少伤肢的活动，以免再脱位。

亲子乐园，培养聪明宝宝

点点豆豆

目的：研究表明，大脑皮质的成熟程度随手指运动的刺激强度和时间而加快。因此，宝宝手指的灵活运动，是提高大脑两半球皮质功能的有效手段。互动性游戏强调宝宝的参与感和主动性，让宝宝在玩的过程中感受到参与的快乐，提高自我意识。

准备：室内或室外适宜的环境。

方法：

· 妈妈把宝宝抱在怀里，用左手握住宝宝的一只手。

· 妈妈用右手食指点点宝宝的手心，一边点一边念儿歌："点点豆豆，豆子长大，长大开花，开花结豆，一抓一把。"

· 让宝宝跟着妈妈念。说到"一抓一把"时，让宝宝立即握拳，设法抓住妈妈的食指。

· 也可以互换角色，让宝宝来点豆，妈妈来抓宝宝的手指。

注意：游戏中应视宝宝的反应灵敏度调整妈妈说儿歌的速度，应该让宝宝能抓住妈妈手指几次，以提高宝宝游戏的兴趣。等宝宝真正能抓住了，妈妈再加快速度，训练宝宝的反应能力。

小小化学家

目的：培养宝宝的独立性，训练宝宝的触觉、精细动作、观察和实验等能力。

准备：1个大盆，几个大小不一的塑料杯子和盒子，1个漏斗和2个勺子。

方法：

· 给宝宝穿上游泳裤，把他放在空浴缸里，打开排水口。

· 在盆里装上半盆水后，放进浴缸里。如果在室外玩，就把盆放在草坪上。

· 把塑料杯子、盒子和漏斗拿出来。

· 妈妈用杯子舀一杯水，然后倒进另一个杯子里。演示给宝宝看，他很快就会学会的。跟宝宝说，有的盒子小，所以装的水少；而有的盒子大，所以装的水就多。妈妈还可以教他怎样用勺子搅水。

· 现在是让宝宝玩水的时候了，让他快乐地把水弄得四处飞溅吧。

· 妈妈要盯紧他，因为对于小宝宝来说，即使少量的水也有导致溺水的危险。能够自己试验，宝宝会很高兴，当然要有家长在他旁边。

· 如果他用勺子或杯子舀起水来送进自己的嘴里，也别大惊小怪。这不是坏事，至少他在练习自己吃饭的技巧了。

注意：小宝宝都喜欢玩水。但是，如果家长让宝宝尽情地玩自来水龙头，恐怕你家的地板就要遭洪灾了。你可以做的是，让他坐在澡盆里玩几个装水的容器。如果天气晴朗，也可以把这一套物件都搬到院子里去。

换一种说法

目的：通过比较观察，引导宝宝说出近义词，培养宝宝思维的敏捷性，丰富宝宝的词汇量，从而提高宝宝的语言能力。

准备：2个布娃娃，一个美，一个丑。

方法：

· 妈妈出示美、丑两个布娃娃，让宝宝比较观察，然后启发提问：“宝宝，这两个娃娃谁好看？”“除了说她好看，还可以怎么说？”家长可提示，如美丽的、漂亮的等。

· 然后妈妈出示丑娃娃，提问：“这个娃娃长得怎样？除了说她难看外，还可以怎么说？”家长可提示，如丑陋等。

注意：要求宝宝说出近义词，注意对宝宝的提示。

一个一个捡

目的：让宝宝学会分类和数数。

准备：小球10个，小篮子1只，珠子10颗，瓶子1个，积木若干块，小盒子1个。

方法：

· 将小球撒满地，家长和宝宝一起捡，引导宝宝一个一个地捡入篮中，边捡边说:“一个小球，两个小球……”

· 将珠子洒满地，家长和宝宝一起捡珠子，一颗一颗地捡入瓶中，边捡边说:“一颗珠子，两颗珠子……”

· 将积木散放在地上，请宝宝一块一块地收起来，装到盒子里。

注意：要防止宝宝误将小珠子吞入口中。

模仿童话里的声音

目的：通过听童话故事，锻炼宝宝的想象力及语言模仿能力，从而提升宝宝的语言表达能力。

准备：一本适合宝宝的童话书。

方法：

· 妈妈选一则合适的童话故事，读给宝宝听，一边读，一边发出声音。

· 然后问宝宝："下雨的时候会发出什么声音呢？"宝宝可以回答："哗啦，哗啦！"再问宝宝："狮子突然出现了，会发出什么声音呢？"宝宝可以回答："吼！"

· 妈妈要一边读童话，一边找出可以让宝宝模仿发声的事物，让宝宝觉得读童话真的很有趣。

注意：在进行这项训练时，如果宝宝答不上来，妈妈可以适当地提醒。

蜜蜂和花朵

目的：让宝宝加深"1"和"许多"概念的理解。

准备：蜜蜂的头饰1个，不同颜色的花朵若干朵。

方法：

· 家长和宝宝一起观看蜜蜂采蜜，引导宝宝观察，有一只蜜蜂，有许多花朵。

· 给宝宝戴上头饰当蜜蜂，家长当小花，引导宝宝一朵两朵地采蜜。向宝宝强调"1"和"许多"的概念。

注意：带宝宝看蜜蜂采蜜的时候要提醒宝宝爱护花草，并要小心，不要让宝宝被蜜蜂蛰到。宝宝在观察蜜蜂采蜜的时候很可能会分心，家长要注意提醒宝宝仔细观察，不要责备宝宝。

比大小

目的：训练宝宝能够感知实物的大小，进一步了解“大”、“小”与“一样大”的概念。

准备：大象和小鸡玩具（或者图片）各2个。

方法：

· 妈妈拿出玩具或图片，请宝宝看一看这是什么小动物。家长拿出1个大象玩具（或图片），再拿出1个小鸡玩具（或图片）放在一起，引导宝宝比较哪个动物大，哪个动物小。

· 妈妈拿出另一个大象和小鸡的玩具（或图片）引导宝宝把一样大的放在一起，并向宝宝强调“一样大”的概念。

注意：大象和小鸡的玩具或图片的大小区别要明显。日常生活中有许多有大小区别的东西，可以有意识地训练宝宝比一比。

两人三足

目的：训练宝宝身体协调能力，提高宝宝的人际交往能力。

准备：为宝宝及其合作小伙伴准备一条绳子。

方法：

· 把两个宝宝的各一条腿绑在一起，然后从这边走到那边。

· 首先妈妈要在旁边指导，两个宝宝先抬哪只脚再抬哪只脚，慢慢地再让他们自己培养合作能力。

注意：尽量让两个宝宝在地面柔软的地方进行游戏。

认一认

目的：提高宝宝的认知能力。不断强化宝宝对五官、四肢的认识，有助于宝宝增强对自身的认知，通过游戏训练还可以让他更广泛地认识周围的事物。

准备：鼻子、眼睛、嘴巴、手、脚、妈妈、爸爸、宝宝、奶奶、爷爷等字卡若干张。

方法：

· 妈妈指着自己的鼻子，告诉宝宝这是妈妈的鼻子，并出示相应的“鼻子”字卡。

· 妈妈问：“宝宝的鼻子在哪里？”让宝宝用小手指自己的鼻子，并从若干字卡中找出“鼻子”字卡。

· 以此类推，让宝宝认识眼睛、嘴巴、手、脚、妈妈、爸爸、宝宝、奶奶、爷爷等字卡。

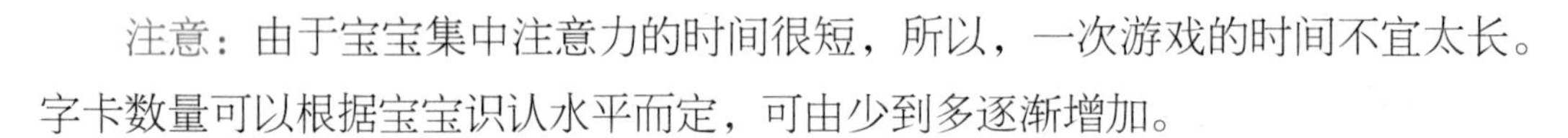

注意：由于宝宝集中注意力的时间很短，所以，一次游戏的时间不宜太长。字卡数量可以根据宝宝识认水平而定，可由少到多逐渐增加。

骑“8”字

目的：通过训练锻炼宝宝的观察能力及手眼协调能力，进而促进肢体协调能力的发展。

准备：宝宝三轮脚踏车，较大的场地。

方法：

· 这个月龄的宝宝已经能很平稳地骑三轮脚踏车了，而且既能向前骑也能向后骑（如果宝宝骑得差，可以教宝宝改进）。

· 大人可以在地上画个“8”字样的线（约五六米长）让宝宝压线骑车。熟练后，宝宝会很高兴。

注意：不要让宝宝骑得太快，大人要适度提醒宝宝控制骑车的速度。

找朋友

目的：这个游戏包括了蹲、走、敬礼、握手等多个动作，可以训练宝宝肢体动作的技巧和整体运动能力。集体性游戏可以让宝宝体会到和爸爸、妈妈在一起所体会不到的乐趣，树立朦胧的集体意识。

准备：户外，几个年龄相当的宝宝。

方法：

· 宝宝们边唱边找，“找呀找呀找朋友，找到一个好朋友，敬个礼，握握手，你是我的好朋友，再见”。

· 找到后做“敬礼、握手、再见”等动作。

· 然后再换另一个宝宝来找。爸爸、妈妈可以加入游戏，跟宝宝一起唱歌，一起做游戏。

注意：妈妈要鼓励宝宝加入到同龄宝宝中去，不要因为担心磕碰或发生冲突而让宝宝自己一个人玩。开始时宝宝不知道怎样加入，可以先让他向其他宝宝介绍自己，也认识一下其他宝宝。

叠叠高

目的：让宝宝学会如何对别人的行为做出正确的反应，帮助宝宝学习与人交往的技巧，从而提高宝宝的人际交往能力。

准备：逗宝宝高兴，调动起宝宝的情绪。

方法：

· 妈妈竖起左手拇指让宝宝抓住，妈妈再用右手捏住宝宝竖起的拇指，轮流叠起来，然后和宝宝一齐说：“叠叠高，叠叠高，我们一起捉。”

· 当说到“一起捉”时，抽出最底下的拇指叠到最高处。多次重复之后，引导宝宝主动来“叠叠高”。

注意：妈妈的动作要轻柔，不要扭伤宝宝的手指。

25～30个月，宝宝进入“第一反抗期”

随着宝宝语言能力和生活能力的提高，开始表现得不那么听话了，逆反心理强烈。他们处处与父母“作对”，大人要他这么干，他偏要那么干，事事都要按照自己的意愿去做，如果有人干涉，他就会发脾气。常提出这样或那样的要求，说想要什么，就非要马上得到不可。常常弄得父母束手无策，父母则觉得宝宝越来越难管教了。

发育特点，宝宝成长脚印

身体发育指标

2～2.5岁的宝宝，身长、体重均处于恒速生长阶段，但身长增长的速度相对高于体重增长的速度，宝宝开始变得“苗条”起来。

25月宝宝

发育指标	男婴	女婴
体重（千克）	10.1～15.5	9.6～14.7
身长（厘米）	81.7～95.2	80.7～93.9
头围（厘米）	48.2	47.1
胸围（厘米）	49.4	48.2

26月宝宝

发育指标	男婴	女婴
体重（千克）	10.2～15.8	9.7～15.0
身长（厘米）	82.5～96.1	81.5～94.8
头围（厘米）	48.2	47.1
胸围（厘米）	49.4	48.2

27月宝宝

发育指标	男婴	女婴
体重（千克）	10.3～15.9	9.9～15.3
身长（厘米）	83.1～96.9	82.3～95.7
头围（厘米）	48.2	47.1
胸围（厘米）	49.4	48.2

28月宝宝

发育指标	男婴	女婴
体重（千克）	10.5～16.3	10.1～15.6
身长（厘米）	83.9～97.6	83.0～96.5
头围（厘米）	48.2	47.1
胸围（厘米）	49.4	48.2

29月宝宝

发育指标	男婴	女婴
体重（千克）	10.6～16.6	10.2～15.8
身长（厘米）	84.7～98.4	83.8～97.3
头围（厘米）	48.2	47.1
胸围（厘米）	49.4	48.2

30月宝宝

发育指标	男婴	女婴
体重（千克）	10.8～16.7	10.3～16.2
身长（厘米）	85.4～99.2	84.5～98.1
头围（厘米）	48.2	47.1
胸围（厘米）	49.4	48.2

视觉发育

随着宝宝活动范围的扩大，宝宝的观察力增强了，已经能辨认一些事物，并越来越多地关注对象的细节，能分辨细节的大小和颜色的差别。2～3岁的宝宝可以注视小物体及画面达50秒，能够区别垂直线和横线。

听觉发育

宝宝听觉神经的成熟，使宝宝能分辨各种不同的声音。对大人所说的话，宝宝基本上都能听得懂。

动作发育

此阶段的宝宝不但学会了自由地行走，而且跑、跳、攀登楼梯或台阶等动作的运动技巧和难度也有了进一步的提高，能够越过小的障碍物，门槛、楼梯、滑梯他们也能征服。

有时他们还能爬到椅子上或沙发上，能从一级台阶跳下来，会单脚试跳1～2步，能跳远。能拿铅笔，但不是握成拳状；会临摹画垂直线和水平线。扔大皮球达1米左右；能叠6块积木，会用线把珠子串起来。

语言发育

2岁半左右的宝宝已掌握了很多词汇，会说很完整的简单句，会背诵简短的唐诗，会看图讲故事，叙述图片上简单突出的内容。能组织“过家家”游戏，扮演不同角色，如当妈妈、当娃娃、当医生等。能说出日常用品的名称和用途，如梳子用来梳头发、毛巾洗脸时用等。

心理发育

2～2.5岁的宝宝，随着年龄和生活能力的增长、生活范围的扩大，开始对周围更多的事物发生兴趣，注意力与记忆力又有了新的进步。可以较长时间专心地玩玩具、念儿歌、看图片、看电影、看电视或观察一个物体等。

注意的内容也较以前丰富了，已开始注意周围的事物，如注意妈妈烧饭、洗衣服，看爸爸修车等，并且还要自己参与进来。

记忆的时间也有所延长，能把幼儿园老师教的儿歌回家唱给爸爸妈妈听，将在家里的事情讲给老师和小朋友听。因记忆能力的增长，宝宝能较容易地背出儿歌、古诗等。

科学喂养，均衡宝宝的营养

宝宝饮食，安全为第一

宝宝饮食不安全，不但会引起宝宝胃肠道疾病或食物中毒，还会影响宝宝的身体和智力发育。关注宝宝的饮食安全很重要，妈妈要注意以下几点。

· 不给宝宝吃变质、腐烂的水果、蔬菜等食物。袋装食品食用前首先要看是否过期、变味，已有异味的食物和含油量大的点心不能给宝宝吃。

· 不要吃剩菜、剩饭。饭菜宜现炒现吃。在营养丰富的剩饭菜里细菌极易繁殖，吃后易出现恶心、呕吐、腹泻等急性肠胃炎症状。

· 一般熟食制品中都加入了一定的防腐剂和色素，如火腿肠、袋装烤鸡等，这些食物也易变质腐烂，所以不宜给宝宝吃。再有一些罐头食品、凉拌菜等，宝宝最好少吃或不吃。

· 一般生硬、带壳、粗糙、过于油腻及有刺激性的食物对幼儿都不适宜。有的食物需要加工后才能给宝宝食用。

· 少给宝宝吃煎炸、烟熏食物。鱼、肉中的脂肪在经过200℃以上的热油煎炸或长时间暴晒后，很容易转化为过氧化脂质，而这种物质会导致大脑早衰，直接损害大脑发育。油条、油饼在制作时要加入明矾，而明矾（三氧化二铝）含铅量高，常吃会造成记忆力下降，反应迟钝，因此妈妈应该让宝宝戒掉以油条、油饼为早餐的习惯。

· 爆米花、松花蛋中含铅较多，传统的铁罐头及玻璃瓶罐头的密封盖中，含有一定量的铅，过量的铅进入血液后很难排出体外，会直接损伤大脑。所以，这些含铅食物妈妈要让宝宝少吃。

为宝宝提供多样化的膳食

宝宝在成长过程中需要各种营养素以满足生长发育的需要，除了脂肪、蛋白质、糖类等提供能量的营养素以外，还需要矿物质、维生素等营养素。这些并非只靠一种或少数几种食物就能提供所有的营养，父母只有提供多样化的膳食，让宝宝每样食物都吃一点，才能摄取到全面均衡的营养。

膳食品种多样化对宝宝的好处不仅是为宝宝的生长发育提供全面均衡的营养，而且可以让宝宝从小接触各种口味，养成不偏食、不挑食的良好饮食习惯。

菜肴要避免品种单一，膳食品种丰富，宝宝才能得到均衡的营养而健康成长。父母在给宝宝准备饭菜时，最好做到每天的食谱有牛奶、鸡蛋、数样荤菜和素菜、水果、米面杂粮，并且要经常吃些豆制品。每周要安排1～2次富含特殊营养成分的食品，如动物肝脏、海带等，也可以安排摄入一些硬果类如核桃、瓜子等食品。

让宝宝“吃”出好睡眠的食物

除了保证良好的睡眠环境之外，妈妈们可以在宝宝日常饮食中添加一些“小佐料”，让宝宝“吃”出一个好睡眠。

· 牛奶。牛奶中含有色氨酸，这是一种人体必需的氨基酸，有助眠作用。牛奶还富含乳糖、氨基酸、亚油酸、亚麻酸以及丰富的矿物质和维生素，这些物质对缓解脑细胞紧张、安定情绪有益。

· 核桃。核桃富含脂肪、蛋白质、卵磷脂和微量元素，其中脂肪和蛋白质是大脑最好的营养物质，有改善神经衰弱、健忘、失眠、多梦等作用。

· 红枣。红枣营养丰富，含糖量高，维生素C含量比苹果和桃都高，蛋白质含量几乎是百果之冠。红枣性平、味甘，有养胃健脾、益气安神的功效。

· 小米。在众多食物中，色氨酸含量高的食物首推小米。色氨酸能促进大脑神经细胞分泌出一种使人欲睡的神经递质，而且小米含丰富的淀粉，食后使人产生饱腹感，可以促进胰岛素的分泌，提高进入脑内色氨酸的含量。小米具有和胃安眠的功效。

· 百合。百合含有淀粉、蛋白质、脂肪、矿物质和维生素等，不仅有良好的营养滋补作用，而且有润肺、止咳、调节免疫力的功效。药理研究证明，百合能延长睡眠时间，提高睡眠质量。

· 莲子。莲子味清香，营养丰富。去皮、芯后称为莲肉， 具有养心、补脾、益肾等功效。生用补心脾， 熟用厚肠胃，治心悸、失眠、脾虚、腹泻等症。

不宜给宝宝吃水果的时间

水果的营养价值和蔬菜差不多，但水果可以生吃，这能使营养素免受加工烹调的破坏。水果中的有机酸可以帮助消化，促进其他营养成分的吸收。食用水果前应很好地清洗。洒过农药的水果，除彻底清洗外，最好削去外皮后再食用。

饭前不要给宝宝吃水果

水果不适宜在餐前给宝宝吃。因为宝宝的胃容量还比较小，如果在餐前食用，就会占据胃的一定空间，由此，影响正餐的营养素的摄入。

饭后不宜立即吃水果

水果中富含单糖类物质，它们通常被小肠吸收，但饭后它们却不易立即进入小肠而滞留于胃中；因为食物进入胃内，要经过1～2小时的消化过程，饭后立即吃水果，如其在胃中停留时间过长，单糖就会发酵而引起小儿腹胀、腹泻或胃酸过多、便秘等症状。

给宝宝吃肥肉要适量

肥肉是一种包含脂肪组织的食物，因为其味道香，又便于咀嚼、吞咽，而成为很多宝宝喜爱的食物。虽然肥肉能够为宝宝的生长发育提供所需的热量，但是并不宜多吃。

如果宝宝贪吃肥肉，导致摄入脂肪过多，会使脂肪细胞体积增大、数量增多而产生肥胖，从而诱发多种疾病；同时，过多进食脂肪，会影响其他营养食品的摄人量；脂肪消化后可以与钙形成不溶于水的脂酸钙，因此，高脂肪的饮食会影响宝宝对钙元素的吸收。由此可见，肥肉虽然好吃，也要少吃为妙。

宝宝“吃醋”好处多多

1岁以内的宝宝并不适合吃醋，因为醋对这个年龄段宝宝的消化系统会产生刺激作用，让宝宝脆弱的肠胃无法承受。但随着宝宝年龄的增长，让宝宝“吃醋”将会对宝宝的健康非常有利。

宝宝吃醋好处多

· 醋能刺激胃酸分泌、帮助消化，少量吃醋可增进宝宝的食欲。夏天的闷热天气有时候会让宝宝胃口尽失，如用醋及橄榄油制成油醋沙拉，或用醋腌渍小黄瓜、莲藕、苦瓜，作为夏日餐前给宝宝的开胃小菜，相信宝宝们会很喜欢。

· 醋可以保护宝宝体内的维生素C，使宝宝精力旺盛。因为维生素C在消化道中被吸收是靠一种选择性吸收的细胞，这种细胞有个特点是喜酸，醋中的醋酸会刺激这种细胞，让其大量吸收维生素C，同时，富含维生素C的蔬菜多为酸性食物，醋也为酸性，“两酸”结合，产生催化作用也能够提高维生素C的利用率。

· 醋可以增强肝脏功能，促进体内新陈代谢。它降低尿糖含量，有利尿作用，可以减轻宝宝的肾脏负担。

· 醋能帮助摄取钙质。给宝宝烹调排骨汤时，可以加入少量的醋，这样有助于骨头里的钙质溶出，让宝宝在吃饭的时候更容易吸收到钙质。

宝宝“吃醋”要选好时机

· 宝宝食欲缺乏时，可以用醋1汤匙、白糖半匙，混合后给宝宝慢慢饮用，可治疗宝宝食欲缺乏。

· 如果宝宝吃饭的时候总感觉肚子发胀，可以用醋20毫升用温开水冲淡服下，以增加宝宝胃酸，促进宝宝消化，消除宝宝的不适症状。

· 宝宝睡眠不好时，在睡前用醋20毫升，加少量开水，待温度变得适口，让宝宝一次服用，这个方法有助于宝宝睡眠。

宝宝边吃饭边喝水危害大

宝宝边吃饭边喝水，或者吃汤泡饭，却是很不好的生活习惯。

宝宝边吃饭边喝水的危害

一般食物在口腔内咀嚼时间越长，唾液分泌量越多，越有利于食物的初步消化和进入胃肠后的消化。而将食物泡在水或汤里，不待食物被嚼烂就会随着汤水流到胃里。这样不仅冲淡唾液，而且由于舌上的味觉神经不能受到充分刺激，使胃和胰腺消化液的分泌受到抑制，影响食物正常的消化和吸收。久了还会出现某些胃肠道疾病。

宝宝如何喝水更健康

宝宝最好在饭前1小时分几次饮水，每次喝的量要少，大约200毫升，十多分钟喝一次。空腹喝下的水在胃内停留只有几分钟，很快进入小肠，被吸收入血液中，1小时左右就可以补充给全身的组织细胞。

让宝宝学习使用筷子

让宝宝学习使用筷子吃饭是一个循序渐进的过程，家长千万不能操之过急。如果宝宝不愿使用筷子，不妨慢慢诱导。但不能因为逼迫宝宝使用筷子而影响到他的进食兴趣。

为宝宝选购有益健康的筷子

2岁以后，宝宝就要逐渐学习掌握使用筷子的技巧了。妈妈此时应该为宝宝选购有益健康的筷子。

- 塑料筷较脆，受热后易变形。对与饮食有关的塑料用品妈妈一定要正确选择。
- 金属筷导热性强，容易烫嘴。
- 木筷和竹筷使用时间长了，容易长毛发霉，表面变得不光滑，不易洗净，造成细菌繁殖。
- 漆筷虽然光滑，但油漆里含铅、苯及硝基等有毒物质，特别是硝基在人体内与蛋白质的代谢产物结合成亚硝胺类物质，具有较强的致癌作用。
- 给宝宝选用骨筷比较好，骨筷不损害宝宝的身体健康。

教宝宝使用筷子的方法

对幼儿来说，用筷子吃饭并不是件容易的事。用筷子夹食物时，不仅要五指活动，腕、肩及肘关节也要同时参与。从大脑各区分工情况来看，控制手和面部肌肉活动的区域要比其他肌肉运动区域大得多，肌肉活动时刺激了脑细胞，有助于大脑的发育。可见及早进行手的活动功能训练，可以促进大脑发育。

使用筷子的技能不一定仅限于在餐桌上，平时父母可以和宝宝一起玩用筷子夹起小球的游戏， 也同样能达到训练的目的。

幼儿拿筷子的姿势是个逐渐改进的过程，家长不必强求宝宝一定要仿照自己用筷子的姿势，可以让他自己去摸索。随着年龄的增长，幼儿拿筷子的姿势会越来越准确，可以夹起一些小的食物，如小糖丸等。初学用筷子时，先让幼儿夹一些较大的、容易夹起的食物，即使半途掉下来，家长也不要责怪，应给予鼓励。

培养良好的进食习惯

饮食习惯的好坏，不仅关系到宝宝的身体健康，还与行为品德相关，父母应该重视。良好的饮食习惯包括：

饭前准备程序化

饭前做好准备，饭前不吃零食，吃饭前首先得安静下来，停止活动，洗净双手，帮助父母准备碗筷，做好进食准备。

不偏食、不挑食

如果宝宝经常食用高脂肪、高蛋白和高糖类的食物，缺少蔬菜、杂粮、水果等碱性食物，就容易造成偏酸性体质。平时宝宝的血液呈弱碱性。若长期大量摄入肉类、高糖等酸性食物，血液会随之酸化，呈现酸性体质，使机体内环境平衡被打破，从而影响宝宝的心理发育。

不快食、不暴食

食物进嘴要充分咀嚼后才能咽下，不能狼吞虎咽， 一般宝宝都是吃到了喜欢吃的食物才这样。不能遇到好吃的一下子吃很多，这样会加重消化道的负担，出现胃肠不适，严重的会引起胃肠穿孔。

不玩食、不走食

不要一边吃饭一边看电视、听故事，甚至来回跑动。这样会分散注意力，影响消化液的分泌，不利于食物的消化吸收，也提不起食欲。

不笑食

不能在进食时大声说笑，免得食物呛入气管，造成严重的后果。

不贪零食

常吃零食会影响胃肠道的正常工作，还会败坏胃口。

不剩饭

不要给宝宝盛上满满的一碗饭，宁愿少盛再添，也不要吃不了剩下。让宝宝从小就学会珍惜粮食，不浪费粮食的道理。

日常护理，与宝宝的亲昵

妈妈要定期测量宝宝的身高与体重

宝宝2~3岁一年之内体重增长约2千克，身长全年增长7～7.5厘米。如果父母仍能每月给宝宝测量体重，对于调整饮食和生活习惯是十分有利的。

在冬季（即11月至次年2月），宝宝的体重基本上能稳步上升。春、秋两季最易患感冒、气管炎和扁桃体炎，每次患病之后体重会减轻。夏季由于出汗多，活动量较大，体重增长缓慢。

每月测量体重如能画上图表就能更快发现问题。如果连续3个月体重不增加，首先应检查是否患病或转换环境（如入托或寄托家庭等）；其次应检查食谱中粮食的摄入量和油料（脂肪）摄入量是否不足，或者宝宝有挑食、厌食等习惯问题，应向医生咨询。

有些宝宝体重持续超过高限，超过平均体重10%称为超重，超20%称为肥胖。这两种情况都应减少粮食、糖和脂肪的摄入量。特别应禁止含糖饮料和含糖及脂肪高的糕点。此外这些宝宝应当增加户外运动，以消耗过剩的能量，防止脂肪堆积而成肥胖儿。

培养宝宝清洁卫生的习惯

宝宝现在能主动参加一些洗漱活动，而且学习积极性很高。因此从这时候起，妈妈要逐渐让宝宝知道清洁卫生的内容，逐步培养宝宝自己动手做好清洁卫生的习惯和能力。

宝宝清洁卫生的内容

• 保持皮肤清洁。早晚要洗手、洗脸，手随脏随洗，饭前便后一定要打肥皂洗手；睡前洗脚、洗屁股；定期洗头、洗澡，夏季每天一次，春秋季2～3天一次，冬季至少每周一次。

• 口腔卫生。养成饭后漱口、早晚刷牙的习惯。

• 用手帕擦手、擦脸、擦鼻涕。不要让宝宝把鼻涕擦在衣袖上，不随地乱吐痰，不随地大小便。

如何教育宝宝

• 从配合开始。盥洗时先让宝宝配合妈妈的动作，使宝宝熟悉程序。

• 激起兴趣。用愉快、轻松的语言或儿歌诱导宝宝的活动，在游戏中让宝宝理解语言，学会技巧，培养能力，养成习惯。如在给宝宝洗手时边洗边唱儿歌：“搓搓手心一、二、三，搓搓手背三、二、一，手指头洗仔细，小手腕别忘记。”

• 耐心细致。对于每个内容都要反复提醒、督促、反复练习，不怕麻烦、不怕弄湿衣服，让宝宝在愉快的情绪中养成较巩固的清洁卫生习惯。

宝宝尿床怎么办

这个年龄段的幼儿夜间尿床是会经常发生的，这对他们来说仍是一种正常现象。这个年龄段是培养幼儿夜间不尿床的过渡时期，应当把握好，等到3岁以后再训练则为时已晚。

幼儿经常尿床的原因

· 幼儿神经系统调控膀胱功能的能力尚未发育完善，当尿液蓄满时，不能及时醒来小便。

· 幼儿夜间所分泌的抗利尿激素（一种存在于体内能使尿量减少的激素）未增加，使尿液无法有效浓缩及减少。

· 幼儿膀胱容量在夜间一般缩小，当尿液在膀胱蓄积到一定量时便不自主地排出。

避免宝宝尿床的方法

· 减少幼儿夜间小便次数。应从现在开始训练宝宝，尽量夜间不小便，或能自己起来小便而不尿床。

· 要给幼儿安排一个合理的生活作息表。使幼儿的“吃、喝、拉、撒、睡”形成一定的规律，保证幼儿得到充足的休息，以避免过于疲劳而在夜间熟睡后尿床。

· 晚餐进食不能太稀，少喝汤水，限制牛奶的摄入量，以减少尿量。晚餐的饭菜也不要太咸，以免睡前大量喝水，使夜尿增多。

· 睡前尽量排空大小便。在睡下2～3个小时后，大人准备上床睡觉时，再叫醒幼儿小便。

· 一旦幼儿尿床也不要责备他，更不能恐吓，以免造成宝宝的紧张和恐惧心理。

· 如果长时间用纸尿裤，会使幼儿无法形成良好的排便习惯，使宝宝发生尿床的概率增多，因此，不要长时间用纸尿裤。

别颠倒性别打扮宝宝

适当的打扮会使宝宝变得更加漂亮，活泼可爱。幼儿时期是培养健全人格的关键时期，而心理健康与否又直接影响人格的形成。因此，培养健全的人格必须从幼儿做起。

宝宝的穿着打扮应符合他的身份

有些家长因为喜欢男孩，就把自己的女孩打扮成男孩样子，剪短发，穿男孩的衣服；也有些家长认为女孩好养好带，就把男孩打扮成女孩样子，给宝宝扎辫子、穿裙子。这样打扮有害无益，会影响宝宝的身心健康。

异性打扮的危害

研究发现，3岁前是人大脑发育的重要阶段。这个时期，对幼儿的身心发育和日后个性的形成都将产生极为深刻的影响，如果在这一时期让幼儿着异性打扮，就会使幼儿心理状态发生变化，潜意识地存在异性化的心理，这就可导致幼儿将来可怕的性变态。这种人常是“同性恋”者，或“恋物癖”者，喜好穿用异性衣物，如内衣裤、胸罩、饰物等，甚至可能忸怩作态，模仿异性动作，以此得到性的满足。童年时期的心理障碍和精神创伤、不正常的家庭教育及不良的社会环境影响是造成性变态的重要因素与潜在的危险。

正确的打扮方法

服装应整洁卫生。整洁与卫生是美的教育的重要内容，本身给人以美感、快乐。如果宝宝的衣服整洁，即使质地、式样一般，也会引人喜爱。

宝宝的打扮应适合他的生活和活动，这有利于他的生长发育。这个年龄的宝宝正处于生长发育迅速的时期，家长不应追求时髦给宝宝穿“宽松式”、“紧身式”的服装，这些样式的服装不利于宝宝的运动和生长发育。

光脚走路好处多

经常让宝宝光脚在草地上、沙滩、院子里、室内地面行走玩耍，既有利于宝宝的身体健康，又顺应了宝宝好玩的天性，还有健脑益智的效果。

· 光脚走路可以让宝宝的足底直接接受泥土的摩擦刺激，从而增强足底肌肉和韧带的力量，促使足弓的形成，避免发生扁平足。

· 夏季，宝宝的双脚经常裸露在户外新鲜的空气和阳光中，有利于促进足部血液循环，提高宝宝的免疫力和耐寒能力，减少感冒、受凉腹泻的机会。

· 多让宝宝光脚走路，能刺激末梢神经兴奋，促使自主神经及内分泌系统的正常发育和调节功能的完善，促进血液循环和新陈代谢，给大脑充足的能量，从而加快大脑的发育，提高大脑思维的灵敏度和记忆力。

当然，让宝宝光脚走路，一定要保证地面平坦、洁净、不滑、无尖锐物，谨防宝宝摔倒或足底被杂物刺伤。

夏季不要给宝宝穿露趾凉鞋

夏天天气炎热，如果穿上一双前露脚趾、后露脚跟的凉鞋就会感到比较凉爽，但宝宝穿露出脚趾的凉鞋并不合适，有许多宝宝因为穿上这种凉鞋而导致脚趾受伤。原因是宝宝的脚部动作还不够灵活、协调，又非常好动，蹦蹦跳跳的，容易造成外伤。

如果宝宝走路时不注意地面，就容易被地面上的障碍物绊倒；也有些宝宝喜欢一边走路，一边踢石子或其他东西，如果穿着露脚趾的凉鞋就可能撞破脚趾，甚至掀起趾甲；还有些宝宝因手拿不住比较重的物品，常常容易掉下砸在脚趾上，严重的可造成趾甲脱落、趾骨骨折等。

特别提示

这个阶段的孩子最好不要穿皮鞋，因为宝宝的脚掌还没有完全发育成熟，而皮鞋的鞋帮与鞋底都较硬，一双紧紧的硬底皮鞋会限制宝宝两脚肌肉的活动，对其脚部的发育也是一种人为的束缚。

怎样叫醒睡懒觉的宝宝

对于宝宝来说，都有早晨起床难的问题，尤其到了冬天，让年幼的宝宝一早就爬出暖暖的被窝，真不是件容易的事。不少父母叫宝宝起床，常采用简单生硬的做法，岂不知这样会伤害宝宝的身心健康。

人入睡时经过浅睡期才到深睡期，浅睡期宝宝会翻身，有时还会哼哼。深睡期是大脑完全抑制期，呼吸均匀，不容易被声音吵醒。早晨睡醒时也是由深睡期过渡到浅睡期才能完全清醒。如果在宝宝深睡期生硬地叫醒他起床，他的大脑仍会处于浅睡的状态，脑电波活动在短时间内难以调整过来，即使身体已经起床，但神情呆滞、反应迟钝、周身发懒、不愿活动、进餐不香，久而久之，不利于身心健康。

如何唤醒宝宝起床

· 为宝宝从睁开眼到起床预留15分钟左右的时间，营造一个适宜的环境，让宝宝自然醒来。比如拉开窗帘，打开窗户，让新鲜的空气和光线进入室内，再播放轻音乐，以光和声音组成柔和的刺激诱导宝宝从睡梦中自然醒来。父母也可以唱一首自编的起床歌，使宝宝对这首歌建立起条件反射，听见这首歌就知道起床的时间到了。

· 父母可用亲切的声音呼唤宝宝，用手轻抚宝宝的背腰部，再抚摸他的手和脸，触动他的听觉和触觉器官，在舒适的刺激中，逐渐从浅睡状态自然地转换到静态觉醒状态，再转换到动态觉醒状态，这时宝宝就会睁开眼睛，活动身体。

· 当宝宝睁开眼睛时，父母送上快乐的问候：宝宝，早上好！再给宝宝一个拥抱和亲吻，问问宝宝睡得好吗？做了什么梦？幼儿苏醒后一睁开眼睛看到父母的微笑，听到父母亲切的问候，会十分愉快地起床。

带宝宝乘车要重视安全

带宝宝出去兜风，见识外面的世界，欣赏外面的风景，有益于宝宝的身心健康发展。但是，宝宝乘车也有很多门道，带宝宝乘车，一定要保护好宝宝。

· 禁止将宝宝随意放在车座位上。因为在急刹车或转弯时，家长自己控制不了自己的身体，会和宝宝一样撞向前面或两侧。

· 禁止家长抱着宝宝乘车。因为在急刹车时，家长庞大的身体易从后面压伤宝宝。

· 避免宝宝坐在副驾驶位置。不仅是因为副驾驶位置是车内最不安全的位置，更因为宝宝身材矮小，当遇到紧急情况安全气囊打开时，不仅保护不了宝宝，反而会伤到宝宝头部。

· 不要让宝宝绑成人安全带。安全带虽然是预防危险的最有力武器，但它是为成人设计的，并不适合宝宝的体形。如果安全带绑得太紧，在车祸发生时会引发对宝宝颈部勒伤或对腰部的挤压伤；如果绑得太松，则起不到任何防护作用。

· 宝宝乘车时不要吃东西或饮水。汽车的颠簸会导致食物进入气管，极其危险。

· 宝宝乘车时不要玩尖利玩具。汽车的颠簸会导致宝宝划伤自己，而在急刹车时，则会严重伤害到宝宝的身体。

· 不要让宝宝把身体探出车外。首先，在错车或超车时将宝宝的身体任何部位探出车外都是非常危险的；其次，有些汽车的电动车窗会有自动关闭功能，此时将身体、尤其是头探出车外，都会因车窗关闭而引发意外。还有，车外汽车的尾气，也对宝宝健康不利。

· 不要让宝宝自己上下车。宝宝力气小，可能推不动沉重的车门，如果车门回弹，有可能撞伤或夹伤宝宝。另外，为宝宝打开车门时，要注意往来的车辆以及车门下面是否有水坑、窨井等危险。

疾病防护，做宝宝的家庭医生

带宝宝做视力检查

宝宝2岁半左右时，应进行一次视力检查。我国大约有3%的宝宝在此阶段被检出弱视。宝宝自己和父母不会发觉，在3岁前如果能够发现，4岁之前治疗效果最好。5～6岁仍能治疗，12岁以上就不可能治疗了。宝宝失去立体感和距离感，以后学习和从事许多职业都难以胜任，如司机、飞行员等，学习精密机械、医学等专业也都困难。

一般来说，当父母发现宝宝有以下表现时，就应该提高警惕：

- 看电视习惯走到电视机跟前。
- 经常出现眨眼睛、揉眼睛的情况。
- 看人看物的时候喜欢斜看。
- 出现斜视（也就是俗称的“斗鸡眼”）。
- 经常眯眼看东西，经常侧着头看东西。

当经常出现以上情况中的某一种或者几种时，父母应该带着宝宝到专门的医疗机构做散瞳验光，以确定宝宝是否有视力损伤。

视力检查可发现两眼视力是否相等。如果因斜视或两眼屈光度数差别太大，两只眼的成像不可融合，大脑只好选用一眼成像，久之废用的一侧视力减弱而成弱视。或因先天性一侧白内障，上睑下垂挡住瞳孔，或由于治疗不当，挡住一眼所致。眼睛检查时发现异常，一定要及时治疗。

宝宝外伤出血的急救措施

宝宝顽皮好动，在日常生活中，很可能因为尖锐的玩具割伤皮肤或是意外碰撞导致出血，父母学会一些急救措施是很有必要的。

出血少的小伤

- 马上用干净的纱布按住伤口，尽可能抬高患处，以期迅速止血。
- 止血后，用生理盐水或清水冲洗伤口，清除污染物，用棉签蘸双氧水轻轻涂在伤口周围，再冲洗一遍，清洁杀菌。
- 用浸有生理盐水的小纱布覆盖伤口，然后用大纱布包扎。

较大的伤口

如果出血量大，血流如注，多半说明是动脉损伤出血，有效的急救办法是采用指压止血法和止血带止血法。暂时止血后，紧急送往医院。

- 指压止血法即根据动脉损伤的部位，对近心侧的动脉进行有效的指压止血。具体选择指压的部位应根据动脉损伤的不同部位而定。例如手指出血，可压迫手指根部两侧的指动脉。
- 止血带止血法。四肢较大的动脉出血时，用止血带止血。最好用较粗而有弹性的橡皮管进行止血。如没有橡皮管也可用宽布带应急。用止血带时，首先在创口以上的部位用毛巾或绷带缠绕在皮肤上，然后将橡皮管拉长，紧紧缠绕在缠有毛巾或绷带的肢体上，然后打结。止血带不应缠得太松或太紧，以血液不再流出为度。上肢受伤时缚在上臂，下肢受伤时缠在大腿，才会达到止血目的。

别让宝宝中暑

夏天外出旅游，户外活动机会多，发生中暑的危险也会上升。尤其是如果宝宝习惯了空调环境，会大大降低了对热的耐受能力，一不留神就会中暑。

宝宝中暑的几种临床表现

- 先兆中暑。在高温的环境下出现头痛、眼花、耳鸣、头晕、口渴、心悸、体温正常或略升高，短时间休息可恢复。

· 轻度中暑。除以上症状外，体温在38℃以上，面色潮红或苍白、大汗、皮肤湿冷、血压下降、脉搏增快，经休息后，宝宝可恢复正常。

· 重度。也称热衰竭，表现为皮肤凉、过度出汗、恶心、呕吐、瞳孔扩大、腹部或肢体痉挛、脉搏快，常伴有昏厥、昏迷、高热甚至意识丧失。

宝宝中暑的应急处理

· 立即将宝宝移到通风、阴凉、干燥的地方，如走廊、树荫下。

· 让宝宝仰卧，解开衣扣，脱去或松开衣服。如宝宝的衣服已被汗水湿透，应及时给宝宝更换干衣服，同时打开电扇或开空调，以便尽快散热，但风不要直接朝宝宝身上吹。

· 用凉的湿毛巾冷敷宝宝头部，或给宝宝洗温水浴。给宝宝降温，使宝宝的体温降至38℃以下。

如何预防宝宝中暑

· 注意收听天气预报，合理安排宝宝的作息时间。如遇高温天气，每天的中午和午后（11～14点）尽量减少带宝宝外出，并适当延长宝宝午睡的时间，饮食宜清谈，多喝些淡盐开水、绿豆汤，每天勤洗澡、擦身。

· 带宝宝外出注意防暑。一定要带上防暑工具，如遮阳伞、太阳镜等，不要让宝宝在太阳下长时间暴晒，多到阴凉处休息。

别让宝宝患上“儿童电视孤独症”

爱新奇是宝宝的天性，电视里所呈现的多姿多彩的世界轻易就能将宝宝牢牢地“绑”在电视机前。但是，年龄太小的宝宝并不适合长时间看电视，除了不利于眼睛健康，还容易使宝宝患上“儿童电视孤独症”。

“电视孤独症”的临床表现

· 宝宝整天与电视为伴，不关心周围的事物，对玩具不感兴趣，也不喜欢接触小朋友，不让看电视就会焦虑不安。

· 宝宝在看电视时不让别人干扰，还时常模仿电视中人物的动作、语言，仿佛自己就是电视中的人物，并能将电视节目中的故事情节背得滚瓜烂熟，文不对题地应用于日常生活之中，有的患儿出现了自言自语等反常行为。

· 宝宝性格孤独，缺乏生活经验，情绪经常波动。

“电视孤独症”的危害

· 由于宝宝处在孤独之中，常常既忘了自己的存在，也忘记了他人的存在，完全陷入虚幻的情景之中，想入非非，造成日后的心理问题。

· 宝宝不会与他人交往，不知应怎样对待周围的事物，社会适应能力差。

“电视孤独症”防治对策

· 控制宝宝看电视的时间。宝宝每天看电视的时间最好控制在30～60分钟，并且看电视的时间最好安排在晚上6：30~7：30。

· 要选择适合宝宝看的电视节目，内容要与他们的年龄相适应。

· 父母最好陪宝宝一起看电视，同时要给宝宝解释电视节目中适合他的内容，帮助宝宝理解。

亲子乐园，培养聪明宝宝

五花八门的车子

目的：教宝宝认识不同种类的车和它们的功能。锻炼宝宝的反应能力，使宝宝能够快速回答问题，从而提高宝宝的语言表达能力。

准备：各种各样的汽车模型及图片。

方法：

· 妈妈出示图片，让宝宝看看有哪些车。

· 妈妈告诉宝宝：“今天要进行猜谜语的训练。”举例如下：

要排队等候，一个一个买票或投币才能坐的车（公共汽车）。

抓坏人的时候，警察就会开着它出来（警车）。

只要招手就能上车，告诉开车的人要到哪里，它就会送你到哪里（出租车）。

只需要用脚踩，不需要用汽油的车子（自行车）。让宝宝把妈妈提问的车从图片中指出来。

· 在回答对问题后，请宝宝告诉妈妈在什么地方看见过这些车。

注意：做完训练后，还可以带宝宝画一画自己喜欢的车，训练宝宝的动手能力。

捏橡皮泥游戏

目的：培养宝宝的动作控制力和想象力。

准备：几块橡皮泥。

方法：

· 让宝宝尽情挤压橡皮泥，随意玩捏橡皮泥。

· 妈妈可帮他擀橡皮泥，并用糕饼模子压出各种形状。

注意：还可以准备一些小动物的模型或图片，让宝宝把橡皮泥捏成动物的模样。

难不倒我

目的：归类技能是宝宝思维能力的基础，通过游戏，可以提高宝宝将事物进行分类的意识，促进智力发展。抽象概括思维能力是智力的核心部分，要想宝宝聪明，从小就要培养他的思维能力。

准备：一些动物、水果、蔬菜的图片，如老虎、猴子、狮子、大象、西瓜、橘子、草莓、苹果、香蕉、白菜、扁豆、辣椒、萝卜等。

方法：

· 给宝宝看以上图片，让宝宝一一说出它们的名称。

· 宝宝说名称的时候引导宝宝说出它们的类别，比如，宝宝说这是老虎，妈妈问:“老虎是动物、植物还是水果呢？”引导宝宝把图片上的动物放在一起、水果放在一起、蔬菜放在一起，初步学会分类。

· 这个游戏玩熟了以后，妈妈可以把所有图片放在一起，随意抽出一张，让宝宝说出该图片所属的类别。

注意：刚开始时要让宝宝领会妈妈的意图，找到游戏规律，再按照规律来进行游戏。妈妈千万不要大包大揽，代替宝宝。

摸一摸，猜一猜

目的：这个游戏，实际是对宝宝记忆力的一种锻炼，宝宝只有在熟识记忆的基础上才能通过触摸来辨别熟悉的物体，通过游戏则可以进一步强化宝宝的记忆。有效、准确的观察力是宝宝学习一切知识和技能的基础，生活中有意识地培养，将能促进宝宝学习能力的提高。

准备：布袋1个，图书、牙刷、杯子、布娃娃等宝宝熟悉的物品若干。

方法：

· 妈妈先将所有物品摆出来让宝宝看一看，让宝宝说说它们是什么。

· 取一个物品放在布袋里面，让宝宝伸手摸一摸，并说说是什么。

· 妈妈把布袋里的物品拿出来看看，如果宝宝说对了，妈妈要装作惊讶地问宝宝是怎么猜中的，鼓励宝宝简单地说出理由。

注意：应该选择宝宝经常接触和熟悉的物品。如果宝宝一时猜不出来，妈妈可适当予以提醒，给宝宝提供几个选项让其选择。

两只老虎

目的：训练宝宝的身体协调能力。通过生动有趣的儿歌，既可帮助宝宝学习唱歌，又可以促进其身体各部位的协调，进一步刺激大脑神经系统的发展。

准备：家中地板或床上。

方法：

· 妈妈先带宝宝一起认一认身体各个部位，如鼻子、耳朵、眼睛、胳膊、腿等。

· 和宝宝一起边唱《两只老虎》边做动作，唱到身体的部位时用手指着相应位置。把歌词中的眼睛等换成其他的身体部位名称再唱，边唱边指。

注意：开始时，宝宝或许不会指得很准确，所以节奏不宜太快，等宝宝熟悉了，妈妈可故意加快速度，增加游戏的难度。

和妈妈开舞会

目的：体会音乐节奏和旋律。通过音乐智能发展，能够提高宝宝感受、辨别、记忆、改变和表达音乐的能力，同时也促进了宝宝对声音的敏感性、记忆力和注意力的发展。

准备：好听的音乐磁带一盒，也可以由妈妈自己来哼唱《青春友谊圆舞曲》《友谊地久天长》等。

方法：

· 打开音乐后，妈妈站在地上，宝宝站在床上，妈妈右手搂着宝宝，左手抓住宝宝的右手。

· 让宝宝的左手搭在妈妈的肩上，模仿跳交谊舞的姿势，随着音乐前进、后退、旋转。

· 妈妈带动宝宝跳，示意宝宝做一些摇头、旋转、踢腿的动作。

注意：不要要求宝宝的动作准确，只要跟上节奏即可。

唱歌表演

目的：鼓励宝宝敢于说话，敢于唱歌，敢于表达自己的意见，培养开朗大方的性格。

准备：先教会宝宝唱一首歌。

方法：

· 宝宝学会唱一首新歌后，可请宝宝在茶余饭后给大家表演一下。

· 妈妈可以用手或乐器轻打节拍伴奏。如果宝宝能顺利表演，应及时给予鼓励。

· 有时也可由爸爸或妈妈先来一段，然后再请宝宝出场，营造一种其乐融融的家庭氛围。

注意：如果宝宝不愿意唱或唱不好，也不要强求，找合适的机会再试一两次。不要说宝宝“害羞”，因为这个年龄段的宝宝还不知道“害羞”的意思。

袋鼠妈妈和小袋鼠

目的：训练宝宝动作的敏捷性和控制能力，培养妈妈与宝宝之间的亲情。

准备：较空旷的场地，一家三口。

方法：

· 宝宝扮演小袋鼠站在前面，妈妈扮演“袋鼠妈妈”站在后面，妈妈的双手搭在宝宝的肩上。

· 母子二人节奏一致地向前跳跃。当爸爸扮演的“大狗熊”出现时，“袋鼠妈妈”和“小袋鼠”赶紧站住不动。

· “大狗熊”绕着他们转一圈，做出各种怪相，“袋鼠妈妈”和“小袋鼠”忍住不笑不动则胜利。

注意：妈妈可以准备一些小袋鼠、袋鼠妈妈、大狗熊的头饰，训练时分别戴上，以增加宝宝的兴趣。

遵守秩序

目的：让宝宝从小懂得遵守秩序，从而知道坚持、等待是一项重要的处事能力锻炼。

准备：外出郊游或者周末公园娱乐。

方法：

· 去游乐园玩，买票要排队；玩滑梯时，如果宝宝多也要排队。

· 要让宝宝学会等待，等待是让人集中意志去做一件事，能耐下心来，心平气和才能解决问题。

注意：父母应尽量缩短等待的时间，不让宝宝过于烦躁，因为超过合理的限度会让宝宝失去耐心，如果确实需要长时间等待，也应安排一些游戏来转移他的注意力。

反口令

目的：能根据口令做相反的动作，训练宝宝思维的逆向性和敏捷性，提升宝宝的逻辑思维能力。

准备：妈妈先向宝宝介绍游戏规则，必要时可以先示范。

方法：

· 妈妈或爸爸说："起立！"宝宝就要坐着不动。

· 妈妈或爸爸说："举左手。"宝宝就要举右手……总而言之，宝宝要反着指令做动作。

注意：这是个很好的家庭游戏，可以动员整个家庭的成员和宝宝一起做，活跃家庭气氛。

奇妙的口袋

目的：通过训练，让宝宝在活动中学说主谓语完整的句子，锻炼宝宝的语言表达能力，从而开发宝宝的大脑。

准备：一个小布口袋或盒子，几个布娃娃、小汽车、皮球、摇铃、喇叭等玩具。

方法：

· 家长把玩具都装在小布袋里，然后向宝宝念儿歌："奇妙的口袋东西多，让我先来摸一摸，摸一摸，摸出来看看是什么？"

· 家长摸出皮球，问宝宝："这是什么？"待宝宝回答了"这是皮球"之后，家长再拍拍皮球，问宝宝："我在做什么？"启发宝宝说出"你在拍皮球。"

· 家长给宝宝做出示范以后，让宝宝接着来摸，摸出来的玩具，要求宝宝说出是什么，然后再玩这个玩具，家长再问"你在做什么？"等问题，锻炼宝宝学会说主谓语完整的句子，此训练可以反复进行。

注意：口袋里的玩具可以变换。随着宝宝年龄的增长还可以逐渐加深问话的难度，可以涉及实物的形状、用途、性质等。

踩水坑

目的：满足宝宝的好奇心，并让他勇于尝试。

准备：选择雨后，公园。

方法：

· 雨过天晴后，给宝宝穿上凉鞋或雨靴，一起去踩水坑吧。

· 也许宝宝刚开始还不敢怎么玩，妈妈可以先去尝试并且很夸张地“哎呀，哎呀”地叫，激发他游戏的兴趣。相信溅起了水花会引起他咯咯咯地笑哦!

注意：游戏结束后，别忘了给宝宝换下弄湿的衣服。

观察植物生长

目的：发展宝宝的视觉、触觉、感觉能力，提高宝宝的认知能力。

准备：1个花盆，并在里面种上1粒种子。

方法：

· 在盆中或院中种上一棵小豆子，随时和宝宝一起观察豆子的生长情况。

· 看着刚出土的豆芽弯着头就告诉宝宝，这是小豆苗在欢迎宝宝，宝宝也应该向小豆苗问好，可以摸一下小豆苗的两片叶子。

· 当小豆苗长出新叶时，让宝宝继续摸一摸，看看跟刚开始时有什么区别。

· 这时的宝宝大都喜欢户外活动，妈妈要有意识地利用这一机会教宝宝认识自然环境中的事物，多看一看、摸一摸。

注意：这项活动也可扩展到花、草、树等植物上。

31～36个月，宝宝的记忆力超级棒

3岁的宝宝运动能力很强，语言能力也有了较大发展，会主动接近别人，并能进行日常的语言交流。好奇心强，喜欢提问，什么事都爱问“为什么”。喜欢听故事，对听熟了的故事记得非常清楚，如果父母在讲的过程中打乱了顺序或讲错了，他会马上纠正。随着记忆能力的增强，宝宝也能够记得家庭住址和父母的工作单位了。

发育特点，宝宝成长脚印

身体发育指标

3岁左右的宝宝，随着大脑的发育，动作和语言能力的提高，宝宝的智力活动更精确，更有自觉性，在感知、想象、思维等方面都得到了发展。

31月宝宝

发育指标	男婴	女婴
体重（千克）	10.9～16.9	10.5～16.4
身长（厘米）	86.2～99.9	85.2～98.9
头围（厘米）	48.2	47.1
胸围（厘米）	49.4	48.2

32月宝宝

发育指标	男婴	女婴
体重（千克）	11.0～17.2	10.6～16.8
身长（厘米）	86.9～100.6	85.9～99.7
头围（厘米）	48.2	47.1
胸围（厘米）	49.4	48.2

33月宝宝

发育指标	男婴	女婴
体重（千克）	11.1～17.4	10.8～17.0
身长（厘米）	87.6～101.4	86.6～100.5
头围（厘米）	48.2	47.1
胸围（厘米）	49.4	48.2

34月宝宝

发育指标	男婴	女婴
体重（千克）	11.2～17.7	10.9～17.3
身长（厘米）	88.2～102.1	87.2～101.2
头围（厘米）	48.2	47.1
胸围（厘米）	49.4	48.2

35月宝宝

发育指标	男婴	女婴
体重（千克）	11.3～17.9	11.0～17.7
身长（厘米）	88.8～102.8	87.8～102.0
头围（厘米）	48.2	47.1
胸围（厘米）	49.4	48.2

36月宝宝

发育指标	男婴	女婴
体重（千克）	11.4～18.3	11.2～17.9
身长（厘米）	90.0～105.3	88.9～104.1
头围（厘米）	49.2	48.0
胸围（厘米）	49.4	49.0

视觉发育

这个阶段，宝宝会从不同角度观察事物，能通过观察找出事物间的一些联系。在形状知觉发展方面，能在很多图形里正确找出相同的几何图形，但在对不同几何图形的辨认上有不同程度的差异。

听觉发育

宝宝能用多种感官感知生活中接触的事物，通过听其声响、观察颜色、形状及其他特征，进行简单的推理和想象。由于记忆力的发展，宝宝可以记住内容较短的吩咐。在音乐理解能力方面，他喜欢重复听自己喜欢的音乐。

动作发育

这一阶段的宝宝，运动能力较强，能够控制身体的平衡和跳跃动作。学会单脚蹦，会拍球、踢球、越障碍、走“S”线等。能够有目的地用笔、用剪刀、用筷子、用杯子，能学折纸、捏面塑等，手部的精细动作有了进一步的提高。

2.5～3岁幼儿的双手动作发展得复杂多样，会自己穿脱衣服，自己洗手、洗脸等。双手协调，不论在动作的速度和稳定性上都有明显增长。

语言发育

3岁幼儿已掌握300～700个词，并能进行一般语言交流。会使用“我们”、“你们”、“他们”等复数名词，并理解它们的意思。开始理解数的概念，喜欢用比较类的词汇。学会复述经历，学会用较复杂用语表达思想，好奇心强，喜欢提问。会背诗歌、儿歌，会应答简单的情景对话等。

心理发育

2.5～3岁幼儿独立行走后便能自由行动，主动接近别人。和其他幼儿一起玩，接触更多事物，对幼儿的独立性、社会性和认识能力的发展均有积极作用。

幼儿自我意识开始发展，个性表现已很突出，喜欢自己做事，自己行动，常说“我自己来”、“我自己吃”、“我偏不”等。喜爱音乐的爱听歌曲，对画画感兴趣的喜欢各种颜色，对文学感兴趣的喜欢听故事，朗读也带表情，语言流畅，能表达自己的意思。

科学喂养，均衡宝宝的营养

宝宝餐桌，健脑食物不可缺

以下食品对于婴幼儿具有良好的益智作用，如果妈妈在饮食上多注意给宝宝安排这些食物，有助于宝宝的大脑发育。

· 鱼类。鱼肉中富含不饱和脂肪酸、钙、铁、维生素B_{12}等成分，都是脑细胞发育的必需营养物质。因此，吃鱼和吃含鱼油丰富的食物对宝宝的大脑发育非常重要。

· 蛋类。鸡蛋中的蛋白质非常优良，吸收率也很高。蛋黄中的卵磷脂经肠道消化酶的作用，释放出来的胆碱可直接进入脑部，与醋酸结合生成神经传递介质，有利于智力发育并改善记忆力。同时，蛋黄中的铁、磷含量较多，均有助于大脑发育。

· 动物内脏。主要指脑、心、肝和肾等，它们均含有丰富的蛋白质、脂类等，是大脑发育必需的营养物质。

· 大豆及其制品。均富含优质植物蛋白，大豆油还富含多种不饱和脂肪酸及磷脂，对大脑发育很有益。

· 蔬菜、水果及核桃。富含维生素。核桃中的脂肪酸是大脑细胞所必需的营养素，经常食用不仅会促进大脑发育，还会提高大脑的功能及活力，并防止脑神经功能发生障碍。

· 牛奶。富含大脑所需的7种营养物质，如乳糖、丰富的维生素及色氨酸等，对脑髓和神经的形成和发育有重要作用。

维持宝宝食欲的B族维生素

B族维生素是一个大家庭，它包括维生素B_1、维生素B_2、维生素B_5、维生素B_6、维生素B_{12}等许多种，其中对婴幼儿健康最重要的是维生素B_1、维生素B_2、维生素B_6、维生素B_{12}。

富含B族维生素的食物

- 维生素B_1含量较高的食物有米糠、全麦、燕麦、花生、猪肉、西红柿、茄子、小白菜和牛奶等。
- 维生素B_2在牛奶、动物肝脏与肾脏、酿造酵母、奶酪、肉、蛋黄、鳝鱼、豆类、谷类、胡萝卜、香菇、紫菜、芹菜、橘子、柑、橙等食物中含量丰富。
- 维生素B_6在牛肉、鸡肉、鱼肉、动物内脏、燕麦、小麦麸、麦芽、豌豆、大豆、花生、胡桃等食物中含量比较丰富。
- 维生素B_{12}的食物来源主要是动物肝脏、牛肉、猪肉、蛋、牛奶、奶酪和豆类发酵制品。

宝宝防过敏要回避的食物

春暖花开时节，也是宝宝患过敏性疾病的高发季节。植物花粉、空气浮尘、动物皮毛以及室内虫螨等，都是能够引起小儿过敏的常见过敏源。此外，食物也能引起小儿过敏。

食物过敏可能引起严重反应甚至死亡，因此一旦宝宝进食后出现可疑过敏症状应立即停止进食，通常情况下过敏反应会自然消失。严重者应及时到医院治疗。

最常见引起儿童过敏反应的食物

鱼虾、蛋类、豆类、牛奶等含蛋白质丰富的食物；鱿鱼、海参等海鲜类食物；巧克力、木耳、蘑菇、芝麻等也可成为儿童过敏反应的食物。

宝宝食物过敏表现

- 皮肤瘙痒、荨麻疹、湿疹，嘴唇、面部、上颚等水肿。

- 消化系统可以表现为恶心、呕吐、腹泻、便秘、肠胀气、肠绞痛等。
- 呼吸系统可以表现为流涕、喷嚏、鼻塞、咳嗽、喘息，甚至过敏性休克。

让“狼吞虎咽”的宝宝“细嚼慢咽”

口腔是食物进入身体的第一关，是人体消化食物的开始，细嚼慢咽可使食物在口腔中磨碎，减轻胃的负担，通过咀嚼还可以使食物更好地与口腔中的唾液混合成为食团，便于吞咽；而且能反射性地引起胃液的分泌，为食物的下一步消化做好准备。细嚼慢咽对于保护宝宝牙齿和牙周组织的健康、促进颌骨的发育以及帮助消化吸收、增进身体健康大有益处。

狼吞虎咽饮食习惯的危害

- 使消化液分泌减少。咀嚼食物能通过神经反射引起胃液分泌，胃液分泌又进而诱发其他消化液分泌。少咀嚼就会使消化液分泌减少，进而影响人体对食物的消化吸收。
- 使食物未能与消化液充分接触。食物未经充分咀嚼就进入胃肠道，食物与消化液接触的表面积会大大缩小，这样人体从食物中吸收的营养素势必也大大减少。

让宝宝养成细嚼慢咽的好习惯

- 家长应经常给宝宝讲吃东西细嚼慢咽的好处，如可以帮助消化、有利于食物营养的吸收等，吃得太快容易导致发胖，引起胃痛、胃胀和消化不良等症状。
- 和宝宝一起探讨各种食物的味道，多嚼和少嚼食物可产生味道差异，如有的饭越嚼越香，有的食物先咸后甜，有的先甜后苦等。让宝宝通过细细咀嚼体味食物的味道，培养宝宝细嚼慢咽的好习惯。
- 吃饭过急常常和宝宝的性格有关。因此，家长应注意培养宝宝耐心做事的好习惯，可以和宝宝玩一些有助于锻炼宝宝耐心的游戏，如“穿珠子”、“数数碗中的小豆豆”等游戏。

宝宝适当吃素食有好处

据美国儿童健康学家的一项最新研究证实，宝宝吃些素食对预防成年后的高血压、高血脂、血管硬化、心脏病等起着一定的积极作用，所以，宝宝应该适当地吃一些素食。

· 素食的蛋白质含量不低于肉类。有人担心素食含蛋白质不够，其实，大豆的蛋白质含量接近牛肉的2倍，毛豆与猪肉中蛋白质的量基本相当，绿豆、豌豆、蚕豆中的蛋白质都高于鱼、虾、鸡、鸭、牛肉、猪肉和羊肉。

· 素食可以清洁肠胃。一般来说，肉类中的纤维少、营养浓缩，在肠中存留过久会产生毒素，还会引起便秘。而素食（包括蔬菜、水果、薯类）能起到清洁肠胃的作用。

· 素食使人的体液呈碱性。健康的体液呈弱碱性。鱼、肉、蛋、甜食、酒、油均属酸性食物；蔬菜、水果、海藻、五谷大多是碱性的。有研究表明，儿童在体液呈碱性的状态下智商较高，所以，素食可能对宝宝的智力产生良好的影响。

不要经常带宝宝吃洋快餐

大部分宝宝喜欢吃汉堡包、奶油冰激凌、炸薯条以及涂满奶酪的比萨饼等快餐食品。父母和宝宝一起在外进餐时，常常会带宝宝去快餐店大吃一顿。这样做是很不明智的。洋快餐多采用炸、煎、烤的烹饪方式制作而成，使食物中的营养素大量流失，还是导致宝宝患肥胖、高血压、糖尿病、肥胖脑的潜在杀手。

这些快餐食物中所含的饱和脂肪酸会阻碍宝宝大脑的发育。饱和脂肪容易在大脑中沉积。宝宝在长期食用动物性高脂肪食物后，头脑可能变得越来越迟钝，最终导致学习能力下降。宝宝偶尔吃一次快餐食物不会有什么危险，但长期进食快餐食品，就会影响大脑发育，导致智力下降。

特别提示

方便面缺乏宝宝发育所需要的蛋白质、脂肪、维生素以及微量元素等营养成分，不宜经常作为宝宝的主食食用，否则会导致宝宝营养不良。

饭菜错搭会影响宝宝的健康

鸡肉、鸭蛋、鲫鱼、豆腐、萝卜等，看似平常，但是如果搭配不当又长期食用，却是健康杀手。很多妈妈在冬天给宝宝滋补或做家常菜的时候一定要注意，防止搭配不当带来的危害。常见的错误搭配如下。

鸡肉＋芝麻

芝麻能滋补肝肾，养血生津，润肠通便，乌发。但与鸡肉同食会中毒，严重的中毒者会死亡。

豆腐＋小葱

造成人体钙质的缺乏， 易发生缺钙和出现小腿抽筋、软骨症、骨折等。

红枣＋鱼＋葱

红枣性平， 能滋补脾胃， 益气养血， 与鱼、葱同食则会导致消化不良。

茶叶＋鸡蛋

浓茶中含有较多的单宁酸，单宁酸能使食物中的蛋白质变成不易消化的凝固物质，影响人体对蛋白质的吸收利用。

胡萝卜＋白萝卜

胡萝卜含有抗坏血酸酶，会破坏白萝卜中的维生素C，使两种萝卜的营养价值都大为降低。

白萝卜＋木耳

白萝卜性平微寒，具有清热解毒、健胃消食、化痰止咳、顺气利便、生津止渴、补中安脏等功效。需注意白萝卜与木耳同食可能会引起皮炎。

让宝宝多吃点胡萝卜

胡萝卜是一种质脆味美、营养丰富的家常蔬菜，被人称之为“小人参”，李时珍称之为菜蔬之王。胡萝卜物美价廉，购买极其方便，宝宝常吃胡萝卜，对增强身体免疫力，提高身体素质很有好处。

胡萝卜含有蛋白质、脂肪、糖类、钙、磷、铁、核黄素、烟酸、维生素C等多种营养成分，其中胡萝卜素含量较高。胡萝卜素进入人体内，在肠和肝脏可转变为维生素A，故亦称维生素A原，是膳食中维生素A的重要来源之一。

胡萝卜中的双歧生长因子，对人体内3种双歧杆菌有明显的促进生长作用。双歧杆菌对人体无毒、无害、无副作用，是体内肠道吸收极为重要的有益菌群，因此，宝宝多吃胡萝卜，能够保证肠道健康，防止腹泻、便秘等肠道疾病的发生。

宝宝偶尔不爱吃饭并非厌食

宝宝的饭量不可能每天都一成不变，今天吃得多一点，明天吃得少一点，都是比较正常的。再说，宝宝的食欲也不会每天都像爸爸妈妈期望的那样旺盛，今天可能很爱吃饭，明天可能就不那么爱吃了；这顿饭特别爱吃，下顿就不一定照样爱吃了，可能会一口也不想吃，这也是正常现象。

宝宝偶尔不爱吃饭，不能就认为是厌食。如果父母把宝宝偶尔不爱吃饭视为厌食，或带宝宝看医生，或强迫宝宝把饭吃下去，或表现出急躁情绪，不仅不能增进宝宝的食欲，反而会引起宝宝对吃饭的反感。

另外，有些原因也会引起宝宝短时间内食欲不振，比如在炎热的夏季，患胃肠疾病后导致消化功能不良；感冒了，宝宝的饭量也会减少等，这些都不应视为厌食。随着疾病的逐渐好转，宝宝的消化功能会逐渐改善，其食欲也会逐渐好起来。

日常护理，与宝宝的亲昵

纠正宝宝的不良睡眠习惯

2岁以后的宝宝晚上睡觉就不会再啼哭了，但他对妈妈的依赖性还很强，有的不肯自己独睡，非要钻进妈妈被窝里让妈妈陪着睡。有的需要安慰物，有的喜欢蒙头睡觉，这些都是不良的睡眠习惯，父母要及时予以纠正。

蒙头睡觉影响智力

有些宝宝喜欢将头蒙在被窝里睡觉，这是非常不好的习惯。因为人每时每刻都要呼吸新鲜空气，吸进氧气呼出二氧化碳。如果把头蒙在被窝里睡觉，被窝里的二氧化碳浓度增大，氧气浓度减小，时间长了，人就会感到胸闷、憋气，影响睡眠的深度，还容易做噩梦。天长日久，影响宝宝的身体健康和智力发展。

睡前摆弄物品并不好

有些宝宝睡觉时喜欢摆弄物品，如摸被角、枕角、衣服、玩具等，还有些宝宝咬着被子、衣角或手指头睡觉，有些宝宝甚至养成睡觉时不摆弄物品就睡不着觉的习惯。对于这种不良习惯，家长不能视之不管，但也不要责骂，而是要帮助宝宝纠正。睡觉时可让宝宝将两手放在被子外边，用讲故事或哼催眠曲等方法分散其注意力，使之较快地入睡。等宝宝睡着后，再将他的手放进被子中，时间长了，宝宝就能克服这种不良习惯。

教宝宝学会自己穿脱衣

学习穿、脱衣服，要循序渐进，开始时宝宝可能穿不好，裤子穿反了或两条腿伸在一条裤腿里，在这样的情况下，父母要鼓励宝宝重新穿好。

学习穿、脱衣服要从容易到复杂，最好从夏天开始，夏天穿的衣服简单，而且慢慢穿也不易受凉。夏天学会穿短裤、背心，随着天气变化，渐渐增加衣服，宝宝逐渐就能学会。

穿上衣：衣服的前襟朝外，双手提住衣领的两端，然后从头上向后一披，把衣服披在背上，再将手伸入衣袖。穿裤子时，先让宝宝分清前后，双手拉住裤腰，坐着将两腿同时伸进裤筒，待脚从裤中伸出后，便可站起来，把裤子往上提，就穿好了；脱裤子时，让宝宝双手拉住裤腰两侧，向前一弯腰，顺着把裤子拉到臀部下面，然后坐下来，把两腿从裤筒里脱出来就行了。这样反复学习、实践，宝宝慢慢就熟练掌握了穿、脱衣服的技巧。

别给宝宝烫头发

有的年轻妈妈为了打扮自己的宝宝，给宝宝烫了发，满以为这会锦上添花，让宝宝更加出众，殊不知，这样做却有害于宝宝的身心健康。

· 烫发时，无论是药液或加热法均会使宝宝头发变得弯弯曲曲，破坏了原来的结构。宝宝正处于生长发育阶段，头发中的角质蛋白尚不稳定，一旦受到破坏，头发的纤维难以复原。而且烫发会造成油脂分泌减少，使头发变得枯焦发黄，失去光泽，甚至引起脱发。

· 烫发后使头发不易梳洗，汗液不能正常分泌和蒸发，影响正常的新陈代谢，并给细菌的生长繁殖创造了有利条件。尤其是在炎热的夏季常会生痱子、湿疹、皮炎等，如宝宝常用手在头部搔痒，可导致细菌感染。

· 过分地打扮会给宝宝审美观以不良影响，影响宝宝幼小的心灵，因为宝宝过早地注意梳妆打扮，容易滋长极为有害的虚荣心。

孩子性格软弱怎么办

这么大的宝宝多动、爱玩，正是活泼可爱的年龄，但有的宝宝却成天生活在父母的庇护之下，什么都不敢动、什么也不敢玩，更不敢独自参与到小朋友们的游戏中去。对这样性格软弱的宝宝，父母该怎么办呢？

多让宝宝自己动手

家长的包办代替是宝宝形成软弱性格的重要原因之一。一些家长对宝宝百依百顺，不让他做任何事情。这等于剥夺了宝宝自我表现的机会，导致其独立生活能力得不到锻炼。

多和勇敢的宝宝一起玩

心理学家指出，宝宝的性格在游戏和日常生活中表现得最为明显，这也是纠正不良性格的最佳途径。爱模仿是幼儿的一大特点，父母要让性格软弱的宝宝经常和胆大勇敢的小伙伴在一起，跟着做出一些平时不敢做的事，耳濡目染，慢慢地得到锻炼。

保护宝宝的自尊心

相对来说，性格软弱的宝宝比较内向，感情较脆弱，父母尤其要注意保护他的自尊心。如果当众揭宝宝的短，会损伤他的尊严，无形中的不良刺激可强化宝宝的弱点。

让宝宝大胆地说话

要做到这一点，功夫还是在父母身上。首先，父母应该戒急戒躁，不能当面打骂、责备，逼迫宝宝说话；其次，可以邀请一些同龄宝宝和性格软弱者一起参与集体活动，这时父母在一旁引导或干脆回避，让他们有一个自由、无拘束的语言空间。如果条件允许，父母还可以经常带宝宝到一些视野、空间开阔的地带，鼓励他放声宣泄。

宝宝爱撒泼，妈妈讲对策

对于爱撒泼的宝宝，父母只要认真地、坚持不懈地按照以下方法去做，使宝宝感到用那一套办法既费力又不管用时，就不愁他们不改掉坏习惯了。

不要理睬

宝宝撒泼时，父母暂且不要理睬他；也不要流露出迁就或怜悯之情，更不要站在旁边说赌气话："让你哭，看你哭得了多久……"此时的父母可以适当收掉一些宝宝撒泼时可能碰坏的东西，让他独自一人表演。

统一思想

此时切莫让爷爷、奶奶心肝宝贝地去护着宝宝，更不能当着宝宝的面责备爷爷奶奶或拿出好东西给宝宝。不然，就会强化宝宝的不良行为，使他觉得自己有后盾，以后还可以故伎重演，结果是越来越糟。

不能半途而废

下点儿"狠心"，不能半道易辙，不做宝宝泪水的俘虏，不向宝宝检讨求和。细心的父母只要留意观察一下就可以发现，此时宝宝的哭闹撒泼具有鲜明的表演性，如果家长不理他，让他去哭闹，过不了多久，当宝宝透过泪水发现屋里没人时，他就会很快地停止哭泣。

给宝宝讲道理

在撒泼的气氛淡化后，宝宝也不再打滚时，可以给他讲好孩子不应该这么做，而应该怎样做之类的话，使他感到父母并不是不喜欢自己，而是讨厌自己撒泼。这样，就可以防止宝宝产生情感错觉，把父母看成凶狠的人。

让宝宝乐意接受父母的管教

2～3岁的宝宝独立意识很强，想要摆脱父母种种束缚，一旦想做某件事就表现得非常任性，不愿服从家长的安排。如果父母忽视宝宝身体活动的需要和心理成长的需要，就会引起宝宝的"反抗"。那么，如何让宝宝接受父母的要求呢？

不要强力压制

强力压制是肯定不行的，只能采取说服诱导的方法，要仔细分析宝宝的意图，然后区别对待。如果宝宝只是想自我服务或是帮助大人做家务，家长就不要一味地限制，那样宝宝会很恼火，不听劝。正确的方法是帮助和指导他，把他想做的事做好。

如果是不合理的要求，家长可以用他感兴趣的东西转移他的注意力，或者耐心地讲清道理，告诉他为什么不可以做。合理的限制还是需要的，但宝宝的感情可以让他表现出来，不能强行压抑。

给宝宝更多行动的自由

父母应当在成长的转变期细心观察宝宝，了解宝宝的独立意向；相信他，放手让他做想做又能做的事，对他经过努力做成的事给予适当鼓励；给宝宝更多的行动自由，养成必要的独立习惯。这样，宝宝发展的独立倾向就得到了保护。

家长应该经常和宝宝一起玩耍、交谈，了解和尊重他们的意志和兴趣。要让宝宝知道你对他很在意，很重视，这样宝宝容易变得顺从。

采用“回馈技法”

有时家长采用“回馈技法”来处理宝宝的反抗也很有效。比如“妈妈不让你爬凉台，你生气了？”

把宝宝的感受变成自己的语言，再回敬给他，借以表示妈妈充分了解宝宝的想法或感受，让宝宝感到妈妈是公正地对待自己，而且比自己懂得多。久而久之，让宝宝知道你很理解他的感受，但做任何事都会有一定的限制。逐渐地宝宝反抗的次数会减少，而比较容易接受父母的要求。

不要对宝宝的好问感到厌烦

面对有着“十万个为什么”的宝宝，爸爸妈妈有没有感觉到不耐烦呢？其实，宝宝爱提问是一种好现象，是他们好奇心盛、求知欲望强的表现，说明他们有了学习的主动性和自觉性，同时也是他们善于思考的表现。因为问题是思维的起点，思维总是在解决问题的过程中发生的。

当宝宝提出问题时，父母要表示出很高兴、很开心的样子，表示愿意回答他们的问题，这样宝宝的提问就会得到正面强化，也会使他们体会到自身的价值。但由于宝宝的认知能力和理解能力有限，因此，在回答宝宝问题的时候，父母应采用和宝宝的认知水平相当的表达方式，让宝宝形象地了解事物。

正确对待宝宝说脏话

有些父母对宝宝第一次讲“脏话”，感到既吃惊，又有趣，这种微妙的内心活动，会反映在面部表情和语音、语调上，即使当时想严厉呵斥，禁止宝宝讲脏话，也未免会带着笑意。而处于“探究反射”本能的宝宝是十分敏感的，他会再次重复地讲脏话。这时宝宝的神情往往是很认真而带有挑逗性的，倘若父母付之无可奈何的一笑，便给了他莫大的“鼓励”，无意中“强化”了他讲“脏话”的意愿，于是他便大讲不休。

如果父母过分严厉甚至大打出手，那也只是使宝宝探究这一事物的本能受到暂时的压抑，不能从根本上解决问题。

最好的办法是及时转移宝宝的注意力。其实，宝宝第一次讲脏话纯粹是一种模仿，都是无意识的。往往是大人对“脏话”特别敏感，采用了不恰当的教育手段反而强化了宝宝的语言意识，起了适得其反的效果。

当然，倘若宝宝真正懂得事理，说服教育无疑是一种最有效的方法。

疾病防护，做宝宝的家庭医生

小心宝宝积食

平日里，总是有美食诱惑着宝宝，宝宝的脾胃功能相对较弱，而且吃东西不知节制，恣食肥甘厚味，导致吃下的食物不能及时消化，停滞胃肠，出现食欲差甚至出现呕吐、嗳气、口臭、腹胀、大便酸臭等食积的症状。

宝宝积食怎么办

· 减少食量。宝宝积食症状明显时，一定要减少食量，宝宝的饮食要选择清淡的蔬菜、容易消化的米粥、面汤等，不吃油炸食品，少吃甚至不吃肉类食物。

· 对症食疗。因吃肉食或油腻食物太多而引起的积食，可用生山楂30克炒焦后煎水给宝宝喝；因吃馒头、饺子、元宵等面食过多而导致积食，可用麦芽或谷芽15克微炒后煎水喝；因过食生冷导致积食的，可以用焦山楂15克加生姜3片共同煮水喝；如果恶心、呕吐明显，可用萝卜、生姜各适量煮水，少量多次服用。

· 坚持户外活动。当太阳好风轻的时候，带宝宝出去活动0.5~1小时。

如何防止宝宝积食

· 调整宝宝饮食结构。多让宝宝吃易消化、易吸收的食物，不要一味地给宝宝增加高热量、高脂肪的食物。让宝宝多吃蔬菜、水果，适量吃肉，适当增加米食、面食，高蛋白饮食适量即可，以免增加宝宝的肠胃负担。

· 让宝宝吃七分饱。食物再有营养也不能吃太多，否则不但不能强健身体，还会适得其反，伤害宝宝的身体。

· 三餐要定时定量。宝宝一日三餐要定时定量，不能饥一顿饱一顿，影响消化系统的正常运转。

宝宝口腔溃疡怎么办

宝宝口腔溃疡是一种口腔黏膜病毒感染性疾病，致病病毒常为单纯疱疹病毒，多见于口腔黏膜及舌的边缘，常是白色溃疡，周围有红晕，特别是遇酸、咸、辣的食物时，疼痛特别厉害。

宝宝口腔溃疡的原因

· 受到口腔黏膜病毒的感染。

· 口腔黏膜有不明显的伤口，缺少B族维生素。

· 烫伤、刺伤、误食有腐蚀性的食物等，也会引起口腔黏膜受伤，继而引发溃疡。

· 药物过敏。特殊体质的宝宝可能会因为药物或感染等不明原因，出现“多形性红斑疾病”，这时宝宝身上会出现靶形红斑，眼睛、嘴唇、口腔、生殖泌尿道均有发炎和溃烂的情况。

如何预防宝宝口腔溃疡

· 做好宝宝的口腔卫生，经常用温盐水或2%苏打水清洗口腔，使微生物不易生长和繁殖。

· 宝宝饮食要清淡，多吃蔬菜、水果，保持大便通畅，防止便秘。

· 保证充足的睡眠时间，避免过度疲劳。

宝宝患口腔溃疡怎么办

· 宝宝口腔有溃疡时，要仔细观察宝宝的口腔，找到口腔溃疡的具体部位。如果溃疡在颊黏膜处，就要进一步找到造成溃疡的原因。要注意观察患处附近的牙齿，是否有尖锐不光滑的缺口，如果有这种缺口，应当带宝宝去医院处理。

· 给宝宝吃流食，以减轻疼痛，也有利于溃疡的愈合。不要给宝宝吃酸、辣或咸的食物。

· 可用消毒棉签蘸2 % 苏打水清洗患处，每日3～5次，同时给宝宝口服维生素C和复合维生素B。轻症者2～3次即愈。

· 若宝宝病情严重，可遵医嘱服制霉素或外涂制霉菌素液。

宝宝急性腹痛，可能是急性阑尾炎

急性阑尾炎俗称盲肠炎，是宝宝最常见的急性腹痛病因之一。造成宝宝阑尾炎的原因比较复杂，和宝宝的生理特征有很大关系。主要诱因有阑尾腔梗阻、屎石、异物（果核、蛔虫）、阑尾扭曲等。

宝宝阑尾炎的症状

· 持续性腹痛。开始位于脐部，以后转移到右下腹，为持续性腹痛，肚子发胀，并伴有恶心、呕吐、食欲缺乏等。

· 发热。体温一般在38℃左右，若超过39℃可能发生阑尾穿孔或阑尾坏死。

护理方案与就诊建议

· 一旦怀疑宝宝患了阑尾炎，要及早诊断及早治疗。

· 早期轻型化脓性阑尾炎，发病时间短，可先保守治疗。

· 阑尾包块和阑尾周围脓肿，宜采用非手术疗法。

· 重型化脓性阑尾炎和坏疽性阑尾炎宜手术治疗。

· 梗阻性阑尾炎（包括粪石、蛔虫、粘连狭窄）宜手术治疗。

· 阑尾穿孔性腹膜炎应及时进行手术治疗。

如何预防阑尾炎

· 帮助宝宝形成良好的饮食习惯，注意卫生，不要暴饮暴食。

· 宝宝饭后不要马上进行剧烈运动。

· 如果宝宝有肠道寄生虫，应及时到医院就诊，遵医嘱进行驱虫治疗。

· 增强宝宝的体质，加强锻炼，预防各种疾病的发生。

特别提示

宝宝接受阑尾手术后，饮食要严格遵循医嘱。可以进食后要忌食油腻和不易消化的食物，多吃流质、半流质食物。

宝宝“上火”，妈妈有妙招

干燥的季节，宝宝最容易上火，出现口舌干燥、便秘等症状。爸妈面对宝宝上火，该怎么应对呢？

宝宝“上火”的一般原因

· 病邪入侵。宝宝容易“上火”，有个主要的原因是宝宝自身脏腑娇嫩，免疫系统脆弱，各种病邪如暑、湿、燥等都很容易乘机侵入宝宝的身体，一旦病邪滞留在体内，就容易“郁而化火”了。

· 阴阳不调。中医认为，“小儿为纯阳之体”，阳有余而阴不足，容易出现阴虚火旺、虚火上升的状况。因此，宝宝“上火”往往都是“虚火”、“实火”一起上，并且互相影响、互为因果，形成恶性循环。

· 便秘。宝宝胃肠消化障碍，积食成滞，郁积于胃肠中发生便秘，从而导致“上火”。

宝宝“上火”如何应对

· 饮食清淡。给宝宝多吃蔬菜、瓜果，少吃油炸、煎烤、熏制的食物，少吃巧克力、奶油等甜食。夏天还应少吃桂圆、荔枝等热性水果。食物中尽量避免使用辛辣味重的调味品，如姜、葱、辣椒等。

· 多喝水。多喝温开水对宝宝祛火也是很有帮助的，特别是夏季天气炎热的时候，可以让宝宝多喝一些清热的饮品，如菊花茶、绿豆汤、百合汤等。

· 防治便秘。多给宝宝吃富含纤维素的食品，并每天坚持做腹式呼吸运动或腹部按摩，同时让宝宝养成定时排便的习惯，防治便秘。

· 养成良好的卫生习惯。让宝宝从小就养成良好的生活卫生习惯，减少致病菌感染的机会，比如不要用手揉眼、抠鼻，注意口腔清洁，坚持早晚刷牙、饭后漱口等。

· 锻炼身体、增强体质。坚持带宝宝进行适当的体育锻炼，对增强宝宝体质，提高机体的免疫力和抵抗力是有很大帮助的，这也是预防“上火”的关键。

亲子乐园，培养聪明宝宝

今天真快乐

目的：提高宝宝的语言表达能力。自编儿歌的游戏可以增强宝宝的概括能力和语言表达水平，掌握一种新的语言表达方式。多样化训练可以提升宝宝参与创作的乐趣，从而培养其自信心，提高创造力。

准备：家中或户外均可。

方法：

· 妈妈带宝宝一起唱这首儿歌："今天真快乐，大家一起唱歌，大家一起跳舞。小熊维尼有好多朋友，有小猪皮杰和跳跳虎，还有兔子瑞比和驴子屹耳。"

· 和宝宝一起讨论："儿歌里面都有谁？ 他们在一起做什么？"帮助宝宝了解儿歌大意。待宝宝熟悉儿歌以后，可以引导他自己改编儿歌。如"大家一起做操，大家一起喝水。宝宝有很多好朋友，有扬扬和乐乐"等。

· 带宝宝买水果的时候，和宝宝叨念"今年的枣大丰收"，让宝宝顺着思路说下去，"今年的橘子大丰收""今年的苹果大丰收"等。

注意：妈妈可以在任何时候，自编一些儿歌和宝宝交流，让宝宝熟悉这种游戏方式。宝宝自编的儿歌不会完全符合妈妈的要求，妈妈千万不要粗暴地打断甚至指责。

记得准，找得快

目的：2岁多的宝宝，再现（回忆）的能力有了很大发展，能用行动表现出初步的回忆能力。这个游戏可以进一步发展宝宝的记忆和对应能力。宝宝的知识经验来自于观察，良好观察力是获得知识经验的前提条件。从小有意识地训练，可以让宝宝养成善于观察、善于学习的好品格。

准备：小熊、小狗、小兔的图片各1张。

方法：

· 妈妈把3张图片放在地板上，要求宝宝记住这几张动物图片。

· 将3张图片倒扣在地板上，让宝宝记住它们对应的位置。妈妈问："小熊在哪儿？"让宝宝凭记忆找出小熊藏在哪儿。

· 宝宝闭上眼睛，妈妈悄悄拿走一张，再让宝宝睁开眼睛看看少了哪一张。

· 小狗、小兔等图片的游戏玩法与此相同。互换角色，让宝宝藏，妈妈猜。

注意：动物图片可以根据家里情况来选择。图片数量可以根据宝宝的实际能力增加或减少。

回答山的声音

目的：强身健体。爬山不是目的，带宝宝走进自然，欣赏大自然之美，呼吸新鲜空气，锻炼身体才是真正的目的。与大自然的亲密接触有助于培养宝宝的积极情感，使他们思维更加开阔，心胸更加宽广。

准备：周末或假日带宝宝去爬近郊的山。

方法：

· 拉着宝宝的小手，让他和爸爸、妈妈一起爬山。

· 爬到山上空旷处，和宝宝一起大声喊："呀呼！"试试看，宝宝一定会很开心。

· 让宝宝听一听从山里传出来的声音，然后再回应它。

注意：鼓励宝宝多听、多看、多发现自然的不同面貌。

没有声音的世界

目的：通过引导宝宝想象“没有声音的世界”，培养宝宝发散思维的能力，并唤起宝宝对聋哑人的同情和爱心，增强宝宝的人际交往能力。

准备：耳塞一副。

方法：

· 家长请宝宝用耳塞堵住耳朵或用手堵住耳朵，让宝宝体会1分钟听不到声音的感觉。

· 家长与宝宝讨论如果自己听不到声音会怎样？请宝宝举一些具体事例来说明，如听不到别人叫门声、听不到汽车喇叭声等。唤起宝宝对聋哑人的同情心，并请宝宝思考如何关心、帮助聋哑人。

· 教育宝宝要注意保护好自己的耳朵。

注意：还可以用这种方法激发宝宝对盲人、瘫痪者等残疾人的爱心。

小小摄影师

目的：提升宝宝对自然观察活动的兴趣。

准备：公园或者郊游的环境。

方法：

· 让宝宝拿着照相机到户外散步，让宝宝拍下他感兴趣的任何事物。也可以让宝宝自由地搜集一些落叶或石头等，作为此次活动的纪念品。

· 当照片冲洗出来之后，可以和宝宝一起讨论拍到了些什么，看到了什么，想到了什么，也可以协助宝宝将照片的观察与心得一起记录下来。

注意：在宝宝正式学会使用照相机前，可以先不要安装底片，或者让宝宝拿着不用底片的数码相机多加练习。

选工具

目的：启发宝宝的想象力，从而训练宝宝的创造性思维能力。

准备：一些家庭常用工具，如小钳子、剪刀、小锤子、螺丝刀、小锯子等。

方法：

· 家长先拿起每件东西让宝宝说出它的名称和用途。比如：这是小钳子，可以用来夹紧东西；这是剪刀，可以用来剪东西；这是锤子，可以用来砸或敲东西等。

· 当宝宝记住这些工具的名称和用途后，家长问宝宝："我要在墙上钉个钉子，应该用什么工具呢？"等宝宝说对后，再让宝宝把那个工具找出来。

· 家长再问："我有一块木板，想把它分成两块，应该用什么工具呢？"或"这里有一个螺丝钉，我想把它取出来，可以用什么工具呢？"就像这样玩下去。

注意：等宝宝学会玩这个游戏以后，也可以不用实物进行训练。

卡片管理

目的：发展宝宝的思维能力，可以随着宝宝认识数字的增多教他用数字分类。

准备：这个年龄的宝宝正适合认卡片，给宝宝多收集一些卡片。

方法：

· 教给宝宝如何整理、分类、组织这些卡片。

· 管理物品也是重要的生活技能。家长还可以通过卡片教宝宝分清颜色和形状等。

注意：卡片要选择图案明了、颜色鲜艳的。

手指钢琴

目的：训练宝宝听觉能力，锻炼宝宝的发音，丰富宝宝的音乐体验。

准备：用彩笔帮宝宝的五个手指写上音节。

方法：

· 妈妈和宝宝面对面坐着，伸出手，告诉宝宝，右手食指是“Do”，中指是“Re”，无名指是“M i”，小指是“Fa”。

· 接着妈妈再告诉宝宝，左手小指是“So”，无名指是“La”，中指是“Si”，食指是“Do”(高音)。

· 都写好之后，妈妈先让宝宝练习从低音“Do”到高音“Do”。唱的时候宝宝要碰触妈妈的手指，每碰一根指头就跟着唱其代表的音阶，反复练习几遍。

注意：等宝宝熟悉之后，妈妈就可以和宝宝一起“创作音乐”了。

我是男孩（女孩）

目的：认识自己的性别能够让宝宝更好地了解自己，更好地控制自己的行为。自我智能发展良好的宝宝能够对自己充满信心，对世界充满好奇，在参与数学、空间、音乐等方面的活动时就会表现出积极的行为，从而使身心得到全面发展。

准备：一些画册或图片，上面画有男孩、女孩、穿衣、吃饭、上学、运动等画面。

方法：

· 请宝宝辨认图中谁是男孩、谁是女孩，谁是哥哥、谁是弟弟，谁是姐姐、谁是妹妹，注意性别的区分。

· 让宝宝尝试说一说男孩和女孩在头发、衣着、身体特征等方面的不同。

· 让宝宝说说自己和图中的哥哥或姐姐有哪些方面是一样的，说说自己是男孩还是女孩。

注意：注意平时不要给宝宝异性装扮，这样会对宝宝的心理造成不良影响，很可能导致不正常的性取向。

自我介绍

目的：培养宝宝的语言表达能力和社交能力。

准备：在宝宝心情好的时候做游戏。

方法：

· 妈妈可对宝宝说："你快要上幼儿园了，幼儿园里有许多宝宝跟你玩，还有许多玩具，你想不想去呀？"

· 在激发宝宝向往新生活的感情后说："可你现在还不认识他们，当你见到他们时，怎么介绍你自己呀？"

· 让宝宝说出自己的姓名、性别、年龄，妈妈的姓名、职业，自己喜欢吃什么，最喜欢什么玩具，最喜欢做什么游戏等，内容可酌情增减，刚开始妈妈可提醒宝宝介绍的内容，熟练后可由他独立说出。

注意：玩这个游戏时最好是在宝宝准备上幼儿园之前。

小能手

目的：用筷子夹食物是非常精细的动作，能够很好地发展宝宝的小肌肉灵活性和控制能力，使用筷子对宝宝来说是一种挑战。

准备：一双适合宝宝用的筷子，2 个小碗及海绵、棉花、沙包、小玩具等。

方法：

· 妈妈示范拿筷子，教宝宝正确使用筷子的方法，让宝宝模仿。

· 把海绵、玩具等放入一个碗中，另一个碗并排挨着摆放，让宝宝把碗中的物体夹到另一个碗中。

· 拉大两碗的距离，或者换一些比较难夹的物体让宝宝夹。让宝宝反复练习，吃饭的时候鼓励宝宝使用筷子。

注意：选择让宝宝夹的物体大小要适中，不要选择表面太光滑的物体。可以不断变换给宝宝夹的物品，由易到难。每次练习时间不宜过长，以免宝宝手部肌肉疲劳。

用水果做脸

目的：锻炼宝宝的动作技能，鼓励宝宝多吃水果。

准备：一个盘子，几种切成片的水果，可以是任何水果的组合，苹果、梨、猕猴桃、香蕉组合起来就不错，或者试试葡萄、草莓和橙子（或橘子）瓣的组合。

方法：

· 让宝宝看看你如何用这些水果片来做一张脸。试试看用哪种效果最好。

· 你们可以用猕猴桃做大大的绿眼睛，用橙子做一张微笑的嘴巴，用葡萄做牙齿、苹果做眉毛或耳朵。

· 宝宝如果对他做好的脸满意，你要在他吃这张脸时，假装很震惊的样子，他每吃一部分，你都要这样吃惊一次。

注意：妈妈注意别让宝宝吃太多水果，要适量。

踩棉“老鼠”

目的：训练宝宝的奔跑能力以及动作的敏捷性，提升宝宝的动作协调能力。

准备：1只旧棉袜，棉花或碎布头、线、海绵。

方法：

· 妈妈往旧棉袜里塞满棉花之类的软物，用线将袜口扎紧做成“老鼠”。

· 妈妈牵着“老鼠”在前面慢跑，宝宝在后面追，踩住袜子就算逮到了“老鼠”。

注意：妈妈要注意控制、调整跑的速度和方向，让宝宝感觉这项训练不是太难但又很好玩。当宝宝踩到“老鼠”时，妈妈要给予一定的鼓励，如拥抱、亲吻、口头表扬等。

附录 宝宝疫苗接种的常见问题指南

Q 宝宝哪些情况下不宜接种疫苗?

A 免疫接种可以增强人体的免疫力，预防传染病的发生，但为了防止和减少预防接种不良反应的发生，各种疫苗都规定了患有某种疾病或处于某种特殊生理状况的人群不宜接种的禁忌证。有以下情况的儿童一般应禁忌或暂缓接种疫苗:

· 患有皮炎、牛皮癣、化脓性皮肤病、严重湿疹的宝宝不宜接种，等待皮肤病痊愈后方可进行接种。

· 体温超过37.5℃、有淋巴结肿大的宝宝不宜接种，应查明病因治愈后再接种。

· 患有严重心、肝、肾疾病和活动型结核病的宝宝不宜接种。

· 神经系统（包括脑发育不正常、脑炎后遗症、癫痫病）疾病的宝宝不宜接种。

· 严重营养不良、严重佝偻病、先天性免疫缺陷的宝宝不宜接种。

· 有哮喘、荨麻疹等过敏体质的宝宝不宜接种。

· 如果宝宝每天大便次数超过4次，须待恢复后2周才可服用脊髓灰质炎疫苗。

· 感冒、低热等一般性疾病视情况可暂缓接种，空腹饥饿时不宜接种。

Q 为什么有的同一种预防针要打几次?

A 人患传染病后，身体内能够产生抗体，一般可以抵制第二次再患同样的病。预防针就是按照这个道理，将各种病原微生物通过人工的方法，使其毒性减低，制成疫苗，注入人体，使人患一次“轻病”。与自然患病相比较，预防接种使人所产生的抗体量要少些，维持的时间也短。因此，必须在一定时间内再打一次预防针，把预防的作用加强一下，使抗体保持在一定的水平，以便起到防病的作用。

Q 几种预防接种可否同时进行？

A 过去认为，几种预防疫苗同时接种可能互相影响，甚至使接种后反应增强，因此有些地方规定，两种死菌苗或死疫苗的接种之间必须间隔2周，两种活菌苗或活疫苗的接种之间必须间隔4周。但是，新的研究表明，并不是所有疫苗都不能同时接种。例如，在服脊髓灰质炎糖丸疫苗的同时可以接种卡介苗或“百白破”类毒素混合制剂。但为了保证安全，两种或两种以上制剂不能同时应用在同一部位。

Q 怎样减少预防接种后的反应？

A 大多数疫苗接种后是不会引起严重反应的，但是由于每个宝宝的体质不同，在进行预防接种后，可能会出现一些轻重不同的反应。主要的有局部反应和全身反应，接种疫苗后发生过敏反应的概率较低。

为了保证安全，减少反应，各种预防接种必须在宝宝身体状况良好的时候进行。如果宝宝患病，就暂时不要接种。例如，发热时不要打白喉、百日咳、破伤风三联疫苗；腹泻时不要口服脊髓灰质炎糖丸；空腹饥饿时不宜打预防针，以免发生低血糖等严重反应。打针前做好宝宝的工作，让勇敢的宝宝先打，以消除胆小宝宝的紧张害怕心理。打针后2～3天内应避免剧烈活动，注意注射部位的清洁卫生。暂时不要洗澡，以防局部感染。

内容提要

宝宝在全家人的期待中诞生了，爸爸妈妈在欣慰感动之余，又有了养育宝宝的责任和担心。如何让宝宝健康成长，是父母们时刻牵挂的，0～3岁宝宝的养育显得尤为重要和突出。本书重点讲述在育儿过程中父母关注的营养饮食的安排、日常护理的方法、生活习惯的培养、疾病防治、情商智商的开发等关键环节，给出清晰明了的解决方案。本书通俗易懂、图文并茂、操作性强，让你省心安心，让宝宝更加健康聪明。

图书在版编目（CIP）数据

0～3岁宝宝喂养启智全解/刘婷编著.—北京：中国纺织出版社，2013.11

（亲·乐悦读系列）

ISBN 978-7-5064-9251-5

Ⅰ.①0… Ⅱ.①刘… Ⅲ.①婴幼儿—哺育—图解②婴幼儿—智力开发—图解 Ⅳ.①TS976.31-64②G610-64

中国版本图书馆CIP数据核字（2013）第184313号

策划编辑：樊雅莉　　责任编辑：马丽平　杜　磊　　责任印制：何　艳

中国纺织出版社出版发行

地址：北京市朝阳区百子湾东里A407号楼　邮政编码：100124

邮购电话：010—67004461　传真：010—87155801

http: //www.c-textilep. com

E-mail: faxing@c-textilep. com

北京佳信达欣艺术印刷有限公司印刷　各地新华书店经销

2013年11月第1版第1次印刷

开本：635×965　1/12　印张：30

字数：281千字　定价：36.80元
